化学领域专利
难点热点问题研究

国家知识产权局专利复审委员会◎编著

图书在版编目（CIP）数据

化学领域专利难点热点问题研究/国家知识产权局专利复审委员会编著. —北京：知识产权出版社，2018.5（2020.5 重印）

ISBN 978-7-5130-5337-2

Ⅰ.①化… Ⅱ.①国… Ⅲ.①化学—专利申请—审查—研究—中国 Ⅳ.①G306.3

中国版本图书馆 CIP 数据核字（2017）第 312320 号

内容提要

本书以专题与案例相结合的方式，分析和阐述了近年来化学领域发明复审请求和无效宣告请求案件审查工作中涉及的一些热点和难点问题，既包括化学领域新颖性和创造性审查、申请文件修改、说明书公开等基础性问题研究，也探讨了例如创造性判断中申请日后提交的实验证据的考察、说明书修改超出与权利要求被宣告无效的关系等专题，对于药物晶体发明、马库什化合物、立体异构体等不同类型化学发明的审查标准也进行了分析研究。

读者对象：专利审查员、专利代理人、司法人员及专利研究人员。

责任编辑：崔开丽　　　　　　　　　　　　责任校对：潘凤越
装帧设计：八度出版服务机构　　　　　　　责任出版：刘译文

化学领域专利难点热点问题研究

国家知识产权局专利复审委员会　编著

出版发行：	知识产权出版社有限责任公司	网　　址：	http://www.ipph.cn
社　　址：	北京市海淀区气象路50号院	邮　　编：	100081
责编电话：	010-82000860 转 8377	责编邮箱：	cui_kaili@sina.com
发行电话：	010-82000860 转 8101/8102	发行传真：	010-82000893/82005070/82000270
印　　刷：	天津嘉恒印务有限公司	经　　销：	各大网上书店、新华书店及相关专业书店
开　　本：	787mm×1092mm　1/16	印　　张：	21.5
版　　次：	2018年5月第1版	印　　次：	2020年5月第2次印刷
字　　数：	365 千字	定　　价：	85.00元
ISBN 978-7-5130-5337-2			

出版权专有　侵权必究

如有印装质量问题，本社负责调换。

《化学领域专利难点热点问题研究》
编委会

主　任：葛　树

副主任：王霄蕙　蒋　彤

编　委：李　越　李亚林　何　炜　李新芝　刘　雷
　　　　侯　曜　刘　亚　王晓东　孙丽芳

撰稿人：（按姓氏笔画为序）

　　　　王　轶　王晓东　王晓洪　兰　琪　刘　亚
　　　　刘　雷　刘　静　孙卓奇　朱　凌　何　炜
　　　　吴红权　宋　泳　张家祥　李　越　李亚林
　　　　李彦涛　李新芝　杜国顺　汪送来　侯　曜
　　　　娄　宁　赵步真　唐铁军　柴爱军　蔡　雷

前　言

化学是人类认识和改造物质世界的主要方法和手段之一。从人类学会使用火，就开始了最早的化学实践活动。火药和造纸是古代劳动人民运用化学工艺智慧的产物。在近现代，随着对微观物质结构的不断研究与探索，尤其是元素周期表的发现，化学研究开始建立在原子和分子的水平上，从理论上提高到了一个新的水平。现代化学为人类的衣、食、住、行提供了物质保证，人类的生产生活都离不开化学。

化学作为一门实验性学科，有其自身的特殊性。它更多涉及微观世界，人类对其客观规律的探索远未穷尽。化学领域的发明创造通常具有研发投资大、技术难度高、研发周期长的特点，因此专利保护对于保护投资人和研发者的利益提供了重要保障。尤其在1992年中国专利法第一次修改后，我国全面开放了对化学领域发明的产品专利保护，唤醒了社会各界的专利意识，长远来看有利于我国民族化学工业的发展和进步。相较其他领域，化学领域的专利申请往往表现出权利要求数量多，说明书篇幅长，对申请前申请文件的撰写要求高，对申请授权后权利要求的解释以及侵权判定的难度大等特点。对于化学领域发明专利的申请和保护，一直是业界不断探索、研究的热点领域。

国家知识产权局专利复审委员会化学申诉一处、二处（其前身为专利复审委员会化学申诉处）主要负责化学领域专利复审和无效宣告请求案件的审查。技术领域涵盖药物化学、有机化学、农业化学、高分子化学、纺织化学、材料化学等，所审查案件涉及领域广泛，社会关注度高。通过多年的积累沉淀，化学申诉一处、二处逐渐形成了"求真务实、与时俱进、笃学精思、推陈出新"的处室文化，打造和培养了一支优秀的审查队伍，曾先后获得"2011~2012年度中央国家机关青年文明号"以及"国家知识产权局青年文明号"等荣誉称号。不积跬步，无以至千里。化学申诉一处、二处多年来一直具有注重对审查经验进行总结、丰富的传统，并始终心怀著书立说的梦想，历时四年多的努力，如今终于夙愿以偿。

本书以专题和案例相结合的方式，分析和阐述了近年来化学领域发明涉及的一些热点和难点问题，既包括化学领域说明书公开、新颖性和创造性审查，申请文件修改等基础性问题研究，也探讨了例如创造性判断中申请日后提交的实验证据的考察、说明书修改超出与权利要求被宣告无效的关系、具体放弃式修改等专题，对于药物晶体发明、马库什化合物、立体异构体等不同类型化学发明的审查标准也进行了分析研究。所选案例多为近年来具有一定社会影响和代表性的案例。本书能够帮助从事化学领域知识产权工作的人员较为深入地了解和理解化学领域的专利审查标准，尤其对于专利行政部门、专利代理机构、研究人员等从业者具有一定的帮助和借鉴作用。

本书的编辑出版得到了国家知识产权局专利局副局长张茂于的亲切关怀，得到了专利复审委员会副主任葛树、王霄蕙、蒋彤等领导的大力支持和悉心指导，同时还得到了专利复审委员会相关兄弟处室领导和同事的无私帮助，在此向他们表示衷心的感谢！

具体承担本书编写工作的多为专利复审委员会化学领域的资深审查员，也有多位曾经在专利复审委员会从事过多年审查工作的同志，大家利用业余时间进行讨论、撰写和统校，为本书的顺利付梓付出了辛勤的汗水。但是由于水平有限，加之时间仓促，本书在内容、观点和撰写方面难免会有不妥之处，敬请读者批评指正。

国家知识产权局专利复审委员会本书编委会

目 录

第一章　关于新颖性和创造性问题研究　// 001
- 第一节　所属领域技术人员与新颖性创造性问题的判断　// 001
- 第二节　关于现有技术公开具体技术方案的认定　// 014
- 第三节　化学产品的推定新颖性　// 022
- 第四节　创造性判断中对实际解决的技术问题的确定　// 035
- 第五节　创造性判断中对实验证据的审查　// 049
- 第六节　创造性判断中对技术偏见的考量　// 066
- 第七节　预料不到的技术效果与专利创造性评判　// 075

第二章　关于专利文件修改的研究　// 095
- 第一节　关于《专利法》第33条的合理适用　// 095
- 第二节　关于专利申请文件中明显错误的认定与修改　// 115
- 第三节　关于开放式与封闭式权利要求的转换　// 128
- 第四节　无效宣告审查程序中权利要求的修改　// 138
- 第五节　关于具体放弃式修改　// 149

第三章　关于公开与权利要求以说明书为依据　// 163
- 第一节　支持问题判断中技术问题与技术手段的确定　// 163
- 第二节　关于必要技术特征的认定　// 173

第四章　特殊类型发明相关问题研究　// 185
- 第一节　关于马库什化合物权利要求的创造性判断　// 185
- 第二节　关于马库什化合物权利要求是否以说明书为依据　// 206
- 第三节　关于马库什化合物权利要求的单一性审查　// 220
- 第四节　关于药物晶体专利公开的判断　// 235
- 第五节　关于立体异构体化学发明的创造性判断　// 247

第五章　相关热点问题研究　　　// 262
　　第一节　说明书修改超出范围与权利要求被宣告无效的关系　// 262
　　第二节　创造性判断中对申请日后提交的实验证据的考察　// 276
　　第三节　依职权审查原则的理解与适用　　　// 293
　　第四节　用药特征对制药用途专利的限定作用　// 313
　　第五节　药品标准类证据的公开性认定　　　// 325

第一章 关于新颖性和创造性问题研究

第一节 所属领域技术人员与新颖性创造性问题的判断

一、引言

在专利复审无效案件的审理过程中,双方当事人甚至法院与专利复审委员对同一篇对比文件中公开的技术信息有时会出现不同的理解。在这种情形下,确定该技术信息的主体基准至关重要。根据《专利审查指南》的规定[1],新颖性和创造性判断的主体基准是所属领域技术人员,其中所属领域是指发明创作所涉及的技术领域,技术人员是指普通技术人员,该主体应具备的知识和能力规定为:假定其知晓申请日或优先权日之前所属技术领域所有的普通技术知识,能够获知该领域所有的现有技术,并且具有应用该日期之前常规实验手段的能力,同时具有从其他技术领域中获知该申请日或优先权日之前的相关现有技术、普通技术知识和常规实验手段的能力。

本案涉及特定领域中公开的技术信息应如何认定,尤其是如果按照不同的主体基准出现不同的理解分歧时,应当采用何种主体基准进行判断。专利复审委员会第6130号无效宣告决定、北京市第一中级人民法院和北京市高级人民法院关于本决定的相应判决给出了当采用不同主体基准进行新颖性判断时的不同情形,笔者结合本案对于新颖性和创造性的判断主体基准作进一步探讨,希望通过不同观点的比较给予读者更进一步的思考。

---

[1] 国家知识产权局. 专利审查指南2010 [M]. 北京:知识产权出版社,2010:第二部分第四章第2.4节.

二、典型案例

1 案情简介

1.1 案例索引与当事人

专利号：96109099.5

无效请求人：山西省运城市解洲铝厂、上海华源铝业有限公司

专利权人：北京伟豪铝业有限责任公司、北京南辰铝品有限责任公司

1.2 案件背景和相关事实

本案授权的权利要求书为：

"1. 一种电解电容器负极箔用铝—铜合金箔，它是含有铜、锰的合金箔，合金中以铜为主，以锰为辅，其合金成分（重量百分比）如下：

Cu 0.2～0.3   Mn 0.1～0.3

Fe ≤0.3   Si <0.15

余量为 Al 以及不可避免的杂质。"

2002 年 7 月 3 日，请求人以上述专利权的权利要求 1 相对于对比文件 10（JP56 - 115517）不具有新颖性、创造性以及不符合《专利法实施细则》第 2 条第 1 款为理由向专利复审委员会提出无效宣告请求。

对比文件 10 公开了一种铝电解电容器阴极用铝合金箔，该铝合金箔由铝材料及材料中不可避免的不纯物如铜 0.1%～2.0%、锰 0.02%～0.2%、铁 0.05%～0.7%、钛 0.02%～0.15% 所构成。该对比文献说明书明确教导，所述发明是作为铝电解电容器的阴极用铝合金箔用的，其在铝—铜—铁系合金中添加微量的锰及钛；说明书的实施例是：以 99% 的纯铝（含不可避免的不纯物）的材料添加 0.3% 的铁作为母材，通过调整铜、锰、钛的添加量并考察铜、锰、钛的添加量对静电容量、拉伸强度、折弯强度的影响，确定发明中铜、锰、钛添加量的技术方案。

专利复审委员会于 2004 年 5 月 31 日作出第 6130 号无效宣告请求审查决定，指出本专利权利要求 1 相对于对比文件 10 具备新颖性和创造性，维持该专利权有效。

北京市第一中级人民法院于 2004 年 12 月 8 日作出第（2004）一中行初字第 770 号判决书，指出本专利权利要求 1 相对于对比文件 10 不具备新颖性，

撤销专利复审委员会作出的第 6130 号决定。

经上诉后，北京市高级人民法院于 2005 年 11 月 25 日作出（2005）高行终字第 127 号行政判决书，以原审法院未对第 6130 号决定中本专利是否具有创造性的认定予以审理为由，裁定撤销第 770 号判决，发回重审。❶

重审过程中原告申请撤回起诉。

2 案件审理

2.1 案件争议焦点

本案争议的焦点在于，如何立足于所属领域技术人员来解读本申请权利要求 1 以及对比文件 10 中公开的上述技术信息，即如何理解在本案所涉及的合金领域中记载的各金属组分的含量，能否将其简单等同为常规组合物的含量信息。

2.2 当事人诉辩

专利权人和无效请求人均承认权利要求 1 的产品中所含有的"不可避免的杂质"中可选择性地含有钛。

2.3 审理结果摘引

专利复审委员会在第 6130 号决定中认为，将本专利的权利要求 1 与对比文件 10 公开的铝电解电容器阴极用铝合金箔比较，可以发现其区别技术特征在于：（1）权利要求 1 的负极箔用铝—铜合金箔中具体限定硅的含量要小于 0.15 重量%，而对比文件 10 中铝合金箔无此种要求；（2）对比文件 10 中的铝合金箔含有 0.02%～0.15% 的钛，而权利要求 1 的铝—铜合金箔无此种要求。鉴于权利要求 1 相比对比文件 10 存在以上两点区别技术特征，因此，权利要求 1 与对比文件 10 不属于同样的发明创造，即权利要求 1 相对于对比文件 10 具有新颖性，符合《专利法》第 22 条第 2 款的规定。

包含上述两个区别技术特征的权利要求 1 所要解决的技术问题是提供一种比容高、强度中强、韧性好、减薄小且表面光亮无粉的新型电解电容器负极用铝铜合金，实施例给出的本发明的铝铜合金箔的比容为 $380\mu F/cm^2$～$450\mu F/cm^2$，其抗拉强度大于 180Mpa，且表面光亮无灰粉；而对比文件 10 中的铝电解电容器

---

❶ 参见国家知识产权局专利复审委员会第 6130 号无效宣告决定、北京市第一中级人民法院（2004）一中行初字第 770 号行政判决书和北京市高级人民法院（2005）高行终字第 127 号行政判决书。

阴极用铝合金箔,其静电容量最高为 $950\mu F/5cm^2$(即 $195\mu F/cm^2$),拉伸强度最大值为 $5.9kg/cm\ 50\mu$(即 115.64Mpa),显然本发明铝铜合金有关比容和抗拉强度的技术效果相对于对比文件 10 中的铝合金箔是意外的,且该发明所具有的表面光亮无灰粉的技术效果在对比文件 10 中没有任何提示。即使考虑到其他对比文献的内容,所属领域技术人员也不会预料到与对比文件 10 具有两个区别特征的本专利权利要求 1 的铝铜合金箔具有远高于对比文件 10 的比容和抗拉强度,并具有腐蚀箔表面光亮无灰粉的技术效果,因此,本专利权利要求 1 的技术方案相对于对比文件 10 以及与其他对比文献的结合具有创造性。

2.4 法院观点

北京市第一中级人民法院认为,对比文件 10 公开了一种铝电解电容器阴极用铝合金箔,其中具体公开了本专利权利要求 1 以下技术特征:一种电解电容器负极箔用铝—铜合金箔,它是含有铜、锰的合金箔,合金中以铜为主,以锰为辅,其合金成分(重量百分比)如下:Cu 0.2~0.3,Mn 0.1~0.3,Fe≤0.3,余量为 Al。对于本专利权利要求 1 中所述技术特征"Si<0.15"是以<X 的形式来限定组分含量的,因此该特征应包括 Si=0 的情况,而对比文件 10 公开了 Si=0 的情况,由于对比文件 10 已公开的一个数值落在本专利限定数值范围内,则本专利权利要求 1 中所述技术特征"Si<0.15"已被对比文件 10 公开。本专利权利要求 1 中所述技术特征"不可避免的杂质"是一种概括范围很宽的上位概念,由于在本专利说明书中明确记载:"按照下表中所列的铝合金成份进行配料,另外加入适量的晶粒细化剂——铝钛硼……",可见本专利权利要求 1 的产品中所含有的"不可避免的杂质"可为钛,而且专利权人在口头审理中也承认本专利权利要求 1 的产品中所含有的"不可避免的杂质"中可选择性地含有钛,因此,对比文件 10 中公开的铝合金箔含有的 0.02%~0.15% 钛是本专利权利要求 1 中所述技术特征"不可避免的杂质"的下位概念,根据下位概念破坏上位概念新颖性的原则,本专利权利要求 1 中所述技术特征"不可避免的杂质"也已被对比文件 10 公开。据此,本专利权利要求 1 所有技术特征均被对比文件 10 公开,因此本专利权利要求 1 不符合《专利法》第 22 条第 2 款有关新颖性的规定。

北京市高级人民法院撤销了北京市第一中级人民法院的上述判决,发回该院重新审理,审理过程中请求人申请撤回了起诉。

3 案件启示

3.1 关于如何理解发明和现有技术的技术方案

为了使专利权人和社会公众的利益得到兼顾和平衡，并使解读判断的结果尽可能客观一致，无论在专利复审、无效审查阶段，还是后续行政诉讼阶段，无论当事人还是裁判者，解读发明创造都应当站位于本领域技术人员。本案的第一个焦点问题是对于本专利权利要求 1 中记载的技术特征 "Si＜0.15" 和 "不可避免的杂质" 如何进行解读，在此探讨了三种可能的解读方法，按照不同的解读方法可能得到不同的认识。

3.1.1 文义解读

对专利文件的文义解读通常是从文件记载的字面含义来解读技术方案。字面解读，顾名思义，就是严格按照专利文件文字记载的内容运用逻辑方法来解读技术方案，这种解读的方法类似于法律解释方法中的文义解释[1]，即根据语法规则对条文的含义进行分析，以说明其内容的解释方法。法律的解释通常都是从文义解释开始的，要理解法律的含义，首先就要从法律规范的文字含义入手。但是法律语言仍然会存在许多专业术语，因此，解释时也要避免将专业术语当日常语言来解释。文义解释又称严格解释，是指严格按照法律条文的字面含义所作出的解释，对字面的含义既不扩大，也不缩小。文义解释的特点是将解释的焦点集中在语言上，而不顾及根据语言解释出的结果是否公正、合理。

如果按照这种解读方法，对于本专利权利要求 1 中记载的技术特征 "Si＜0.15" 而言，仅考虑数值范围的话，Si 含量最低为 0，那么 "Si＜0.15" 的特征就包括 Si＝0 的情况，这样的解读方法获得的结果与一审判决相同。同样，对于 "不可避免的杂质" 而言，其顾名思义为在合金中无法避免存在的任何杂质，这样的杂质当然包括在合金制造过程中使用任何原料所带来的杂质元素，自然也包括晶粒细化剂所引入的钛。

3.1.2 在文义的基础上站位本领域技术人员进行解读

专利文件是一种特殊的法律文件，其包含了大量的技术内容，涉及自然科学的众多领域，其中记载的科技术语的种类和数量也是一般的法律文件所无法比拟的，而且专利授权确权条件的评判主体是本领域技术人员，对其所属领域

---

[1] 张明楷. 注重体系解释实现刑法正义 [J]. 法律适用，2005（2）.

的专业技术背景的要求很高，这一点也是专利文件与一般法律文件的重大区别。因此，如果仅从申请文件记载的文字内容来解读技术方案，而忽略本领域技术人员的技术判断，难免会与专利文件所表达的技术上的真实含义有所偏差，甚至会出现错误的解读。因此，即便是从申请文件的字面含义来解读本发明的技术方案，也应当是立足于本领域技术人员的角度，以本领域技术人员所具备的普通技术知识，根据申请文件中记载的背景技术知识，结合申请文件记载的技术方案的文字内容来理解发明的技术方案。

在本案中，虽然权利要求1对于合金成分中Si组分的含量记载为"Si < 0.15"，并未提及该组分的下限含量，但是，在合金领域中，本领域技术人员均知晓通常很难将合金中某些成分完全除去，例如在铁合金中就难以去除C、Ni、Si、Cr、Mo等合金成分，甚至某些难以避免的合金成分还会给合金材料带来更好的微相结构，从而带来更好的性能。这一点从本专利权利要求1中记载的"余量为Al以及不可避免的杂质"中也可以看出，少量难以避免的合金成分是必然存在于合金材料中的。由此可见，此时虽然在申请文件中没有记载该Si组分的下限，但是本领域技术人员应当知晓该组分的下限不可能为零，即该不为零的下限是申请文件隐含公开的内容。

同样，对于对比文件10而言，其公开了该铝合金箔由铝材料及材料中不可避免的不纯物如铜……所构成。一审判决认为对比文件10公开了Si = 0的情况这一结论是值得商榷的。因为，对比文件10中并没有明确记载Si = 0的情况；相反，对比文件10也提及了其材料中包含不可避免的不纯物。此时，如果仅因为对比文件中没有记载与Si相关的信息及其含量，就认为对比文件10公开了Si = 0的情况是脱离实际的。

由此可以看出，脱离本领域技术人员的视角，仅从权利要求中文字记载的内容出发，很容易得出本发明技术方案以及对比文件中Si合金组分可以为零的结论，这与现有技术的教导，以及本领域技术人员的知识相违背。在不正确地解读本发明技术方案的基础上进行新颖性的判断，得到的结论自然也很难保证是公正、合理的。

对于"不可避免的杂质"而言，如前所述，这些组分是以杂质的形式和含量必然存在于合金材料中。既然权利要求1中已经将这些组分描述为"杂质"，那么此处钛的引入目的、存在形式应当符合"杂质"的含义，同样对于钛的含量在多少范围内属于"杂质"，也需要进一步考量。本专利中由于晶粒细化剂的使用而无法避免引入的钛可以确定其为"杂质"范畴，而对于对比文件10而言，钛的加入为必要组分，而绝非通常含义的杂质，同样也不能确定其含量0.02%~0.15%为"杂质"含量范围。

3.1.3　结合申请文件以及现有技术整体进行解读

在上述两种解读方法的基础上，有时仍然无法满足清楚、准确解读权利要求技术方案的要求，例如当权利要求中记载的上位概念在说明书中有特定含义，或者权利要求的记载出现明显错误，以及权利要求不清楚，但是可以做出澄清性解释的情况下，需要结合说明书、附图等申请文件，以及现有技术整体来对技术方案进行解读。

这种解读不仅需要立足于本领域技术人员，还要结合申请文件记载的上下文之间的逻辑关系，同时在分析本发明记载的及其实际上对现有技术的改进的基础上来充分理解本发明的技术方案。这种理解方式类似于法律解释方法中的体系解释❶。体系解释又称逻辑解释、系统解释，是指将被解释的法律条文放在整部法律中乃至整个法律体系中，联系此法条与其他法条的相互关系来解释法律。这种解释方法不孤立地从个别法条的文义，而联系到这一法条与本规范性文件中其他法条，以至其他规范性文件的关系来考查这一法条的含义，也就是说从这一法律的整体解释。

由此可见，结合申请文件以及现有技术整体来解读技术方案的方法，同样需要将技术方案放置于整个申请文件和现有技术的整体中，解读时不仅需要考虑技术方案本身的含义，还需要考虑该技术方案与现有技术的关系，考虑到发明对现有技术的实质贡献，当对技术方案的解读与现有技术，或者申请文件中上下文的记载出现矛盾，或者现有技术中出现相反的记载时，要从本领域技术人员所应当具备的认识水平出发来解读技术方案。该认识水平不是某个技术人员的认识水平，也非一般公众的认识水平，而是该拟制判断主体应知晓的本领域的普通技术知识、能获知的现有技术、能应用的常规实验手段和能力等，由此获得该技术方案实质内容的含义。

使用该方法解读本专利权利要求1以及对比文件10的技术方案可以看出，首先对于"Si<0.15"的技术特征而言，本专利说明书中记载"特别是过高的硅是造成负极箔成灰粉的原因之一"，由此可见，本专利的目的在于将硅含量

---

❶ 张明楷. 注重体系解释实现刑法正义［J］. 法律适用，2005（2）.

控制在一定范围之内,而并非是在合金中完全除去硅;另外冶炼铝的原料铝土矿中含有二氧化硅,所以在冶炼过程中要完全除去硅是很难实现的;并且本领域公知,在合金领域中为了提高合金强度或者消磁性能等,往往还需要特意加入少量的硅。由此可以看出,无论是从本专利的目的出发结合申请文件全文,还是结合本领域公知的技术常识,在本专利中不会完全去除硅,同时硅含量为 0 的技术方案在本领域中也是无法获得的。

同样,对于"不可避免的杂质",本专利中钛的引入是由于使用了晶粒细化剂,而并非如对比文件 10 中特意添加钛来调整合金的性能,因此钛在本专利中属于"不可避免的杂质"。但是对于对比文件 10 而言,其中明确记载了"其在铝—铜—铁系合金中添加微量的锰及钛",实施例中也考察锰、钛的添加量对其性能的影响,从而确定发明中铜、锰、钛添加量的技术方案。由此可见钛的加入目的和存在形式应当为必要组分,而绝非通常含义的杂质。由此可以看出,本专利权利要求 1 中"不可避免的杂质"与对比文件 10 中特定含量的钛并不相同。

通过上述三种解读方法的理论分析和对本专利技术方案的解读实践可以看出,在技术方案的解读过程中,应当避免以普通公众的角度,从文字记载的字面含义去解读技术方案,因为这样的解读方式脱离了本领域技术人员的基础,无法获得正确的技术信息,由此获得的结论也很难保证是公正、合理的。全面、准确的解读方式应当是从熟知本领域现有技术的本领域技术人员的视角出发,将文字记载的内容与发明的实质内容结合起来,必要时还需考虑技术方案与现有技术的关系以及对现有技术的实质贡献,由此获得正确的技术信息。技术方案的正确解读是寻找区别特征的关键,同样也是新颖性和创造性评价中的关键。

3.2 关于如何评价发明的创造性

创造性的判断,首先要将本发明的技术方案与对比文件的技术方案进行特征的比对,根据前述方法在正确解读本发明和对比文件的技术方案的基础上,找出二者实质上的区别特征。第二步是根据区别特征和该区别特征在本发明中的作用或能够获得的效果来确定本发明实际解决的技术问题,最后再判断现有技术整体上是否存在改进最接近的现有技术从而获得本发明的技术启示[1]。

---

[1] 国家知识产权局. 专利审查指南 2010 [M]. 北京:知识产权出版社,2010:第二部分第四章第 3.2.1.1 节.

上述三个步骤都需要立足于本领域技术人员的基础上进行比对和判断，此时本领域技术人员的把握尺度尤为重要。本领域技术人员的认定涉及两个问题，即本领域普通技术水平的确定和本领域技术人员能力水平的确定。只有超过本领域普通技术水平的技术才可能受到专利的保护。但是达到何种水平才是本领域普通技术水平，《专利审查指南》中并未给出详细的规定，而且不同技术领域的普通技术水平也是不同的。在此情形下，如果从自身的角度出发认为某种手段或水平属于本领域普通技术水平，实际上许多发明的高度往往可能在当事人的理解能力之上，因此会错误地将非本领域普通技术水平当成本领域普通技术水平。如果站在发明人的角度判断本领域的普通技术水平，此时就要涉及不同技术领域之间的差异，一项技术手段在生物医药领域属于普通技术水平，但是拿到机械领域就不一定是普通的技术水平。由此可见，如果将作为审查基准的本领域技术人员的水平和能力定制过低，相当于降低了创造性的高度，此时专利授权的门槛过低，将导致大量低质量专利的产生；如果将本领域技术人员的水平和能力定制过高，相当于提高了创造性的门槛，容易打击申请人的积极性。

此外，在判断过程中，一项技术是否高于普通技术，这本身是技术层面的事情，与法律无关，但当判断一项技术与普通技术的差距是否足以构成创造性时，这就成为法律层面的事情，即创造性的判断是由事实和法律两部分组成。由此可见，对于本发明技术方案的评价是在事实认定的基础上进行法律评价的过程，特征的理解和比对是技术事实上的认定，进一步判断是否具备新颖性或创造性则是法律层面的判断，前面已经提到了，专利文件是特殊的法律文件，因此对专利文件的评价必须立足于相应领域技术人员的基础上，用法律的方式方法进行评价。

结合到本案而言，通过对前述技术方案的解读可以确定本专利相对于对比文件10存在上述两个区别特征，本领域技术人员知晓，这两个区别特征所表征的均是合金箔产品中具体组分及其含量，即为权利要求产品的结构组成的技术特征。因此在新颖性判断中可以确定，上述区别特征的存在导致本专利权利要求1的技术方案与对比文件10实质上不同。

接下来进行创造性的判断。本专利所要解决的技术问题是提供一种比容高、强度中强、韧性好、减薄小且表面光亮无粉的新型电解电容器负极用铝铜合金。本专利实施例记载的该合金箔比容为 $380\mu F/cm^2 \sim 450\mu F/cm^2$、抗拉强度大于 180Mpa，且表面光亮无灰粉；而对比文件 10 的铝合金箔静电容量最高为 $950\mu F/5cm^2$（即 $195\mu F/cm^2$），拉伸强度最大值为 $5.9kg/cm50\mu$（即 115.64Mpa）。此时对于该技术效果的高度能否达到创造性的高度，需要结合现有技术的情况以及本领域技术人员的预期来进行判断。在合金电容金箔领域中，显然本发明铝铜合金有关比容和抗拉强度的技术效果相对于对比文件 10 中的铝合金箔是本领域技术人员所预期不到的，此外发明所获得的表面光亮无灰粉的技术效果在对比文件 10 中没有任何提示。因此权利要求 1 的技术方案相对于对比文件 10 是非显而易见的，具备创造性。

三、分析与思考

1 法理分析

为了使新颖性和创造性的判断有一个尽可能统一的标准，不至于因人而异，法律拟制了一个参照系，即"本领域普通技术人员"的概念。该概念有助于立法者找到合理的授权标准，防止授权专利中出现品质低劣的技术，确保只有优质专利申请能获得授权，并且有助于排除判断主体的主观因素影响，使审查标准具有良好的一致性，保障申请人运用专利制度的积极性并维护专利制度的公信力。

"本领域普通技术人员"源起于 1790 年《美国专利法》中已经记载的"本领域的工人或其他技术人员"，主要功能为专利文本公开充分性的判断[1]。经过数十年的发展，1850 年美国联邦最高法院在著名的 Hotchkiss v. Greenwood 案中，正式提出了用于专利性判断的"普通技工"（Ordinary Mechanic）概念。该概念正是"本领域普通技术人员"的前身。之后，美国专利法中的"本领域普通技术人员"的适用范围扩展到了新颖性、公开充分性以及权利要求解释等领域。包括我国在内的各主要国家（如英国、德国、日本）的专利法，或通过立法借鉴，或通过国际公约的签订，继受了类似的"本领域普通技术人员"的概念。该概念形成的标准，是现代专利法"专利实质要件"的核心。对授予专利权的正当性的判断，从此变成了一种站在"本领域普通技术人员"

---

[1] 张小林. 论专利法中的"本领域普通技术人员"[J]. 科技与法律，2011（6）.

的角度，针对专利申请进行的观测活动，这种抽象概念的人，其作为标准的一致性通过证据的收集、审查判断得到确保。"本领域普通技术人员"作为法律概念，完全是为了满足立法者对专利授权标准的需求而被创制出来的，其存在的意义在于为专利行政和司法机构提供一个较为客观的判断基准，以解决此前专利授权标准任意性太强的难题，是作为工具产生和存在的，是一种典型的法律拟制。

2 比较法研究

"所属技术领域的技术人员"在《专利法》第26条第3款中首次出现，我国《专利审查指南》第二部分第四章第2.4节中对"所属技术领域的技术人员"给出了较为详细的解释。类似地，欧洲专利审查指南、美国专利审查指南和日本专利审查指南也分别对"所属领域技术人员"给出了较为明确的定义❶。

根据欧洲专利局上诉委员会的案例法，本领域技术人员应当被假定为在相关日期前知晓本领域公知常识的普通技术人员，被认为是一个"平均的技术人员"。他被假定为能够获得现有技术的任何知识和技能，能够熟练地使用各种工具并且有能力进行常规的工作和实验，本领域技术人员应当是本技术领域的专家。

在美国，本领域技术人员被假定知晓发明做出时的相关技术。美国专利审查指南还规定了决定本领域技术人员的水平需要考量的一些因素，审查员必须确保发明申请在做出时相对于本领域技术人员是非显而易见的，而不是相对于发明人、法官、外行人或者本领域的天才是非显而易见的。本领域技术人员具有发明申请的技术方案相关的技术领域的普通技术知识，具有理解应用到相关领域的科技和工程原理的能力。

《日本专利审查指南》❷规定，发明相关技术领域的普通技术人员（即本领域技术人员）具有发明申请相关领域的普遍技术知识，具有使用常规技术手段进行研发的能力；有普通的创造能力进行材料选择或设计修改；能够依靠自身的知识理解申请日前发明申请相关的现有技术中的各种技术内容。另外，

---

❶ 刘文霞. 本领域技术人员是否具备创造能力——从中、欧、美、日专利局关于"本领域技术人员"的定义所起 [J]. 中国发明与专利, 2011 (12).

❷ 参见《日本专利审查指南》第Ⅰ部分第二章第2.2（2）节。

本领域技术人员被认为能够依靠自身的知识理解申请日前发明申请要解决的技术问题相关的技术内容。

由此可见，在多国的专利实践中，本领域技术人员的知识水平都很接近，即均需要知晓相关日期之前所属技术领域的所有普通技术知识。在司法实践中，本领域技术人员的知识水平的认定是一个事实问题，应当依据证据规则来决定。欧洲专利局上诉委员会的案例法和美国专利审查指南按照技术领域对"本领域技术人员"进行更为精细地界定的做法值得借鉴。事实上，本领域技术人员在具体案件中的认定除了考虑普遍应当考虑的限定因素之外，不同的技术领域也应当具有不同的考量因素。

但是对于本领域技术人员的能力而言，各国的规定不尽相同。例如美国和日本规定了"本领域技术人员"具备普通的创造力，而我国则在《专利审查指南》中明确规定了本领域技术人员不具备创造能力。对本领域技术人员的创造能力包括具备何种程度的创造能力的界定，实际上隐含着审查员和法官对专利授权标准的立场，本质是一个基于专利法基本原则进行的利益平衡和价值选择。并且从理论上讲，实用新型和发明的专利创造性的高度要求也不同，对二者的创造性判断应当由具有不同创造能力的"本领域技术人员"来作出。

3 司法实践

在我国的司法解释中最早提到"本领域普通技术人员"的文件是最高人民法院1999年5月28日答复北京市高级人民法院的《关于北京市林阳智能研究中心与国家知识产权局专利局专利复审委员会专利行政纠纷案的函》[1]，但是在该函和若干类似答复中所提到的"本领域普通技术人员"仅是针对个案对北京市高级人民法院判决书的引用，并未创设新的规则。在2001年6月22日公布的《关于审理专利纠纷案件适用法律问题的若干规定》中，最高人民法院在我国专利法律体系中首次明确规定了"本领域普通技术人员"在等同原则适用中的地位。在2009年12月28日公布的《关于审理侵犯专利权纠纷案件应用法律若干问题的解释》中，最高人民法院首次对"本领域普通技术人员"在专利权利要求解释中的适用作出了明确规定。

北京市高级人民法院在1999年10月29日、2001年9月29日发布的《北京

---

[1] 张小林. 论专利法中的"本领域普通技术人员"[J]. 科技与法律，2011 (6).

市高级人民法院关于印发〈关于审理专利复审和无效行政纠纷案件若干问题的解答（试行）〉的通知》和《北京市高级人民法院关于〈专利侵权判定若干问题的意见（试行）〉的通知》中，曾就"本领域普通技术人员"的内容作出了部分解答，这些规则曾经在专利行政案件和民事侵权判定中发挥过重要作用。

四、案例辐射

我国专利法中的"本领域普通技术人员"的技能被划分为"知识"和"能力"两部分，"本领域普通技术人员"的职能是充当审查标准的判断主体，其技能严格与时间和"所属领域"相关。但是，对于何谓"本领域"、确定"普通技术人员"的技能尤其是"能力"水平时应考虑的因素等重要问题，现行专利法律体系都没有给出答案。除"创造能力"外，"本领域普通技术人员"所可能具有的直观性的知识，或者无法记录在成文书籍中的知识也被排除，"本领域普通技术人员"所具有的专有技术知识在解决技术问题过程中的作用被低估。出于知识背景、知识更新快慢和工作负担等方面的原因，现实中的裁判者难以较好地把握涉案专利的相关技术问题，对技术问题和技术发展脉络的不了解或理解偏差又很容易导致其在后裁决时的盲区，此外，要查明若干年前申请日时的本领域普通技术人员的技能水平，需要克服额外的障碍。

因此，在专利审查或审判实践中应注重相关领域背景技术知识的检索和扩充，尤其是在技术方案的理解阶段，应通过检索和学习充分理解本发明和对比文件的技术方案，要将认知水平从字面理解深入到技术方案的实质。对于发明人或者代理人而言，应在审查过程中进行充分地主张和说理，尤其是提供相应的证据来支持其主张。

（撰稿人：宋　泳　审核人：刘　亚）

第二节　关于现有技术公开具体技术方案的认定

一、引言

在新颖性判断过程中,作为对比文件的专利文献中往往记载多个技术方案,当构成技术方案的一个或多个技术特征存在多种选择时,对于每种选择的组合能否构成对比文件所公开的具体技术方案,应根据不同的情形来确定。普遍认可的审查思路为:当对比文件记载的技术方案中只有一个技术特征存在多种选择时,应当认为该对比文件公开了每种选择与其他技术特征一起构成的多个具体的技术方案。当对比文件记载的技术方案中有多个技术特征存在多种选择时,应当根据所属技术领域进行具体分析。对于技术效果可预见水平相对较高的技术领域,例如机械、电学等领域,通常可以认为对比文件公开了每个技术特征的每种选择与其他技术特征一起所构成的多个具体技术方案。而对于技术效果可预见水平相对较低的技术领域,例如化学、生物等领域,通常不能作出相同的认定。

然而,审查实践中案情复杂多样,如何确定对比文件中所公开的一项技术方案,通常需要考虑诸多因素,下面通过一个典型案例来进一步讨论。

二、典型案例

1　案情简介

1.1　案例索引与当事人

申请号:02823158.9

决定号:18937

复审请求人:拜尔农作物科学股份公司

1.2　案件背景和相关事实

国家知识产权局以权利要求1-5不具备新颖性,不符合《专利法》第22条第2款的规定为由驳回了本申请。驳回决定所针对的权利要求1如下:

"1. 一种组合物,其中包含活性化合物组合,所述组合包含

a）通式（Ⅰ）取代的噻吩-3-基磺酰基氨基（硫代）羰基三唑啉（硫）酮化合物，即化合物Ⅰ-2：

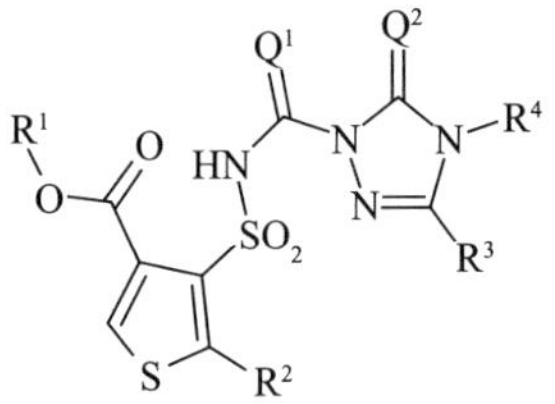

$$\text{结构式}\quad (1)$$

其中

取代基 R^1、R^2、R^3、R^4、Q^1 和 Q^2 具有下列含义：

$Q^1 = O$；$Q^2 = O$；$R^1 = CH_3$；$R^2 = CH_3$；$R^3 = OCH_3$；$R^4 = CH_3$；

——以及式（Ⅰ）化合物的盐——（'组1活性化合物'）

和 b）由下列活性化合物组成的第二组除草剂中的一种或多种化合物：

Flucarbazone-sodium、磺氨黄隆、治草醚、溴苯腈、氟酮唑草、2,4-D、麦草畏、高2,4-滴丙酸、吡氟草胺、噁唑禾草灵、高噁唑禾草灵、Florasulam、Flufenacet、氟啶黄隆、氟草烟、草甘膦、呋草酮、Foramsulfuron、咪草啶酸、Iodosulfuron-methyl-sodium、异噁氟草、2甲4氯丙酸钾、Mesosulfuron、Mesotrione、唑草磺胺、赛克津、甲黄隆、烟嘧黄隆、Picolinafen、Propoxycarbazone-sodium、氟唑草酯、玉嘧黄隆、磺草酮、草硫膦、特丁津、噻黄隆、苯黄隆、Tritosulfuron、4-(4,5-二氢-4-甲基-5-氧代-3-三氟甲基-1H-1,2,4-三唑-1-基)-2-(乙基磺酰基氨基)-5-氟苯硫代甲酰胺（HWH4991）、2-氯-N-[1-(2,6-二氯-4-二氟甲基苯基)-4-硝基-1H-吡唑-5-基]-丙烷甲酰胺（SLA5599），（'组2活性化合物'）。"

根据本申请说明书的记载，取代的噻吩-3-基磺酰基氨基（硫代）羰基三唑啉（硫）酮化合物是已知的除草剂（参见 WO-A-01/05788）。然而，这些化合物的活性不总是令人完全满意。令人惊奇的是，当与一些除草活性化合物一起使用时，多种取代的噻吩-3-基磺酰基氨基（硫代）羰基三唑啉（硫）酮化合物的活性化合物在抗杂草活性方面表现出协同作用，并且可特别有利地作为广谱活性组合制剂用于选择性防治有用作物，例如棉花、大麦、马铃薯、玉米、油籽油菜、稻、黑麦、大豆、向日葵、小麦、甘蔗和甜菜中的单子叶和双子叶杂草，还可用于在半选择性和非选择性田地中防治单子叶和双子叶杂草。在应用实施例部分，本申请还研究了式Ⅰ-2化合物与溴苯腈、唑草磺胺、Flucarbazone – Sodium、磺氨黄隆、氟酮唑草等已知除草剂对不同植物的除草活性，结果表明，虽然单独的活性化合物表现出弱的除草作用，但是其组合后都表现出超过单独的作用加和的非常良好的除草作用。

对比文件1（WO0105788A，公开日为2001年1月25日）公开了一种通式（Ⅰ）的取代的噻吩–3–基磺酰基氨基（硫代）羰基三唑啉（硫）酮类化合物，及其作为除草剂的应用，

$$\text{结构式 (1)}$$

并且在制备实施例中制备了多种具体化合物，其中实施例2的化合物中 $Q^1 = O$；$Q^2 = O$；$R^1 = CH_3$；$R^2 = CH_3$；$R^3 = OCH_3$；$R^4 = CH_3$，其熔点为201℃，以及在应用实施例中测试了化合物的抗杂草活性，实验结果表明，"例如制备实施例1、2、3、4、5、6、7、8、9、10、11和12的化合物表现出非常强的抗杂草活性，并且它们当中有某些化合物被农作物例如棉花、大麦和小麦良好地耐受"。此外，对比文件1还公开了"为了控制杂草，本发明活性化合物可以作为与已知除草剂的混合物使用，其中成品制剂或罐装混合物都是可行的。所述混合物的可能组分是已知的除草剂，例如：乙草胺、三氟羧草醚、苯草醚、甲草胺、禾草灭、莠灭净、Amidochlor、酰嘧磺隆、莎稗磷、磺草灵、莠去津、Azafenidin、四唑嘧磺隆、草除灵、呋草黄、苄嘧磺隆、苯达松、Benzobicyclon、吡草酮、新燕灵、双丙胺膦、治草醚、双草醚、溴丁酰草胺、溴酚肟、溴草腈、丁草胺、Butroxydim、苏达灭、苯酮唑、Caloxydim、双酰草胺、Carfentrazone（–ethyl）、甲氧除草醚、豆科畏、氯草敏、氯嘧磺隆、草枯醚、绿黄隆、绿麦隆、Cinidon（–ethyl）、环庚草醚、醚磺隆、Clefoxydim、烯草酮、炔草酸、异噁草松、氯甲酰草胺、二氯吡啶酸、Clopyrasulfuron（–methyl）、Cloransulam（–methyl）、Cumyluron、氰乙酰肼、Cybutryne、草减特、环丙嘧磺隆、噻草酮、氰氟草酯、2,4–D……"。

驳回决定认为，对比文件1公开了具体化合物Ⅰ–2，同时，说明书其他部分公开了"用于控制杂草的通式Ⅰ所示的取代的噻吩–3–基磺酰基氨基（硫代）羰基三唑啉（硫）酮化合物可与已知除草剂混合使用，其中所述的已

知除草剂例如磺氨黄隆、治草醚、溴苯腈、氟酮唑草、2,4-D、麦草畏、高2,4-滴丙酸、吡氟草胺、噁唑禾草灵、高噁唑禾草灵、Florasulam、Flufcnacot 等，防治不需要的植物。可见，对比文件1已经公开了权利要求1的全部技术特征，权利要求1不具备新颖性。

2　案件审理

2.1　案件争议焦点

判断权利要求1相对于对比文件1是否具备新颖性，关键点在于判断对所属技术领域的技术人员而言，能否认为对比文件1公开了包括式Ⅰ-2化合物在内的式Ⅰ的每种具体化合物与其他已知除草剂一起所构成的具体组合物。

2.2　当事人诉辩

复审请求人认为：（1）尽管对比文件1提及了化合物Ⅰ-2，但其并不是优选化合物；对比文件1还提及所述式Ⅰ化合物可能与其他除草剂组合，但并未说明与这些一般性列举的除草剂组合的原因和产生的效果；此外，对比文件1还提及了式Ⅰ化合物与杀真菌剂、杀虫剂、杀螨剂、杀线虫剂等的组合，但未公开任何生物数据。（2）对比文件1中关于配对的除草剂的名单比本申请更宽泛，本申请已对可能的化合物Ⅰ-2的配对混合物进行了选择，并且经生物数据所证实。因此，本申请是从对比文件1的式Ⅰ化合物以及潜在混合配对物的巨大名单中作出的选择，具备新颖性。

2.3　审理结果摘引

对比文件1的发明点在于式Ⅰ化合物及其除草活性，式Ⅰ实际上包含了数量巨大的化合物，式Ⅰ-2化合物仅为具体制备的多达几十种化合物中的一种。即使考虑应用实施例部分，对比文件1也仅仅是笼统地论述了实施例1-12化合物的效果，其实施例2中的化合物并不是作为效果最佳的例子出现的。所属技术领域的技术人员根据对比文件1的实验结果也得不出其实施例2的化合物的除草效果优于其他具体化合物的结论。并且，对比文件1中只是提及式Ⅰ化合物可以与已知除草剂混合使用，类似地，还提到式Ⅰ化合物与其他已知活性化合物，例如杀真菌剂、杀虫剂、杀螨剂、杀线虫剂、驱鸟剂、植物营养素和改善土壤结构的活性剂的混合物也是可行的。可见，在对比文件1中，众多式Ⅰ化合物以及已知除草剂、杀真菌剂、杀虫剂、杀螨剂等常见农用试剂均是以并列选择的方式出现的，每种组分都存在很多选择。而对比文件1仅仅是一般性地描述了所属技术领域认为能够与式Ⅰ化合物配合使用的试剂，并没有真正关注其与其他已知除草剂组合使用的方案以及组合后的效果，也没有公开任何有关式Ⅰ化合物与其他已知除草剂组合使用的实施例，所属技术领域的技术人员显然无法从中预见每种式Ⅰ化合物与已知除草剂组合后的确切效果。

因此，合议组认为，对所属技术领域的技术人员而言，对比文件1公开的内容仅仅是概述性的，不能认为其公开了含有每个具体式Ⅰ化合物与每种已知除草剂组的具体组合的除草组合物，当然也不能认为其公开了其中的实施例2的化合物与每种已知除草剂组合的具体除草组合物。故权利要求1具有新颖性，符合《专利法》第22条第2款的规定。

在此基础上，专利复审委员会作出了撤销驳回决定的复审决定。

三、分析与思考

对于化学领域的农药组合物发明而言，既包括新化合物与已知化合物的组合，也包括已知化合物之间的相互组合。前者的发明点在于发现了具有某种有益效果的新化合物，在此基础上，新化合物可以与其他已知的化合物组合使用，而后者的发明点往往在于已知化合物组合后产生了预料不到的技术效果。当上述农药组合物发明作为对比文件的形式出现时，如果判断其中所公开的具体技术方案，笔者认为，除了技术方案外，还应当从其他多个方面进行综合考虑，例如，发明所属的技术领域、所属技术领域对于技术效果的可预测水平、发明所要解决的技术问题（发明点）。下面，在上述实际案例的基础上，通过两种简化的假想情形进行具体地分析和讨论，其中大写字母A、B代表概括的技术特征，小写字母a、b代表具体的化合物。

1 多个技术特征存在多种选择

假设在情形Ⅰ中，本申请的权利要求1要求保护的是一种杀虫组合物，包含已知活性物质a1和已知活性物质b1。且本申请在说明书中公开的实施例证明了组分a1与组分b1联合使用能够产生协同作用。而对比文件1说明书中公开了A+B杀虫组合物的技术方案，其中A选自a1、a2、a3……，B选自b1、b2、b3……，另外，对比文件1说明书中还公开了部分组合物的协同效果实施例，但没有公开 a1 + b1 的具体实施例。

针对这种情形存在两种观点。第一种观点认为，对比文件 1 中有两个特征存在多种并列的选择，由于两种活性成分联合使用之后的技术效果是难以预测的，不能认为对比文件 1 具体公开了每种组合的技术方案，在没有公开 a1 + b1 的具体实施例的情况下，权利要求 1 具备新颖性。

针对这种情形，还存在第二种观点，认为对比文件 1 的说明书中公开了 A + B 的技术方案，其中包括 a1 + b1 这一技术方案，因此，该对比文件公开了权利要求 1 的全部技术特征，破坏了权利要求 1 的新颖性。

对此，笔者认为，本申请和对比文件 1 属于相同的技术领域，其中的杀虫组分 a1、b1 等均是所属技术领域已知的化合物，然而所属技术领域公知，对于两种或多种已知活性化合物的组合物而言，其组合后可能会产生协同、加合、拮抗三种效果，而协同效果往往是我们所期望的，在这一点上，本申请和对比文件 1 所要解决的技术问题，或者说二者的发明点是一致的。进一步考察对比文件 1 的技术方案可知，A 选自 a1、a2、a3……，B 选自 b1、b2、b3……，该对比文件采用了并列概括的撰写方式，其说明书中也没有公开 a1 + b1 的具体实施例，也就是说，对比文件 1 仅笼统地列出了 A、B 的可选择项，并没有真正关注到 a1 + b1 这一具体组合形式，况且，该组合是否具有协同效果对于所属技术领域的技术人员而言是难以预期的。实际上，A + B 的技术方案涵盖了大量的化合物组合，但这种采用并列概括方式撰写的技术方案是一项完整的技术方案，不能强行将之拆分为各种具体的组合物，当将其与本申请的 a1 + b1 组合物进行对比时，这种并列概括的概念不能破坏具体概念的新颖性。因此，在对比文件 1 没有公开各种具体组合的技术方案的情况下，不能认定对比文件 1 已经公开了每种具体的技术方案。不论是前审程序还是后审程序，这一原则应当是得到了广泛认可的。显而易见，在情形 I 中，第一种观点的处理方式更为合理。

2 一个技术特征存在多种选择

在另一种情形 II 中，权利要求 1 要求保护的是一种杀虫组合物，包含已知活性物质 a1 和已知活性物质 b1。说明书中公开的实施例证明了组分 a1 与组分 b1 联合使用能够产生协同作用。而对比文件 1 说明书中公开了新化合物 a1 及其杀虫效果，并且提到 a1 可以与 B 类化合物联合使用，其中 B 类化合物选自

b1、b2、b3、b4……（百余种已知化合物），但没有公开联合使用的实施例和具体效果。

针对情形Ⅱ，也存在两种观点。第一种观点认为，对比文件1的说明书中公开了a1+B的技术方案，对比文件1中仅有一个特征有多种并列的选择项，相当于对比文件1具体公开了a1与b1、a1与b2……的每种具体技术方案，其中的a1+b1破坏了权利要求1的新颖性。

针对这种情形，存在的另一种观点认为，对比文件1的说明书中仅泛泛提到a1可以与B类化合物联合使用，由于两种活性成分联合使用之后的技术效果是难以预测的，因而根据对比文件1无法得知a1+b1、a1+b2……的每种具体技术方案的确切技术效果，因此，不能认为对比文件1已经公开了a1+b1、a1+b2……的每种具体技术方案，权利要求1具备新颖性。

第一种观点的操作方式缺乏全面考虑，也与"多个技术特征存在多种选择"情形中的审查原则明显不一致。

首先，从对比文件1公开的内容来看，其中仅仅公开了新化合物a1具有杀虫效果，并提到a1可以与B类化合物联合使用，其中B类化合物选自b1、b2、b3、b4等。因此，对比文件1的发明点或者其要解决的技术问题在于发现了具有杀虫效果的新化合物a1，其可以与同样具有杀虫效果的b1、b2、b3、b4等联用，以达到扩大杀虫谱、节约人力成本的目的。而本申请的发明点在于筛选能够产生协同作用的杀虫组合物，由于a1与b1、b2、b3、b4等均是所属技术领域已知的杀虫化合物，本申请的发明人通过不断地筛选配方，付出大量的劳动才获得了具有协同作用的a1+b1组合。

其次，如第一种观点所述，如果认定对比文件1具体公开了a1与b1、a1与b2……的每种具体技术方案，那么，当发明人发现一种新化合物后，就会像跑马圈地一样，甚至是恶意地列出a1与诸多现有技术中杀虫剂的可能组合，而不需要公开任何a1与B类化合物组合的实施例。但是，对比文件1并没有在组合物方面作出任何实质性贡献，只是将所谓的新化合物与已知化合物简单地组合在一起使用。而对于a1与B类化合物的具体组合可能存在的拮抗、加合以及协同等情况，如果发明人从中找出了具有协同作用的组合，很明显对现有技术和社会公众作出了贡献，而作为社会的回报，理应获得专利权，这才符合以"公开"换"保护"的立法宗旨。此时，若认为对比文件1已经公开了a1+b1的技术方案，对发明人明显不公，也与我们允许选择发明的专利制度相背离，可见上述观点值得商榷。

另外，对比文件 1 的说明书中没有公开化合物 a1 与已知 B 类化合物联合使用的实施例和具体效果，这说明其发明人并没有考虑过 a1 与 B 类化合物组合后可能带来其他额外的预料不到的技术效果，更没有关注过 a1 + b1 这一具体组合形式，这有可能是发明人概括性的叙述，所属技术领域的技术人员根据该对比文件公开的内容及其掌握的普通技术知识仅能预期到 a1 与 b1、b2、b3、b4 等组合后仍然具有杀虫效果，但无法预期 a1 + b1 组合后能够产生协同作用。

因此，对于此种情形的新颖性判断，应当坚持"多个特征存在多种选择"情形中的原则，结合发明所属的技术领域、所属技术领域对于技术效果的可预测水平、发明所要解决的技术问题（发明点）等，具体问题具体分析，将对比文件 1 中的 a1 + B（B 选自 b1、b2、b3、b4 等）视为没有公开 a1 + b1 这一具体组合更符合专利法的立法本意。在此基础上，作出本申请的组合物相对于对比文件 1 具备新颖性的结论。

四、案例辐射

本文在实际案例的基础上假想了两种不同的情形，旨在说明在判断对比文件公开的具体技术方案时应根据具体的案情，综合考察对比文件公开的内容以及所属技术领域对于技术效果的可预测水平，全面分析，灵活掌握审查规范，既不能影响社会公众的合理利益，也要避免发明人的合法权益受到损失。

（撰稿人：张家祥　审核人：李亚林）

第三节　化学产品的推定新颖性

一、引言

化学领域发明专利申请的审查存在着许多特殊的问题，有的化学产品结构尚不清楚，不得不借助于参数特征和/或制备方法特征来表征。对于参数特征而言，审查实践中对比文件往往没有公开相应的物理化学参数，也就是说对比文件没有公开用于表征专利申请要求保护的产品的全部技术特征，因此，不能直接认定二者为相同产品，这对于审查中比较专利申请要求保护的产品与对比文件产品两者的异同造成了一定困难。对于制备方法特征而言，新颖性的审查应针对产品本身进行，方法特征对产品权利要求是否产生限定作用是专利审查中长期争议的问题。针对上述问题，《专利审查指南》规定了对于用物理化学参数或者用制备方法表征的化学产品的新颖性，可以采用推定新颖性的判断原则，但在具体案件的审理过程中，如何合适地把握并适用化学产品推定新颖性的判断原则以及合理地分配举证责任仍存在诸多问题。专利复审委员会第31643号复审决定对于用物理化学参数和制备方法表征的化学产品的新颖性判断给出了一种全面完整的思路，笔者认为，该案的审查过程体现了在使用推定新颖性的判断原则时，应当综合考虑与要求保护产品相关的各种区别因素，对于此类案件全面准确的审查，有一定的指导意义。

二、典型案例

1　案情简介

1.1　案例索引与当事人

专利号：200510064976.6

复审请求人：汎塑料株式会社、株式会社吴羽

1.2　案件背景和相关事实

驳回决定针对的权利要求1如下：

"1. 一种聚亚芳基硫醚树脂组合物，其包括（A）100重量份的聚亚芳基

硫醚树脂，其中所具有的氮元素含量相对于每1kg树脂为0.55g或更少；和（B）5至400重量份的无机填料。"

对比文件1公开了一种聚亚芳基硫醚树脂组合物，其含有（A）100重量份的聚亚芳基硫醚树脂和（D）相对于组合物总重量1%～75%的无机或有机填料；此外，对比文件1在实施例中公开了几种具体的聚亚芳基硫醚树脂组合物，其分别含有100重量份线型聚亚苯基硫醚树脂和相对于组合物总重量40%的玻璃纤维，或者含有100重量份聚亚苯基硫醚树脂和相对于组合物总重量30%的玻璃纤维以及相对于组合物总重量30%的碳酸钙，其中线型聚亚苯基硫醚树脂是吴羽化学工业（株）制，粘度为50Pa·s（310℃，1200秒$^{-1}$）。

驳回决定认为：无法依据权利要求1中记载的氮元素含量对权利要求1与对比文件1中的聚亚芳基硫醚树脂（下称PAS）进行比较，因而推定权利要求1不具备新颖性。

复审请求人在提出复审请求时提交了权利要求书修改文本，在权利要求1中进一步限定了PAS的制备方法。

前置审查意见书认为，对比文件1中并未记载所使用的PAS的制备方法，无法依据权利要求1中记载的制备方法对权利要求1与对比文件1中的PAS进行比较，坚持推定权利要求1不具备新颖性。

复审阶段，复审请求人提交了附件1：对比文件1实施例中公开的线型聚亚苯基硫醚树脂［吴羽化学工业（株）制，粘度为50Pa·s（310℃，1200秒$^{-1}$）］的氮元素含量测定数据。

2 案件审理

2.1 案件争议焦点

氮元素含量在本案中表示PAS含有的残留N–甲基–2–吡咯烷酮（NMP）、甲氨基丁酸钠、氯代苯基甲氨基丁酸、在PAS末端的甲氨基丁酸基团等，实质上属于表征PAS树脂结构和/或组成的参数特征。本案的争议焦点在于：权利要求1采用参数特征和制备方法特征来表征PAS，在对比文件1仅公开PAS化学名称和结构式，没有公开所述PAS的氮元素含量和制备方法的情况下，是否能够推定权利要求1的PAS与对比文件1的相同？

2.2 当事人诉辩

权利要求1限定了PAS的氮元素含量以及制备方法，对比文件1中仅记载了通过洗涤降低氯含量和碱金属含量，并未记载降低氮元素含量，也未记载PAS的制备方法。工业上PAS的制备方法通常是使NMP（N-甲基-2-吡咯烷酮）与氢氧化钠反应而开环，最终生成的PAS末端形成甲氨基丁酸基；CN1742037A（复审请求人答复第二次审查意见通知书时所提交的附件）的比较例3-1和3-2证明了采用对比文件1公开的洗涤方法无法使现有技术聚合方法所得的PAS聚合物链末端化学结合的氮元素含量降至0.55g/（kg树脂）以下。

此外，复审程序中提交的附件1中使用与本申请相同的分析氮元素含量的方法，即使用微量氮硫分析仪（ANTEK公司制造，ANTEK7000）来测试对比文件1实施例中线型聚亚苯基硫醚树脂的氮元素含量，两次测试结果分别为0.69g/（kg树脂）和0.72g/（kg树脂）。

因此，权利要求1的聚亚芳基硫醚树脂与对比文件1的聚亚芳基硫醚树脂属于不同的聚合物，权利要求1具备新颖性。

2.3　审理结果摘引

专利复审委员会在第31643号复审决定中认为，首先，根据复审请求人提交的附件1，其为对比文件1实施例中线型聚亚苯基硫醚树脂的氮元素含量测定数据，其中使用了与本申请相同的分析氮元素含量的方法，测试了对比文件1实施例中线型聚亚苯基硫醚树脂［吴羽化学工业（株）制，粘度为50Pa·s（310℃，1200秒$^{-1}$）］的氮元素含量，两次测试结果分别为0.69g/（kg树脂）和0.72g/（kg树脂）。上述结果表明，对比文件1中聚亚苯基硫醚树脂的氮元素含量大于本申请权利要求1所要求保护的聚亚芳基硫醚树脂所具有的0.55g/（kg树脂）或更少的氮元素含量，由此可见，本申请权利要求1中的聚亚芳基硫醚树脂与对比文件1实施例中聚亚苯基硫醚树脂属于不同的产品。其次，根据本申请实施例的记载，实施例（A-1）在脱水步骤中一次性加入NaOH水溶液，然后在聚合步骤中一次性加入NaOH水溶液并使溶液pH为13.2，之后采用现有技术（如类似于对比文件1第3页第4段中记载）的洗涤工序，以此方法得到的聚亚芳基硫醚树脂的氮元素含量为0.85g/（kg树脂）；而实施例（A-2）采用如本申请权利要求1中的特定制备方法，仅在聚合步骤中连续或间歇性地加入NaOH水溶液，并控制溶液pH为11.5~12.0，之后采用现有技术（如类似于对比文件1第3页第4段中记载）的洗涤工序，以此方法得到的聚亚芳基硫醚树脂的氮元素含量为 0.32g/(kg 树脂)，由此可见，采用权利要求 1 中特定的制备方法为聚亚芳基硫醚树脂带来氮元素含量的改变，使其氮元素含量为 0.55g/(kg 树脂) 以下。

综上所述，本申请权利要求 1 要求保护的聚亚芳基硫醚树脂组合物与对比文件 1 公开的聚亚芳基硫醚树脂组合物存在区别技术特征，并且该区别技术特征导致二者的技术方案实质上不相同，因此权利要求 1 具备新颖性，符合《专利法》第 22 条第 2 款的规定。在此基础上，撤销国家知识产权局于 2009 年 10 月 09 日对本申请作出的驳回决定。

3 案件启示

3.1 化学产品推定新颖性的判断

3.1.1 相关规定

对于用物理化学参数表征的化学产品的新颖性审查，《专利审查指南》作出了如下两条规定。

（1）对于包含性能、参数特征的产品权利要求，应当考虑权利要求中的性能、参数特征是否隐含了要求保护的产品具有某种特定结构和/或组成。如果该性能、参数隐含了要求保护的产品具有区别于对比文件产品的结构和/或组成，则该权利要求具备新颖性；相反，如果所属技术领域的技术人员根据该性能、参数无法将要求保护的产品与对比文件产品区分开，则可推定要求保护的产品与对比文件产品相同，因此申请的权利要求不具备新颖性，除非申请人能够根据申请文件或现有技术证明权利要求中包含性能、参数特征的产品与对比文件产品在结构和/或组成上不同❶。

（2）对于用物理化学参数表征的化学产品权利要求，如果无法依据所记载的参数对由该参数表征的产品与对比文件公开的产品进行比较，从而不能确定采用该参数表征的产品与对比文件产品的区别，则推定用该参数表征的产品权利要求不具备《专利法》第 22 条第 2 款所述的新颖性❷。

对于用制备方法表征的化学产品的新颖性审查，《专利审查指南》作出了

---

❶ 国家知识产权局. 专利审查指南 2010 [M]. 北京：知识产权出版社，2010：第二部分第三章第 3.2.5 节.

❷ 国家知识产权局. 专利审查指南 2010 [M]. 北京：知识产权出版社，2010：第二部分第十章第 5.3 节.

如下两条规定。

（1）对于包含制备方法特征的产品权利要求，应当考虑该制备方法是否导致产品具有某种特定的结构和/或组成。如果所属技术领域的技术人员可以断定该方法必然使产品具有不同于对比文件产品的特定结构和/或组成，则该权利要求具备新颖性；相反，如果申请的权利要求所限定的产品与对比文件产品相比，尽管所述方法不同，但产品的结构和组成相同，则该权利要求不具备新颖性，除非申请人能够根据申请文件或现有技术证明该方法导致产品在结构和/或组成上与对比文件产品不同，或者该方法给产品带来了不同于对比文件产品的性能从而表明其结构和/或组成已发生改变。❶

（2）对于用制备方法表征的化学产品权利要求，其新颖性审查应针对该产品本身进行，而不是仅仅比较其中的制备方法是否与对比文件公开的方法相同。制备方法不同并不一定导致产品本身不同。如果申请没有公开可与对比文件公开的产品进行比较的参数以证明该产品的不同之处，而仅仅是制备方法不同，也没有表明由于制备方法上的区别为产品带来任何功能、性质上的改变，则推定该方法表征的产品权利要求不具备《专利法》第22条第2款所述的新颖性。❷

3.1.2 判断主体

根据《专利审查指南》的上述规定，可以看出，《专利审查指南》将推定新颖性判断的主体明确规定为所属领域的技术人员，即一种假设的"人"，假定他知晓申请日或优先权日之前发明所属技术领域所有的普通技术知识，能够获知该领域中所有的现有技术，并且具有应用该日期之前常规实验手段的能力，但他不具有创造能力。

之所以设定"所属技术领域的技术人员"这样一个概念，目的在于通过规范判断者所具有的知识和能力界限，统一对专利申请以及现有技术文献的理解，减少推定新颖性过程中主观因素的影响。

3.1.3 判断原则

根据《专利审查指南》的上述规定，对于用物理化学参数表征的化学产

---

❶ 国家知识产权局. 专利审查指南 2010 [M]. 北京：知识产权出版社, 2010：第二部分第三章第 3.2.5 节.

❷ 国家知识产权局. 专利审查指南 2010 [M]. 北京：知识产权出版社, 2010：第二部分第十章第 5.4 节.

品权利要求，通常情况下，当对比文件满足以下条件时，可以以该对比文件为基础初步推定其产品与申请要求保护的产品属相同产品来质疑申请不具备新颖性。

（1）对比文件公开的产品与申请要求保护的产品包含相同的结构和/或组成特征。虽然对比文件中没有提及申请用于表征产品的参数，或者提及的是不同的参数，但根据两者的名称和其他性能等可以预计两者具有相同的结构和/或组成特征，或者该参数本身的技术含义隐含了该参数特征表征的产品与对比文件公开的产品具有相同的结构和/或组成特征。

（2）对比文件公开的产品与申请要求保护的产品的制备方法相同或相似。虽然对比文件中没有提及申请用于表征产品的参数，或者提及的是不同的参数，但所述产品的制备方法与本申请相同或相似，例如，原料相同和/或工艺步骤相近。

对于用制备方法表征的化学产品权利要求，通常情况下，当满足以下条件时，可以以对比文件为基础初步推定其产品与申请要求保护的产品属相同产品来质疑申请不具备新颖性。

（1）申请没有公开可与对比文件公开的产品进行比较的参数以证明该产品的不同之处，而仅仅是制备方法不同。制备方法相同，则产品本身相同；制备方法不同并不一定导致产品本身不同。

（2）没有表明由于制备方法上的区别为产品带来任何功能、性质上的改变。

根据《专利审查指南》的上述规定，如果该制备方法为产品带来了实质性的不同，例如在食品领域，不同的制备方法往往给产品带来不同的性质，则在新颖性判断过程中，认可该方法表征的产品权利要求具备新颖性；如果该制备方法并没有为产品带来实质性的不同，例如在化合物领域，不同的制备方法往往得到完全相同的产品，则在新颖性判断过程中，推定该方法表征的产品权利要求不具备新颖性[1]。

然而，在实际审查操作中，不能机械地套用上述判断原则。因为推定新颖性属于新颖性判断中的一种特殊情形。通常情形下，首先应该遵循新颖性审查

---

[1] 国家知识产权局专利复审委员会. 现有技术与新颖性［M］. 北京：知识产权出版社，2004：390－391.

的基本判断原则，即所使用的对比文件应公开到所属领域的技术人员能够根据对比文件和本申请记载的信息确定二者技术方案实质上相同，从而可以确定两者适用于相同的技术领域、解决相同的技术问题，并具有相同的预期效果。如果根据案件情况虽不能明确二者技术方案实质相同，但能够合理怀疑其实质相同的情况下，则可以考虑适用推定新颖性，由当事人证明二者实质不同。

3.1.4　判断原则的具体适用

根据上述判断原则，尤其是对于用制备方法表征的化学产品权利要求，当对比文件公开了用于对比的产品的制备方法时，固然可以将权利要求中的制备方法与对比文件公开的方法进行比较，进而判断二者是否不同，同时判断二者的区别是否为产品带来任何功能、性质上的改变。然而，在具体案件的审理过程中，更多的情形是对比文件仅公开了用于对比的产品，却没有公开该产品的制备方法。此时，往往以无法将权利要求中的制备方法与对比文件的制备方法进行比较而推定该制备方法表征的化学产品不具备新颖性。例如本案例中，复审请求人在提出复审请求时在权利要求1中进一步限定了PAS的制备方法，前置审查意见书仅以对比文件1中并未记载所使用的PAS的制备方法，无法依据权利要求1中的制备方法对PAS产品进行比较［即上述情形（1）］为由，推定权利要求1不具备新颖性。

笔者认为，这一做法值得商榷，其处理方式不够全面，忽略了《专利审查指南》规定的上述情形（2），即没有考虑由于制备方法上的区别为产品带来任何功能、性质上的改变。因为，从对比文件自身公开的信息而言，如果对比文件公开了产品的制备方法，则需要比较制备方法的异同以及制备方法上的区别为产品带来任何功能、性质上的改变；如果对比文件没有公开产品的制备方法，反而无需比较制备方法的异同，直接推定该方法表征的产品权利要求不具备新颖性，显然，这在逻辑上是矛盾的。

当对比文件没有公开用于对比的产品的制备方法时，不应轻易地以无法将权利要求中的制备方法与对比文件的制备方法进行比较而推定该制备方法表征的化学产品不具备新颖性，而应站在所属领域的技术人员的角度，将对比文件的产品视为由本领域的常规制备方法制备，在此基础上，判断本申请是否表明制备方法的区别为产品带来任何功能、性质上的改变。

在复审阶段，虽然对比文件1没有公开PAS的制备方法，但合议组在工业上PAS常规制备方法的基础上，根据实施例（A-1）和实施例（A-2）的比较，得出采用权利要求1中特定的制备方法为聚亚芳基硫醚树脂带来氮含量的改变，使其氮元素含量为0.55g/（kg树脂）以下，即权利要求1的制备方法导致权利要求1的聚亚芳基硫醚树脂与对比文件1的聚亚芳基硫醚树脂实质上不相同。复审请求人在复审阶段提交的附件1也很好地证实了合议组的这一结论，因此，第31643号决定中的审查方式更加全面和准确，符合《专利审查指南》的相应规定。

3.2 在实质审查和复审阶段推定新颖性的举证责任

笔者认为，在专利审批阶段，实质审查部门或专利复审委员会应站在本领域技术人员的角度提出质疑。在新颖性的判断过程中，不能脱离所属领域的技术人员这一判断主体。如果实质审查部门或专利复审委员会已将自己处于或努力处于所属领域技术人员的角度，以对比文件为基础，根据上述判断原则判断后，仍认为要求保护的化学产品相对于对比文件缺乏新颖性，那么，此时可以将举证责任转移给申请人或复审请求人。申请人或复审请求人应当根据申请文件或现有技术证明权利要求中借助物理化学参数或制备方法表征的产品或与对比文件产品在结构和/或组成上不同。

本案中，驳回决定基于对比文件1的聚亚芳基硫醚树脂组合物与申请要求保护的聚亚芳基硫醚树脂组合物的组成特征相同而质疑权利要求1的新颖性，从而将举证责任转移给复审请求人。复审请求人通过在复审阶段提交的附件1，证明了对比文件1中聚亚苯基硫醚树脂的氮含量大于本申请权利要求1所要求保护的聚亚芳基硫醚树脂所具有的0.55g/（kg树脂）或更少的氮元素含量，由此得出本申请权利要求1中的聚亚芳基硫醚树脂与对比文件1实施例中聚亚苯基硫醚树脂属于不同的产品。

三、分析与思考

1 国外主要国家关于参数特征表征产品权利要求的新颖性规定[1]

欧洲专利审查指南给出了可质疑参数特征表征产品新颖性的条件："已知的产品和所要求的产品在所有其他方面相同（例如起始原料和制备方法相

---

[1] 课题组. 参数特征表征产品专利申请的审查标准研究，国家知识产权局学术委员会一般课题研究报告（编号Y080104），2008：52-59.

同)"，但该规定由于对质疑新颖性的条件要求过于严格而可能导致某些缺乏新颖性的用参数表征的产品得以授权。原因在于：并非只有当两件产品除参数以外的所有其他方面都相同时，两种产品才相同，事实上可能存在这样的情形：当两件产品的"所有其他方面"中的某些方面（例如某些对产品的性能参数不会造成影响的方面）不同时，两种产品也可能相同。

日本专利审查指南给出了总的原则："当'功能或特性等'属于产品的固有属性时，这样的表述不能作为该产品的限定而应当理解为该产品本身。"该原则隐含提出了参数特征表征产品权利要求的新颖性的判断原则，即如果表征产品的参数属于产品的固有属性，也就是说该参数并未隐含要求保护的产品具有区别于对比文件产品的结构和/或组成，则包含该参数特征表征的产品与不包含该参数特征表征的产品没有区别。此外，日本专利审查指南给出了当要求保护的发明包含特殊参数时，审查员可以根据初步印象怀疑要求保护的产品与对比文件中的产品是相同的产品，并具体例举了可以质疑用参数特征表征产品权利要求新颖性的五种情形。

美国在考察权利要求的新颖性时主要考察权利要求是否具有可预见性。要预见一个权利要求，对比文件必须教导权利要求中的每一个要素。虽然美国专利法和美国专利审查指南给出了考查新颖性问题时判断固有性的一般原则，如对于产品和设备权利要求，当对比文件中叙述的结构与权利要求中的结构实质上相同时，请求保护的特性或功能被认为是固有的；对于组合物权利要求，如果组合物在物理上是相同的（例如组分和含量相同），则它必定具有相同的特性，等等。在这些原则下判断参数特征是否属于权利要求要求保护的产品的固有特征，进而判断要求保护的产品是否具备新颖性。

《PCT国际检索和初步审查指南》没有关于参数特征表征的产品权利要求新颖性审查的具体规定。

综合以上各主要国家和组织的相关规定可以看出，无论是我国《专利审查指南》规定的"如果该性能、参数是否隐含了要求保护的产品具有区别于对比文件产品的结构和/或组成"，还是《美国专利法》规定的"特性或功能是否是产品的固有特性"，《欧洲专利审查指南》规定的"表征产品的参数特征是否被对比文件隐含公开"和《日本专利审查指南》规定的"当限定产品的'功能或特性等'属于产品的固有属性时，该产品理解为其本身"，这四个国家和组织在考查参数特征表征的产品权利要求的新颖性时，总体思想和基本原则都是一致的,即都需要考查参数特征与产品的结构和/或组成的关系,在判断参数特征表征产品权利要求的新颖性时最终都归结到产品本身的结构和/或组成是否相同。

2 国外主要国家关于制备方法特征表征产品权利要求的新颖性规定❶

对于包含方法特征的权利要求在专利审查过程中如何判断新颖性、创造性,以及如何确定权利要求的保护范围,欧洲专利局和美国专利商标局的观点大同小异。欧洲专利局认为,产品权利要求提供的是一种绝对保护,它不受产品制造方式的限制,无论采用什么制造方法,只要获得的产品相同,都在产品权利要求的保护范围之内。因此,在判断用方法定义的产品权利要求的新颖性、创造性时,应当忽略写入的方法特征,而是判断产品本身是否具备新颖性、创造性。美国专利审查指南对于方法限定的产品权利要求的解释一直采用的是"产品限定法",其明确规定,"即使方法限定的产品权利要求被制备方法所限定和定义,但是,其是否具有专利性的判断仍然基于其产品自身。产品的专利性并不依赖于其产品的制备方法。如果'方法限定的产品权利要求'的产品与现有技术的产品相同或者明显来自于现有技术的产品,那么,即使现有技术的产品使用了完全不同的制备方法,该权利要求也不具有专利性"。

然而,在司法实践中,美国联邦巡回上诉法院的判决中也曾采用"全部限定法"的判定标准,即专利权的保护范围应当依据权利要求书记载的内容来确定,而方法特征构成了对所述产品的限定,因此,既然用方法特征定义的产品权利要求包含了方法特征,那么,就应当认为它们构成了对所述产品的限定特征。如果一份已知技术仅仅披露了产品,没有披露所述产品的特定制造方法,就不影响用方法特征定义的产品权利要求的新颖性和创造性(例如1992年美国联邦巡回上诉法院判决的涉及 US 4935507 专利权的 Atlantic Thermoplastics Co. Inc. v. Faytex Corp. 案)。

我国在专利审查实践中对该问题尽管存在争议,但审查实践中通行的做法与欧洲专利局的观点基本相同。也就是说,对于包含方法特征的产品权利要求,如果该方法给要求保护的产品带来了实质性的不同,则该方法特征对产品产生限定作用,在新颖性、创造性判断时需要考虑;如果该方法并没有给要求

---

❶ 国家知识产权局专利复审委员会. 现有技术与新颖性 [M]. 北京:知识产权出版社,2004:390-391.

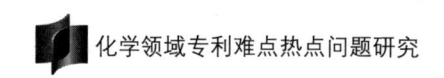

保护的产品带来实质性的不同,则方法特征对产品不产生限定作用。

3 我国审查指南修改的历史发展轨迹

2006年之前的审查指南没有对采用参数、性能、用途或制备方法等限定产品的权利要求作出特别的规定,对这类权利要求新颖性审查的原则也未作出规定。但是,随着技术的发展,使用参数等特征限定的产品权利要求在各个领域中日益增多,导致在审查实践中,对这种权利要求的新颖性进行判断时,参数和/或方法特征难以与现有技术中采用产品结构、组成等限定的特征进行直接对比,这对新颖性的评价提出了较为特殊的问题。

为了适应这种情况的变化,我国2006版《审查指南》第二部分第二章第3.2.2节首次对采用参数和/或方法限定的产品权利的形式和要求作出了规定。2010版《专利审查指南》沿袭了上述规定。此外,2006版《审查指南》和2010版《专利审查指南》均在第二部分第三章第3.2.5节对于包含上述特征的权利要求新颖性的判断进行了规定。

四、案例辐射

一般来说,产品权利要求通常用产品的结构和/或组成特征来表征,方法权利要求应当用工艺过程、操作条件、步骤或者流程等技术特征来描述。近年来由于科技的发展,各种新产品不断涌现,某些产品发明无法用结构和/或组成特征表征或仅用结构和/或组成特征表征将致使它无法与现有技术的产品进行区别,而不得不进一步借助物理化学参数和制备方法特征加以限定,这类权利要求多见于化学、生物和制药等领域。但不可否认的是,其中也不乏个别申请人为了达到掩饰其缺乏新颖性缺陷的目的而特意采用某些不常见的物理化学参数或制备方法来表征产品的权利要求。

依据我国《专利审查指南》的上述规定,对含有参数特征和制备方法的产品权利要求进行新颖性判断时,关注的是权利要求所请求保护的主题,权利要求中所有技术特征均应予以考虑,但考虑的方式是看参数特征和制备方法是否隐含着产品本身在结构或者组成上的变化,是否使产品不同于对比文件所公开的产品。上述规定可以避免某些申请人为了获取专利权,仅通过加入一些毫无意义的参数特征和制备方法特征的做法。

采用物理化学参数和/或制备方法定义产品的权利要求是审查员、申请人和代理人都会遇到的一种特殊形式的权利要求,在化学领域尤其突出。由于难以甚至无法用产品本身的结构和/或组成特征来限定产品,不得不进一步使用产品的物理化学参数或制备该产品的方法特征来限定该产品,这种权利要求要求保护的对象是产品,而技术特征却是物理化学参数或制备方法,因此,这类权利要求在撰写、审批以及后续程序的确权、侵权判定等方面存在许多特殊的规定和问题。

对于申请人而言,一项产品获得授权的必要条件之一是其在结构和/或组成中的某一方面与现有技术存在区别,且具有突出的实质性特点和显著的技术进步。一般来说,用产品自身的结构和/或组成来限定该产品,容易体现所发明的产品在结构和/或组成上的新颖性和创造性,相比之下,用物理化学参数或制备方法的技术特征很难表现该产品在结构和/或组成上的特点、区别和进步。基于上述理由,在审查过程中,审查员基于对比文件的内容无法将请求保护的产品与对比文件公开的产品进行比较从而推定采用参数和/或制备方法表征的产品不具备新颖性时,申请人可通过提交其他现有技术、对比实验数据等其他证据来证明请求保护的产品与对比文件的产品在结构、组成或其功能、性质上的区别,从而证明其新颖性。

此外,已知产品都是用其本身的特征例如结构和/或组成来定义的,与方法特征例如工艺步骤及条件难以直接比较,并且即使制备方法不同,也不必然证明所得产品有新颖性。因此,仅通过制备方法的特征通常对该产品难以进行全面的描述,在申请人认为无法全部用结构和/或组成上的技术特征限定该产品,而用制备方法的技术特征不能完全限定或描述该产品时,可结合其他能够进一步反映产品在结构和/或组成上的技术特征(例如物理化学参数、效果、功能、用途等特征),从不同方面对产品进行限定,从而可弥补仅用方法特征限定产品时可能存在的缺陷。

笔者还认为,单纯使用方法特征表征产品的权利要求在侵权判定过程中也会带来一些难点,侵权判断中难以确认制备方法定义的专利产品与被控侵权的产品是否相同。对于结构较为简单的化合物,通过先进的分析测试手段,一般可以确定产品的某些结构和/或组成,但对复杂的化合物例如高分子化合物来说,其重复单元、分子链排布、空间几何等结构和/或组成的确认并非易事,因此很难通过理化性能的比较来判定被控侵权产品与专利产品的异同。

例如,前文中所记载的第 31643 号复审决定涉及案例的权利要求正是采用了物理化学参数和制备方法特征两个方面对产品进行限定，并结合复审请求人提交的证据和陈述，从而证明了权利要求请求保护的产品的新颖性。本文也是希望通过这一案例进一步阐明物理化学参数和/或制备方法限定的产品权利要求在撰写、审查等过程中的特殊性。

（撰稿人：孙卓奇　朱　凌　审核人：刘　亚）

第四节 创造性判断中对实际解决的技术问题的确定

一、引言

根据《专利法》第 22 条第 1 款和第 3 款的规定，授予专利权的发明和实用新型应当具备创造性，即与现有技术相比，该发明具有突出的实质性特点和显著的进步，该实用新型具有实质性特点和进步。在我国的专利审查实践中，判断是否具有突出的实质性特点即"非显而易见性"是判断发明是否具备创造性的重要标准。《专利审查指南》进一步明确规定了在"非显而易见性"的判断中应当遵守"三步法"，即（1）确定最接近的现有技术；（2）确定发明的区别特征和发明实际解决的技术问题；（3）判断要求保护的发明对本领域的技术人员来说是否显而易见。其中基于现有技术所确定的发明实际解决的技术问题是进行"非显而易见性"判断的基础，即，只有准确把握发明实际解决的技术问题，才能对发明相对于最接近的现有技术是否具有创造性作出正确的判断。

对于如何确定发明实际解决的技术问题，《专利审查指南》指出，"首先应当分析要求保护的发明与最接近的现有技术相比有哪些区别特征，然后根据该区别特征所能达到的技术效果确定发明实际解决的技术问题"。然而，在审查实践中客观地确定发明实际解决的技术问题是难点，同时也是容易与申请人产生分歧的地方。专利复审委员会第 34238 号复审决定给出了通过分析区别特征在发明中实际产生的技术效果，进而准确地确定其实际解决的技术问题的判断思路。为此，笔者结合本案对于创造性判断中实际解决的技术问题的认定作进一步的深入探讨，以供借鉴。

二、典型案例

1 案情简介

1.1 案例索引与当事人

申请号：200610156032.6

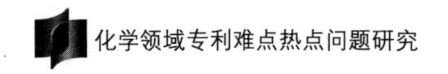

复审请求人：常州市春港化工有限公司

1.2 案件背景和相关事实

针对复审请求人于 2009 年 3 月 12 日提交的权利要求第 1 – 5 项，驳回决定以权利要求 1 – 5 不符合《专利法》第 22 条第 3 款的规定为由驳回该专利申请。驳回决定所针对的权利要求 1 为："1. 一种制备甲萘酚的方法，其特征在于，具有以下步骤：向锆反应器中依次加入水、甲萘胺以及硫酸，在 0.9 ~ 1.5MPa 的压力下，180 ~ 200℃的温度下水解 4 ~ 6h，得到甲萘酚。"

驳回决定认为，对比文件 1 （CN1251360A，公开日为 2000 年 4 月 26 日）公开了一种用高纯度甲萘胺制备高纯度甲萘酚的方法，权利要求 1 与对比文件 1 的区别在于：（1）权利要求 1 在锆反应器中进行反应，对比文件 1 在水解釜中进行，没有公开水解釜的材质；（2）反应压力及反应时间不同。

对于区别特征（1），对比文件 2 （"金属锆在石化工业中的应用"，熊炳昆，《稀有金属快报》，第 24 卷，第 8 期，第 45 ~ 47 页，2005 年）给出了甲萘胺在硫酸存在下水解采用锆材质的反应罐可以提高耐腐蚀能力，提高使用寿命，提高产量，减少污染的启示，本领域技术人员在此启示下，很容易想到用锆材质的反应罐作为甲萘胺水解的反应器；对于区别特征（2），反应压力、反应时间的选择是本领域技术人员通过有限次的实验即可得到的，因此权利要求 1 相比对比文件 1 和 2 的结合不具备《专利法》第 22 条第 3 款所规定的创造性；进一步地，权利要求 2 – 4 的附加技术特征在对比文件 1 中公开，权利要求 5 的附加技术特征在对比文件 2 中公开，因此权利要求 2 – 5 也不具备创造性。

复审请求人在提出复审请求时将从属权利要求 2 和 3 的附加技术特征并入权利要求 1 中，同时将权利要求 1 中的反应温度修改为"180 ~ 190℃"。修改后的权利要求 1 为："1. 一种制备甲萘酚的方法，其特征在于，具有以下步骤：向锆反应器中依次加入水、甲萘胺以及硫酸，在 0.9 ~ 1.5MPa 的压力下，180 ~ 190℃的温度下水解 4 ~ 6h，得到甲萘酚；所述的甲萘胺、硫酸以及水的重量比为 1:（0.7 ~ 0.9）:（3 ~ 4）；所述的甲萘胺的纯度为 96% ~ 99.9%，水解后所得的甲萘酚的纯度为 96% ~ 99.9%。"

专利复审委员会于 2010 年 8 月 13 日向复审请求人发出复审通知书后，进一步于 2011 年 7 月 29 日作出第 34238 号维持驳回决定的复审决定，该复审决定通过分析权利要求1与对比文件1的区别特征，根据区别特征在本申请中所达到的技术效果来确定本申请相比对比文件1实际解决的技术问题，并进而分析现有技术中已经给出了将区别特征应用于对比文件1以解决所述技术问题的技术启示，从而最终认定本申请要求保护的技术方案不具备创造性。

2 案件审理

2.1 案件争议焦点

本案争议焦点在于：如何基于发明的技术方案与最接近的现有技术的区别特征来确定发明实际解决的技术问题，并在此基础上最终判断发明对本领域技术人员来说是否显而易见。

2.2 当事人诉辩

复审请求人认为，关于"锆反应器"区别特征在本申请中所起到的作用或达到的技术效果是：（1）本申请因采用锆反应器，使得水解在合适的压力和较低的温度下进行，降低能源消耗；（2）本申请采用锆反应器，不会产生焦油和焦化物，无需减压蒸馏步骤；由对比文件1的申请人所提供的证明材料可知，对比文件1采用铅质反应器必然会生成焦油和焦化物，必须采用减压蒸馏除去。

在最终的"显而易见性"判断时，请求人认为，对比文件2公开了在高温和高压、不同于本申请的低温和低压条件下使用锆反应器，即没有给出将对比文件2的锆反应器应用于对比文件1以达到上述技术效果的技术启示。

2.3 审理结果摘引

专利复审委员会在第34238号复审决定中认为[1]，权利要求1所要求保护的技术方案与对比文件1实施例所公开的技术方案的区别在于：（1）权利要求1中使用锆反应器，对比文件1未明确反应器的类型；（2）反应条件略有差别，权利要求1反应温度较低（180~190℃），时间较短（4~6小时），对比文件1中反应温度较高（260℃），反应时间较长（8小时以上）。

关于本申请相对于对比文件1实际解决的技术问题，第34238号复审决定认为，本申请说明书声称采用锆材反应器具有两方面效果，（1）能够使水解

---

[1] 参见国家知识产权局专利复审委员会第34238号复审请求审查决定。

后没有焦油和焦化物生成；（2）相比使用铅反应器的情形，能够节省反应器数量，减少环境污染，降低原料成本。然而，说明书中仅通过列表的方式对比了使用锆反应器与铅反应器在生产成本方面的差异，并没有提供充分的证据证明本申请的方法的确能够减少焦油或焦化物的形成，也没有证明锆反应器与焦油或焦化物的消除有必然的联系，因此说明书声称的第（1）方面效果不能得到确认。对于复审请求人所强调的对比文件1采用铅质反应器以及由此带来的必然生成焦油和焦化物，以及必须采用减压蒸馏除去的观点，复审决定认为，首先，对比文件1没有记载使用的反应水解釜的制造材料为搪铅以及由此必然会产生焦油和焦化物；其次，即使复审请求人能够证明对比文件1的反应器材质为搪铅，然而反应器材料的选择与是否会产生焦油和焦化物之间并无必然联系。在此基础上，本申请相对于对比文件1实际要解决的技术问题是"提供一种成本较低、环境污染较小的甲萘酚生产流程"。因此，判断权利要求1是否具备创造性，关键在于判断现有技术中，在甲萘胺水解生成甲萘酚的过程中，是否存在使用锆反应器，以及存在改变反应条件的技术启示。

对比文件2提到金属锆主要用于耐腐蚀性能要求高的设备中，如在用20%的硫酸水解甲萘胺的反应中，使用一个铅衬反应罐，仅能生产50～60批料，而用锆材罐体，则使反应罐寿命提高几倍，产量提高30%，且污染减少。现有技术已经明示，一方面，在甲萘胺的水解反应中可以选择锆反应器，另一方面，使用锆反应器能够通过减少腐蚀而达到节约生产成本，减少环境污染的效果。对于反应温度和时间的区别特征，基于降低生产成本（如动力）等的考虑，本领域技术人员显然不会排除可以在不影响反应进程的情况下，适当降低反应温度和时间，该尝试仅仅需要有限的实验而无需创造性的劳动。因此，现有技术已经存在在甲萘酚的生产过程中使用锆反应器，同时适当改变反应条件的启示，在该启示下，本领域技术人员有动机对对比文件1做出适当改进，并获得预期的诸如降低生产成本、减少环境污染的效果，因此权利要求1相对于对比文件1和2的结合不具备《专利法》第22条第3款所规定的创造性。

3 案件启示

3.1 在创造性审查中确定发明实际解决的技术问题的必要性

对于审查一件发明专利申请是否具备创造性，《专利审查指南》给出了审查原则、审查基准以及判断方法。在判断方法部分，明确提及通常采用"三步法",其中第二步为:确定发明的区别特征和发明实际解决的技术问题。进一步地,《专利审查指南》中大篇幅地描述了如何导出发明实际解决的技术问题的原则和方法。但在具体的审查实践中,却往往没有去分析与发明相比最接近的现有技术实际解决的技术问题,而仅仅是止步于确定发明的区别特征,在随后的技术启示判断中,也实际上变成了仅仅判断区别特征是否在现有技术中存在。这种对发明实际解决的技术问题不作分析的创造性判断,即"伪三步法"的判断方法可能存在如下两方面问题:第一,与申请人自身认定的区别特征在发明中所起到的作用或达到的技术效果,以及进一步认定发明实际解决的技术问题不同,引起申请人的强烈反弹;第二,导致最后一步显而易见性的判断不客观甚至是错误的。

下表列出了本案驳回决定和请求人各自对本案是否具备创造性的认定。

表1　本案驳回决定和请求人对本案是否具备创造性的认定

	驳回决定	请求人	结论
区别特征	(1) 锆反应器; (2) 反应条件	(1) 锆反应器; (2) 反应条件	相同
区别特征的作用	未分析	锆反应器:(1) 水解在合适压力和较低温度下进行,降低能源消耗;(2) 不会产生焦油和焦化物,无需减压蒸馏步骤	不同
技术启示的判断	对比文件2在这类反应中采用锆反应器以提高耐腐蚀能力,提高使用寿命,提高产量,减少污染的技术启示	现有技术没有给出将锆反应器用于在低温和低压下进行,且不产生焦油和焦化物的制备甲萘酚的技术启示	不同

从上表中可以看出,本案的驳回决定评价权利要求1创造性的方法实质上是确定最接近的现有技术,确定发明的区别特征,寻找区别特征在现有技术中是否存在,最后发现在对比文件2中存在该区别特征,则判断将最接近的现有技术与区别特征结合对本领域技术人员是显而易见的。而复审请求人则认为本申请采用锆反应器(即区别特征之一)在发明中所达到的技术效果是水解可以在合适的压力和较低的温度下进行,以及不会产生焦油和焦化物。随后在显而易见的判断中,认为公开锆反应器的对比文件2中采用的是超高压和高温条件,即不会给出在低温和低压下使用锆反应器,以及使用锆反应器不产生焦油

和焦化物的技术启示。因此，本申请的技术方案具备创造性。实质上，关于采用锆反应器在本发明中所达到的技术效果，本申请说明书中确实文字提及了"采用锆材反应器后能够使水解后没有焦油和焦化物生成"，但驳回决定对此却避而不谈，对本申请相对于对比文件1实际解决的技术问题进行分析和确认，而直接认为对比文件2公开了锆反应器可以提高耐腐蚀能力、提高使用寿命等信息的基础上，从而认定对比文件2给出了采用锆反应器的技术启示，这种认定属于一种不考虑申请文件所公开技术信息所进行的主观认定，这样的认定也不能有理有据地说服申请人。

确定发明相对于最接近的现有技术的区别特征是为寻找发明实际解决的技术问题做准备，而寻找实际解决的技术问题又是在为第三步判断非显而易见性做准备，如果第二步没有确定技术问题，第三步就无法进行，即使进行判断也是一种"事后诸葛亮"的判断。[1] "事后诸葛亮"是判断发明是否具有创造性的重大障碍，每个裁判者都不可能完全摆脱其影响而独立地判断。这样的判断往往受到现有技术的发展以及发明中披露的技术的影响来评定在先技术的创造性并得出显而易见的结论。这是由于当我们在申请日后阅读完发明，根据发明技术方案的描述在现有技术中进行检索，发现发明的技术特征都存在于现有技术中，这只证明了发明存在技术上的可行性，但技术上的可行性不能等同于在申请日时申请人会将现有技术结合得出申请的发明技术方案。

判断申请日时申请人是否会将现有技术结合得出申请的发明技术方案的方法就是先寻找发明实际解决的技术问题，随后判断在申请日时申请人面对该技术问题会如何解决，在现有技术中是否存在将区别特征与最接近对比文件结合的教导，如果存在，则认为申请日时申请人会将现有技术中的技术特征结合得出申请的发明技术方案，从而最终得出发明的技术方案不具备创造性的结论。如果不考虑发明实际解决的技术问题，只考虑现有技术能这样结合，则没有考虑申请人在申请日会不会这样结合，也就等同于"事后诸葛亮"的判断。因此，审查实践中在采用"三步法"进行创造性评述时，要摒弃在仅确定发明的区别特征的基础上去现有技术中寻找技术启示的"伪三步法"的做法，而应当基于区别特征来确定发明相对于最接近的现有技术所实际解决的技术问题，进而判断现有技术是否给出了将所述区别特征应用于该最接近的现有技术以解决所述

---

[1] 张伟波. 谈技术问题在创造性审查中的作用[J]. 审查业务通讯, 2005, 11 (12): 1-3.

技术问题的技术启示，从而客观、准确地判断发明是否具备创造性。

3.2 如何确定发明实际解决的技术问题

在本案的复审决定中，针对本申请说明书所声称的采用锆材反应器（即区别特征之一）所达到的两方面效果进行具体分析可知，不能确认说明书所声称的采用锆材反应器能够使水解后没有焦油和焦化物生成的效果，因此本申请相对于最接近的对比文件1实际解决的技术问题是提供一种达到另一效果（即成本较低、环境污染较小）的甲萘酚生产流程。从而，在随后的创造性判断中，仅仅针对现有技术中是否给出了将所述区别特征应用到该最接近的现有技术以解决降低成本、减少环境污染的技术启示。

可见，该复审决定通过对本申请说明书中原始记载的技术信息进行客观分析区别特征在发明中所得到的能够确认的技术效果，进而确定实际解决的技术问题。所述能够确认的技术效果既不是本申请说明书中所声称的技术效果，也不是复审请求人意见陈述书中所提及的技术效果。那么，如何做到客观、准确地确定发明实际解决的技术问题呢？

《专利审查指南》第二部分第四章第3.2.1.1节指出，在确定发明实际解决的技术问题时，首先应当分析要求保护的发明与最接近的现有技术相比有哪些区别特征，然后根据该区别特征所能达到的技术效果确定发明实际解决的技术问题。随后《专利审查指南》给出了由区别特征所达到的技术效果导出技术问题的原则：发明的任何技术效果都可以作为重新确定技术问题的基础，只要本领域的技术人员从该申请说明书中所记载的内容能够得知该技术效果即可。即，在确定发明实际解决的技术问题中，是将区别特征所达到的技术效果转化为技术问题。

三者的逻辑关系是：基于区别特征→技术效果→实际解决的技术问题，即判断区别特征在本申请中实际产生的技术效果，并由此反推其实际解决的技术问题。区别特征和技术效果都属于独立于审查员的主观判断而客观存在的事实，而"实际解决的技术问题"在逻辑上则属于"主观判断"，其是对区别特征和技术效果这两个客观事实的主观反映，因此，对于区别特征→技术效果的正确判断是得出技术问题的正确结论的前提。

由于发明的任何技术效果都可以作为重新确定技术问题的基础，鉴于本领域技术人员的个体认知能力，往往基于相同的区别特征会确定出不同的技术问题。进而，当本领域技术人员面对不同的技术问题时，改进该最接近的现有技术并获得要求保护的发明的动机就会存在差别，从而影响到对最终显而易见性的评判。

那么什么样的技术效果可以用来确定发明实际解决的技术问题呢？通常来说，应当考虑如下技术效果。

第一，对于说明书中已经记载，同时根据说明书的内容可以得到确认的所述区别特征使得发明所能达到的技术效果。

就本案的区别特征所达到的技术效果而言，尽管本申请的说明书文字声称采用锆反应器能够使水解后没有焦油和焦化物生成，但说明书中既未从原理角度解释反应器与焦油或焦化物的消除有必然的联系，也未提供任何证据证明本申请的方法的确能够减少焦油和焦化物的生成。因此这样的技术效果属于根据说明书的内容不能得到确认的技术效果，即其属于本领域技术人员不能预期的技术效果，不是真正的技术效果，其既不能作为确定发明实际要解决的技术问题的依据，也不能作为发明能够达到的技术效果而依此主张权利要求具有创造性。

第二，对于说明书中未记载，但本领域技术人员依据其技术常识能够预期到所述区别特征客观上能达到的技术效果。

申请人有时可能并未完全认识到区别特征使得相应的技术方案能够达到的所有技术效果，或者可能并未完整地表述所有的技术效果，但并不代表没有考虑这类技术效果。对本领域技术人员来说，在审查实践中应当根据其自身所具备的技术常识来判断所述区别特征客观上能够达到的技术效果，并在确定实际解决的技术问题中将这类技术效果纳入考虑的范畴。

此外，如果发明与最接近的现有技术的技术效果相同，那么发明实际解决的技术问题就是提供另一种与现有技术具有相同或类似技术效果的其他替代方案。

3.3 确定实际解决的技术问题时需要注意的事项

3.3.1 避免将技术方案、技术手段与技术问题相混淆

《专利审查指南》中明确定义❶，"技术方案是对要解决的技术问题所采取的利用了自然规律的技术手段的集合"，"技术手段通常是由技术特征来体现

---

❶ 参见《专利审查指南》第二部分第一章第 2 节。

的"。而关于技术问题的定义，我国《专利审查指南》并未作具体定义，参考欧洲的规定❶，其解释是"技术问题是指下列目标和任务：(i) 改进或修改现有技术以使要求保护的技术方案获得比现有技术更好的技术效果；或 (ii) 寻找与现有技术具有相同或类似的技术效果，或更有成本效益的不同技术方案"。可见，技术问题可以理解为技术方案所达到的技术效果。即三者的逻辑关系是：技术手段的集合构成技术方案，技术方案所达到的技术效果即为技术问题，三者是完全不同的概念。在确定发明实际解决的技术问题时，不应将发明的技术方案作为重新确定后的发明实际解决的技术问题，在实际解决的技术问题中也不应当包含集合构成技术方案的技术手段。

3.3.2 从整体上确定发明实际解决的技术问题

发明要保护的技术方案是由多个技术特征有机组合的整体概念，并非简单的技术特征的拼凑，对于技术方案中的每个技术特征都不能简单地割裂出来单独进行考虑。如果仅仅简单地将权利要求与最接近的现有技术进行对比，依据二者的区别特征来认定"技术问题"，那么此时所认定的"技术问题"仅仅是由这些区别特征组合而成的所谓"技术方案"存在的技术问题，而非该最接近的现有技术的整体技术方案客观存在的技术问题（即发明实际解决的技术问题），即使二者巧合地一致了，也会由于认定原则的偏差而导致按照这种思路所进行的创造性判断，特别是技术启示的判断有待推敲。

区别特征作为构成技术方案的一部分，在考虑发明的技术方案相对于最接近的现有技术所实际解决的技术问题时，不能仅考虑区别特征本身固有的功能和效果，而应当依据区别特征相对于技术方案整体而言所产生的技术效果来进行确定。也就是说，在确定发明实际解决的技术问题时，不能将区别特征孤立出来、放在局部环境下考虑，而需要考虑区别特征与其他技术特征之间是否存在相互作用，以及通过这种相互作用使得技术方案整体获得的技术效果，而最终从整体上确定发明实际解决的技术问题。

在审查实践中，容易出现仅根据区别特征所达到的技术效果来确定发明实际解决的技术问题的情形，这种仅仅通过"找不同"将区别特征从权利要求的整个技术方案中割裂出来的做法会导致不能客观、公正地确定发明的技术方案所实际解决的技术问题。在考虑时，应当既判断区别特征在现有技术整体中

---

❶ 参见《欧洲专利审查指南》第 C 部分第四章第 9.8 节，2003 年。

所起的作用，也应当在整体上判断加入区别特征后，权利要求的技术方案整体所能达到的技术效果，从而为随后的显而易见性判断奠定基础。

三、分析与思考

1 比较法研究

1.1 创造性的判断标准

美国采用是否具有"非显而易见性"来判断是否具有创造性。《美国专利法》第 103 条（a）款对"非显而易见性"进行了详细规定，一项发明，虽然与第 102 条所规定的已经有人知晓或者已有叙述的情况并不完全一致，但申请专利的内容与其已有的技术之间的差异甚为微小，以致在该项发明完成时对于本领域普通技术人员是显而易见的，则不能取得专利。

《欧洲专利公约》第 56 条规定，如果一项发明与现有技术相比，对所属技术领域的人员来说是非显而易见的，则该发明具备创造性。

专利合作条约也采用了与欧洲类似的标准，一项要求保护的发明，如果考虑到细则所定义的现有技术，在相关日对所属领域技术人员不是显而易见的，则认为其具有创造性。

日本专利法对创造性的标准在表述上则采用了与上述不同的排除方式，根据《日本专利法》第 29 条之 2，一项发明在专利申请提出之前是所属领域的技术人员容易作出的，则不具备创造性。

可见，美国、欧洲以及专利合作条约的创造性标准采用"非显而易见性"。不同的是，日本专利局没有采用"非显而易见"，而是用"容易实现"为主来描述创造性，但该标准实质上也是"非显而易见性"的标准。

1.2 是否具有创造性的判断方法

《美国专利审查指南》规定了作为判断"非显而易见性"前提的四个需要审查的因素：（1）确定在先技术的范围和内容；（2）确定在先技术与权利要求之间的区别；（3）确定有关技术领域里的一般技术水平；（4）评估作为证据的辅助考虑因素。《美国专利审查指南》规定，判断"非显而易见性"时，坚持以下原则：（1）要求保护的发明必须作为一个整体来看待；（2）现有技术必须作为一个整体来考虑，必须暗示技术教导，因此使得该组合变得显而易见；（3）必须在不受到发明所带来的后见之明的影响的情况下考察现有技术；

（4）对成功合理的预期是决定显而易见的标准。

《欧洲专利审查指南》规定，在评定创造性时，审查员通常应用问题与解决方案（problem and solution approach）的方法。问题与解决方案的方法有三个主要的步骤：第一步，确定最接近的在先技术；第二步，确定所要解决的技术问题；第三步，从最接近的在先技术与所要解决的技术问题出发，确定该要求专利权的发明对于技术人员来说是否是显而易见的。其中在第二步确定所要解决的技术问题中，具体规定要客观的确定所要解决的技术问题，就要研究申请、最接近的现有技术和在技术特征（结构的或者功能的）方面该发明与最接近的在先技术之间的区别，然后形成技术问题。

《欧洲专利审查指南》C - Ⅲ第11.7.2节进一步细化了上述判断方法，在第二步中，要解决的"客观技术问题"是指，修改或者改变最接近的现有技术，从而提供要求保护的发明对最接近的现有技术所提供的技术效果的目的和任务。实践中，审查员根据最接近的现有技术研究申请和它们之间的不同特征（所谓"区别特征"）。如果以这种方式得到的技术问题不同于申请人在申请中所限定的技术问题，则审查员会重新定义后者。应当注意，客观技术问题必须这样形成，使之不包含对技术解决方案的指向，以便在创造性活动的评价中避免事后观点。

《欧洲上诉委员会的案例法》第Ⅰ部分D第4.2节关于声称的优点的规定是，根据上诉委员会的案例，仅仅是专利权人/申请人声称的优点，而没有提供充分的证据支持与最接近现有技术的对比，在确定发明要解决的技术问题时不予考虑，因而不能用于判断创造性（参见 T 20/81；T 181/82；T 124/84，T 152/93，T 912/94，T 284/96，T 325/97，T 1051/97）。

在 T 355/97 判例中，涉案专利涉及一种用于制备4-氨基苯酚的改进氢化方法，该专利中强调其技术问题在于在不损失选择性的前提条件下改善制备工艺的性能参数。但是，专利权人并未适当证明，确实通过要求保护的发明达到了上述优点。上诉委员会在判例中指出，由于声称的优点缺乏所需的足够支持，技术问题需要重新构建。因此，发明实际解决的技术问题仅能视为提供了一种4-氨基苯酚的制备方法（也可参见 T 1213/03）❶。

---

❶ 参见 Case Law of the Boards of Appeal of the European Patent Office, Fifth Edition, December 2006, I. D. 4. Technical problem。

由上述判例可见，在 EPO 的创造性判断方法中，当以最接近的现有技术确定发明实际解决的技术问题或达到的技术效果时，强调该技术问题或技术效果应当是能够获得支持的优点，而不应依赖于发明所声称的优点。换言之，如果发明声称的优点难以获得支持，应当重新构建技术问题。

《专利合作条约行政规程》规定，与作为整体的现有技术进行比较，如果发明在整体上对所属领域技术人员是非显而易见的，则满足创造性/非显而易见性的要求。并且明确提及在判断创造性/非显而易见性时，考虑的基本因素是：(1) 必须从整体上考虑要求保护的发明；(2) 必须从整体上考虑对比文件，并且，所属领域技术人员必须有动机或受到启示去组合对比文件的教导，以得到要求保护的发明主题，包括考虑成功的合理预期或可能性；(3) 考虑对比文件时，不能得益于所要求保护的发明内容而进行事后想象。

《日本专利审查指南》规定了判断发明是否具有创造性的方法，在确定所要保护的发明和引用的一篇或多篇对比文件后，选择一篇最适合于用来进行推断的引用的对比文件。将所要保护的发明与一项引用的对比文件进行比较，阐明定义发明的主题中确定相同点与不同点，然后，在所选择的对比文件的内容、引用的其他对比文件（包括公知公用的技术）以及公知常识的基础上，进行是否缺乏创造性的推断。推断可以从不同的多个方面进行。即日本的判断方法是根据发明的难易程度并同时参考发明的目的和效果来判断发明有无创造性。

我国专利创造性的判断方法基本采用了欧洲专利局的"问题—方法"判断标准，并将其演化为"三步法"的判断基准，其中明确提及确定发明实际解决的技术问题这一概念。我国和欧洲所采用的"三步法"与美国所采用的"四要素判断法"相比，少了些经验性判断，多了些逻辑性判断，体现了大陆法系法学思维中强烈的形式理性，在判断时侧重目的效果。WIPO 仅仅规定了判断的原则和考虑的因素，没有规定具体的判断方法，但同美国一样，强调判断对于发明本身和对比文件均要采用整体考虑的判断原则。日本评价创造性的方法最为独特，没有具体规定原则和方法，其对技术问题的把握比较灵活，其关注发明的难易程度并同时参考发明的目的和效果。

2 历史研究

我国国家知识产权局发布的第一版《审查指南》中对于创造性的判断仅

仅提及"如果发明不是所述技术领域的普通技术人员由现有技术不加分析和思考就能得出的，也不是通过逻辑分析、推理和试验必然获得的，它应当反映发明人在智力上的独到之处，则具有创造性"。1993年发布的第二版《审查指南》引入了"非显而易见性"的概念，并且明确将"突出的实质性特点"标准等同于"非显而易见性"标准。2001年发布的第三版《审查指南》首次正式引入了"非显而易见性"判断的"三步法"，其中明确了第二步为确定发明的区别特征及其实际解决的技术问题，并且给出了如何确定实际解决的技术问题的原则和方法。随后，在判断创造性中应用"三步法"的内容一直延续至2006年的第四版《审查指南》和2010年的第五版《专利审查指南》。

创造性的判断一直是专利审查中的难点，其根本原因在于是否具备专利法意义上的创造性的实质性条件设定的模糊性。在专利审查实践中，为尽可能地消除这种模糊性，专利审查指南给出了"三步法"的判断方法以试图建立一个创造性评判的标准程序，以提升创造性判断的客观性。专利审查指南对创造性的判断的指引由模糊至较为明确，这也在某种程度上证明了对创造性条款的审查经历了客观性由弱到强的过程。

四、案例辐射

目前各国对创造性标准的立法都趋于"非显而易见性"标准统一，这种统一演变反映了专利创造性的客观化过程。在审查过程中，专利创造性的客观化是通过创造性判断的客观化来实现的，目前"三步法"是相对能较为客观评价创造性的判断方法，而只有做到客观、准确地确定发明实际解决的技术问题才能真正地实现创造性的客观判断。确定正确的实际解决技术问题的意义在于：（1）使得在审查工作中能针对创造性作出相对客观的评价，促生一批有价值、有发明高度的发明专利；（2）统一审查思路，特别是统一审查员的实践操作。目前审查标准执行一致是国家知识产权局审查工作的目标所在，而审查员个体之间、前后审之间往往出现尺度把握不同的倾向，甚至出现对同一系列专利申请的创造性给出截然不同的审查意见，因此有必要从操作层面统一审查思路；（3）使申请人或当事人心服口服，起到消纷止争的作用；（4）反作用于研发工作，促进创新。

当然，"三步法"仅仅是判断发明是否具有显而易见性的一种方法，并非唯一的方法，目前也有提出了诸如基于 TRIZ 理论的"矛盾法"等其他判断创造性的方法❶，但目前使用"三步法"来判断创造性仍然是主流。笔者希望此文能够对创造性审查标准的认识有所裨益。

（撰稿人：兰　琪　审核人：刘　亚）

---

❶ 周胜生，等. 基于 TRIZ 理论的创造性判断法——"矛盾法"探析［J］. 审查业务通讯，2011，17（10）：5-11.

第五节　创造性判断中对实验证据的审查

一、引言

创造性评判在以化学医药为代表的实验科学领域具有鲜明的特色，其技术特点使得该领域对于创造性评判"三步法"中实际解决的技术问题的认定更为审慎，此外，该领域还经常出现鲜见于其他领域的实验报告形式的证据，又称实验证据，这类证据也经常成为创造性审查中的难点。本文之所以选择以恒瑞vs伊莱案为例，不仅是由于该案因涉及里程碑式的抗骨质疏松药——雷洛昔芬而被业内广泛关注，更因针对该案作出的11858号无效宣告请求审查决定充分体现了专利复审委员会对于上述问题的审查思路，对化学医药领域产品发明的创造性审查具有借鉴意义，同时能为专利申请和专利代理领域提供参考。

二、典型案例

1　案情简介

1.1　案例索引与当事人

专利号：95118449.0

无效请求人：江苏恒瑞医药股份有限公司

专利权人：伊莱利利公司

1.2　案件背景和相关事实

本专利涉及下式化合物，其化学名称为6-羟基-2-(4-羟基苯基)-3-[4-(2-哌啶子基乙氧基)苯甲酰基]苯并[b]噻吩盐酸盐，也可以简称为雷洛昔芬盐酸盐或盐酸雷洛昔芬（下文统称为雷洛昔芬盐酸盐）。

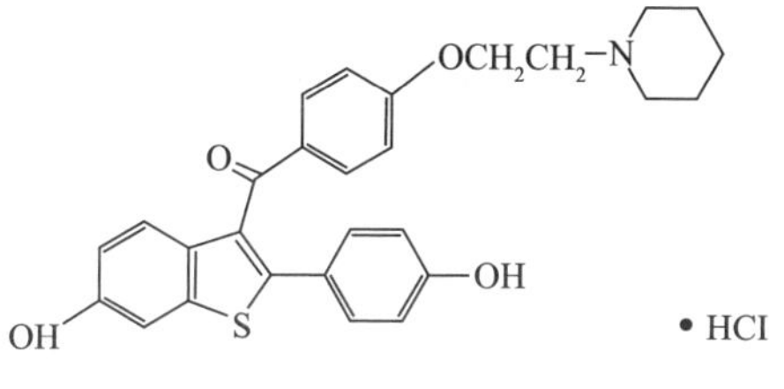

该药是伊莱利利公司研制开发的第二代 SERMs（选择性雌激素受体调节剂）的代表性药物，对骨质疏松具有良好的治疗效果，于 1997 年年底获 FDA 批准，1998 年年底在美国上市，当年销售额为 2 亿美元，2006 年销售额达 10 亿美元。

伊莱利利公司最初拥有该物质的用途专利权，但所述专利权在 2005 年 2 月 22 日被宣告无效❶，随后，伊莱利利公司继续依托本案专利所保护的结晶化合物专利独霸中国市场。

2 案件审理

2.1 案件争议焦点一

本案焦点之一是关于化学领域经常出现的实验报告形式的证据以及双方当事人为证明所述证据的真实性而进一步提交的一些其他形式的辅助证据。

2.1.1 当事人诉辩

本案权利要求 1 保护一种非溶剂化晶状 6 - 羟基 - 2 - （4 - 羟基苯基）- 3 - ［4 - （2 - 哌啶子基乙氧基）苯甲酰基］苯并［b］噻吩盐酸盐，基本上展示出用铜辐射获得的如下 X 射线衍射图：

d - 线间隔（埃）	I/Io（X100）
13.3864	71.31
9.3598	33.16
8.4625	2.08

……（具体数据略）。

请求人在提出无效宣告请求时提交的主要证据为：

证据 1："Antiestrogens 2. Structure - Activity Studies in a Series of 3 - Aroyl - 2 - arylbenzo［b］thiophene Derivatives Leading to ［6 - Hyroxy - 2 - （4 - hydroxyphenyl）benzo［b］thien - 3 - yl］［4 - ［2 - piperidinyl］ethoxy］phenyl］methanone Hydrochloride（LY156758），a Remarkably Effective Estrogen Antagonist with Only Minimal Intrinsic Estrogenicity，" Charles D. Jones 等人，*Journal of Medicinal Chemistry*，第 27 卷，第 8 期，第 1057 ~ 1066 页，公开日为 1984 年，复印件 10 页，及其部分中文译文 2 页；

---

❶ 参见国家知识产权局专利复审委员会第 6874 号无效宣告请求审查决定。

证据 2：盖有"南京大学配位化学国家重点实验室"红章和骑缝章、落款为"南京大学配位化学国家重点实验室苟少华教授课题组，时间为 2007 年 4 月 10 日"的实验报告，共 4 页；

证据 3：第 4418068 号美国专利，公开日为 1983 年 11 月 29 日，复印件 24 页，及其部分中文译文共 2 页；

证据 4：第 1、2、4~6 页盖有"南京大学配位化学国家重点实验室"印章的 X 射线衍射测试报告，复印件 6 页。

本案的无效宣告理由之一为本专利权利要求 1 相对于证据 1 不具备新颖性，请求人认为，证据 1 中公开的雷洛昔芬盐 THF 溶剂化物粗品在甲醇/水条件下重结晶得到的产品与本专利权利要求 1 保护的产品相同，本专利保护的非溶剂化晶状物属于证据 1 已经完成的技术方案。此外，证据 2 和证据 4 是其委托南京大学配位化学国家重点实验室根据证据 1 和本专利公开的方法进行重复性实验后出具的实验报告以及相应的 X 射线衍射测试报告，其实验结果能够证明，根据证据 1 制得的样品与本专利权利要求 1 的产品的 X 射线衍射数据一致，二者晶型相同。

专利权人提交了反证 1：发明人之一，W. D. 路克的声明，并意图使用其实验结论证明，本专利得到的是雷洛昔芬盐酸盐的非溶剂化物，证据 1 得到的实际上是雷洛昔芬盐酸盐的氯苯溶剂化物或氯苯/THF 溶剂化物。因此，本专利权利要求 1 的产品与证据 1 的产品不同，具备新颖性。此外，专利权人还指出，证据 2 的实验结论与反证 1 相反，说明证据 2 并未真正再现证据 1 中作为重结晶原料的粗品制备步骤，因此，证据 2 不应作为无效理由的证据。

此外，在口头审理过程中，专利权人还对证据 2 和 4 的真实性和关联性表示异议，认为证据 2 和 4 的性质属于证人证言，出具该证言的证人与本案请求人恒瑞公司存在利害关系且并未出庭作证，证据 2 和 4 在内容上存在明显瑕疵，并当庭提交以下 5 份反证。

反证 4：ZL01127213.9 号中国发明专利授权公告文本；

反证 5-8：中华人民共和国北京市中信公证处出具的（2008）京中信内经证字第 01094-01097 号公证书。

专利权人认为，反证 4 专利的首页显示，该专利的专利权人为南京大学和恒瑞公司，发明人为陈永江和南京大学配位化学国家重点实验室的苟少华教授，而反证 5 和 6 显示反证 4 陈永江为恒瑞公司的高层人员，反证 7 进一步显示了苟少华教授与恒瑞公司的合作项目的获奖情况,反证8显示恒瑞公司的董事长孙飘扬为南京大学校董,因此,反证4-8表明了证据2和4的出证人——南京大学以及苟少华教授本人与恒瑞公司之间存在利害关系。

请求人承认其和南京大学之间存在合作关系,但认为上述反证中涉及的事项均与本案无关,因此不影响证据2和4的真实性。

此外,关于反证1,专利权人当庭提交了反证1的公证认证原件,证人W.D.路克出席了口头审理,向合议组及对方当事人出示了其护照,并以发明人的身份接受了质证,但未对其身份进行公证认证或提交相关证据。

请求人仅认可反证1在形式上的真实性,但由于出证人就是争议专利的发明人,因此不认可其内容的真实性和客观性。

2.1.2 审理结果摘引

专利复审委员会在第11858号无效决定中对于证据2和4的分析和认定如下。

(1)首先,尽管上述证据2和4实验报告的部分页上加盖了出具该实验报告的实验室的印章,但报告上缺少具体实验者或实验报告撰写者的名字,也无相关自然人签字,而且,落款的出证单位也没有派任何相关人员出席口头审理,就实验报告的内容和结论接受专利权人质证及合议组询问,导致对证据2和4内容的真实性无法查证。

(2)专利权人在口头审理的过程中提交的反证4-8,在请求人对反证4-8的真实性无异议的基础上,合议组对反证4-8本身的真实性也予以认可。并且,反证4-8表明了证据2和4的出证人——南京大学和苟少华教授本人与请求人之间存在一定程度的利害关系,且请求人对于其存在的合作关系也予以认可。

(3)证据4原件第20070322-3谱图缺少出证单位的印章,合议组难以确认证据4原件的真实性。并且,证据2第2页表1中样品3的数据与上述证据4第20070322-3谱图中标注的数据不能对应,尽管请求人声称这是由于样品2和样品3的编号混淆所导致的,但缺乏证据证明,且因证据4原件的真实性难以核实,请求人的这一更正也无法得到确认。由于证据2的表1对比了证据4的X射线衍射谱图的d值数据,并且是在二者数据一致的基础上得出了证据1制得的产品与本专利要求保护的产品晶型相同的结论,因此,证据4是证据2的数据来源及结论的重要依据,而本无效宣告请求的请求书是围绕证据2和4的实验结果,尤其是证据2的结论展开的,按照常理推断,这些证材料完成的先后顺序应当是：由实验人测得 X 射线衍射谱图（即证据 4）最早，在此基础上进行实验得到实验报告（即证据 2）次之，依据实验结果由请求人提起无效宣告请求撰写无效宣告请求书最后。但是，证据 2 第 3 页最后一段直接引用了应当最早完成的 X 射线衍射图谱，并且将该谱图称为"证据 4"，这与应当最后由请求人完成的无效宣告请求书中对该份证据的编号及措辞均相同，合议组据此难以确认证据 2 是一份客观的与本无效宣告请求完全无关的实验报告。

（4）作为一份实验报告，证据 2 中对实验过程的描述仅仅是照搬了证据 1 第 1066 页第 1 栏第二段的内容，缺少对实验过程的详细记录，例如缺少对所用试剂的来源、测试所用仪器、测试条件等常规实验条件的具体说明，也缺少由实验结果得出上述结论的分析和推理过程，使得本领域技术人员不能明了或完整地再现实验的全过程。

综上所述，合议组对证据 2 和 4 不予采信。

关于反证 1，合议组认为：尽管证人 W. D. 路克出席了本次口头审理，出示了护照并就反证 1 的内容接受了质证，但由于反证 1 是以本专利发明人的身份作出的一份证言，其作出上述证明需要依赖于其在该案中的特定身份及其具有的专业技能，W. D. 路克虽提交了护照但专利权人未提交有关该证人身份的其他证据，这仅能证明其美国公民的身份，不足以确定其为本专利发明人这一特定身份及其具有的技术背景。此外，如专利权人所主张反证 1 的出证人是其雇员，也是本专利的发明人之一，与本案有直接利害关系，因此反证 1 不能单独作为认定其所主张内容真实客观的依据，在无其他证据相互印证的前提下，合议组对于其内容的真实性以及客观性不予认可。

事实上，即便是在反证 1 的真实性不能被认可的情况下，合议组仍然对反证 1 以及证人证言涉及的技术内容进行了详细的考察，其具体内容将在案件争议焦点二中述及。

在后续的诉讼程序中，原告（即本案专利权人伊莱利利公司）和被告（即本案请求人恒瑞公司）都没有针对无效宣告决定中对于证据 2 和 4 的认定提出异议，但专利权人对有关反证 1 的认定提出异议，对此两审法院均支持了合议组的观点❶。

---

❶ 参见北京市高级人民法院第（2010）高行终字第 949 号行政判决书及北京市第一中级人民法院第（2009）一中行初字第 122 号行政判决书。

2.2 案件争议焦点二

本案专利权人声称的现有技术中的技术问题是否确实存在，以及是否能够通过本专利得以解决。

2.2.1 当事人诉辩

本案中，请求人除依据证据1提出权利要求1不具备新颖性的理由外，还指出，即使二者有所区别，权利要求1相对于证据1也不具备创造性。本领域技术人员公知溶剂化物中含有的大量溶剂对人体有害，因此必然会通过本领域的常规纯化方法对其进行加工，在此基础上得到权利要求1的技术方案是显而易见，证据2和4的上述实验结论也验证了，只要本领域技术人员通过常规方法对溶剂化物进行重结晶处理，就必然会得到本专利权利要求1要求保护的产品。此外，采用本领域常用的纯化手段以提高化合物或其晶状物的纯度以提高化合物的质量是本领域技术人员的常识。

专利权人认为，证据1并未意识到现有技术中存在的"溶剂化物中含有相对于化合物本身2:1比例的有机溶剂（二氯甲烷）对人体有害"，而是本专利说明书中教导了现有技术存在该问题，因此，本领域技术人员根据证据1的描述不会有动机去解决并未意识到的问题。此外，即使本领域技术人员能够想到用常规方法对证据1中的雷洛昔芬盐酸盐进行纯化处理，也不能获得本专利权利要求1要求保护的产品，因为证据1的溶剂化粗品，是氯苯/THF混合溶剂化物，而不是本专利的二氯甲烷溶剂化物。同时，甲醇/水重结晶不能使证据1中得到的氯苯溶剂化物转化为非溶剂化物，证据1公开的制备方法中也未提及本专利中"额外地用脂族烃溶剂萃取以除去芳族溶剂"的步骤。本专利权利要求1的产品克服了现有技术中的缺点，基本上不含氯苯，产生了有益效果，因此，权利要求1相对于证据1具备创造性。

2.2.2 审理结果摘引

专利复审委员会在第11858号无效决定中认为，证据1公开的内容与权利要求1的技术方案存在如下区别：权利要求1中非溶剂化晶体，其具有特定的X射线衍射图；证据1没有明确所得到的产品的形式，也没有公开上述X射线衍射图。由于权利要求1要求保护的产品与证据1公开的产品之间存在上述区别技术特征，且证据2和4的真实性被否定，请求人也未提供其他证据足以证明二者实质上相同，即应当认为权利要求1的技术方案与证据1所公开的技术方案存在实质不同，权利要求1具备《专利法》第22条第2款规定的新颖性。

本专利说明书第1页中记载，业已证实由于雷洛昔芬盐酸盐特别难以纯化，溶剂污染已成为特别的问题，证据1中所述的雷洛昔芬的合成方法具有严重的缺点，它会产生一种被已知的致癌物氯苯污染的溶剂化物。可见，相对于证据1，本专利声称所解决的技术问题是通过形成具有特定X射线衍射图的雷洛昔芬盐酸盐的非溶剂化晶体，避免雷洛昔芬盐酸盐溶剂化物中的致癌污染物氯苯存在，并且在本案的审理过程中，专利权人也坚持了该观点。因此，本案有关创造性的争议焦点在于，本专利声称的上述技术效果是否存在，或者说，是否通过权利要求的上述区别技术特征的引入产生了上述技术效果。

证据1已经明确记载了用于甲醇/水重结晶的原料是雷洛昔芬盐酸盐的THF溶剂化物，给出了使用甲醇/水重结晶来纯化THF溶剂化物，得到纯品的教导，并且公开了重结晶产品的NMR检测数据。本领域技术人员通过阅读上述内容，既不能从中获得任何证据1的最终产品含有氯苯的信息，也无法看出残留的氯苯形成了氯苯/THF溶剂化物。尽管专利权人根据反证1的实验结论认为，证据1的实验中使用了大量氯苯，由于氯苯和产物之间紧密的结合趋势，证据1中用于重结晶的粗品应当是混有氯苯的溶剂化物，而并非证据1中所明示和请求人理解的"THF溶剂化粗品50"，且甲醇/水重结晶不足以除去这些残留氯苯，因此证据1的最终产物也应当含有氯苯。出庭作证的证人也持相同观点。但反证1由于如前所述的原因而不能被单独作为认定其所主张内容真实客观的依据，专利权人也没有提供其他证据证明其主张，因此，没有证据可以表明证据1的最终产品中含有氯苯以及所述氯苯与雷洛昔芬盐酸盐形成了溶剂化物。

另一方面，本专利是通过推定证据1产物中形成的是氯苯溶剂化物，从而提出其所要解决的技术问题。但是本专利说明书中未记载任何作出如此推定的依据，即，本专利说明书不能证明现有技术中存在专利权人所声称的技术问题；相反，本专利说明书虽然强调本专利确实避免了氯苯污染，但在说明书第3页第三段却明确记载了本专利得到的非溶剂化晶状雷洛昔芬盐酸盐仍然含有少于5%、优选2%、更优选少于1%、最优选小于0.6%的氯苯（并且在本专利的权利要求3和6中将上述技术方案作为本专利的优选技术方案明确要求保护）。而基于专利权人所主张的雷洛昔芬盐酸盐与氯苯形成溶剂化物的强趋势，其认为只要有极其少量的氯苯存在（甚至其含量少至无法从谱图中被识别出来的情况下），该氯苯均会与雷洛昔芬盐酸盐形成溶剂化物，则应当认为，本发明中所述明确允许存在的氯苯与雷洛昔芬盐酸盐同样形成了溶剂化物。可见，首先没有证明可以表明本专利所声称的氯苯残留的技术问题在现有技术中确实存在，并且即使该技术问题确实存在，实际上也并不能通过本发明的技术方案而得以解决。由此可知，本专利相对于证据1实际上并未解决氯苯残留的技术问题或产生相应的技术效果。

因此，合议组认为，在证据1公开的产品与本专利的产品如此接近的情况下，本专利没有取得预料不到的技术效果，本领域技术人员在证据1公开的相似重结晶原料和相似重结晶方法的基础上获得权利要求1的技术方案无需付出创造性劳动，权利要求1不符合《专利法》第22条第3款的规定。

退一步讲，即使考虑反证1，如上所述，专利权人依据反证1认为，在反证1中，按照反证2的方法对雷洛昔芬盐酸盐氯苯溶剂化物进行重结晶，由于雷洛昔芬盐酸盐与氯苯形成溶剂化物的强趋势，在氯苯存在的情况下制备雷洛昔芬盐酸盐时，反应产物是氯苯溶剂化物，该结论适用于证据1的实验方法，因为证据1的实验步骤中同样使用了大量氯苯。但合议组发现，在反证2的制备过程中，在重结晶之前，存在一个使用四氢呋喃和水后处理的步骤，而反证1中则是直接重结晶，缺少该后处理步骤，而且也没有研究这个步骤对于雷洛昔芬盐酸盐与氯苯之间形成溶剂化物的影响，可见，反证1并未完全照搬反证2的实验过程。同时，合议组还注意到，在证据1中，类似地存在一个用水和Et_2O对雷洛昔芬盐酸盐进行后处理的步骤，这与反证2中使用四氢呋喃和水进行的后处理也不同，同样，专利权人也没有对这样的后处理对于雷洛昔芬盐酸盐氯苯溶剂化物的影响进行研究。基于上述事实可知，由于上述制备方法的后处理步骤均存在差异且专利权人未对差异的影响予以关注，因此，不论反证1的实验结果是否真实可信，均不能证明证据1中存在上述需要解决的技术问题。

2.2.3 法院观点

在本案的行政诉讼程序中，无效宣告决定对于创造性的评判以及结论相继获得一审法院和二审法院的支持，判决维持了本无效宣告决定。

相关判决认为：伊莱利利公司虽强调证据1的雷洛昔芬盐酸盐产物中存在氯苯溶剂化物，而本专利权利要求1所保护的用特定X射线衍射图谱限定的非溶剂化物晶体产品能够达到去除氯苯残留问题的技术效果。但根据本专利说明书的记载，权利要求 1 所保护的非溶剂化晶状雷洛昔芬盐酸盐仍然可存在少于 5% 的氯苯，由此可以看出，本专利权利要求 1 所保护的化学产品中存在氯苯溶剂化物，本领域技术人员亦无法得到本专利权利要求 1 所保护的、用特定 X 射线衍射图谱特征限定的非溶剂化物晶体产品能够达到本专利所声称的避免了污染物氯苯存在的技术效果。证据 1 中公开的雷洛昔芬盐酸盐的 THF 溶剂化物经过了用甲醇/水重结晶的纯化步骤，本领域技术人员并不能据此得出，经过重结晶等步骤处理后得到的产物必然会含有致癌物氯苯等杂质，以及氯苯与盐酸盐形成了溶剂化合物等结论，因此，本专利相对于证据 1 实际上并未解决氯苯残留的技术问题并取得相应的技术效果，专利复审委员会认定权利要求 1 不符合《专利法》第 22 条第 3 款的规定结论正确。

3 案件启示

3.1 关于化学医药领域特有的实验报告形式的证据的审查

《专利审查指南》第四部分第八章对无效宣告程序中有关证据的审查作出了较为详细的规定。除了满足对于证据提交时机、提交形式等规定之外，专利复审委员会还应当对证据的真实性、合法性、关联性（必要时还包括公开性和公开时间），以及针对证据的证明力等进行审查。

通常来讲，对于公开出版物类的证据，如本案的证据 1、证据 3 和反证 2，上述几方面的审查较为简单。而对于一些非出版物类的证据，例如本案中出现的证据 2、证据 4 和反证 1 等一些化学领域特有的实验报告形式的证据，审查过程则相对复杂得多。

对于这类实验报告形式的证据，业内也经常称之为实验证据（以下均简称为实验证据），如果无效宣告程序中的对方当事人表示认可，那么基于当事人的承认，合议组一般可以确认其真实性，但如果存在与事实明显不符的情形或者当事人反悔并有相反证据足以推翻的，合议组可以不认可其真实性。

但是，在无效宣告案件的审查实践中，一方当事人认可对方提交的实验证据的真实性的情形几乎不存在，更多出现的是以各种理由质疑对方的实验证据或者各自拿出该类证据以证明己方观点的情况，其中出现的实验结论甚至是截然相反的。因此，上述实验证据能否被接纳，需要合议组对其进行形式和内容上的全面考察。

在证据的核实上，实验证据具有一些特殊性，体现在：（1）实验过程

（包括实验原料、实验步骤和实验条件）直接影响实验结果；（2）实验结果以及对于实验结果的分析处理会受到实验人和报告撰写者的个人实验技能、分析理解运算能力，甚至一些主观因素的影响；（3）对实验报告给出的实验结果的核实确认十分困难，除非该报告本身存在着明显的瑕疵，否则只能通过实验来验证，难以通过其他证据或理论推导等完成；（4）完全重复和再现一项实验较为困难，而在实验全过程没有被清楚、具体、完整地记载的情况下，则不可能通过重复再现的方式核实其实验结果；（5）实验结果能否被采信，有时不仅要求该实验及其结果要真实，而且还会要求其客观，也就是说，尽管有些实验结果确实是实验员通过实验测得或忠实地记录下来的，但是，如果存在实验操作的不当，则该结果并不能反映出客观事实。

因此，对于一份具体的实验证据而言，由于合议组将从证据资格和证明力两方面进行审查，当事人提交的该证据至少应当满足一些特定的形式和实质要件。例如，应当有出具报告的机构的名称和签章、进行实验的自然人的姓名和签字；对于实验过程和实验方法的描述应清楚具体（例如应包括具体使用的实验原料、产物、反应条件、实验设备、记录的实验数据以及观测的实验效果）；必要时，报告中还应记载对于反应产物进行测试的数据以及测试方法、测试设备和测试条件，以及在测试数据和原始实验数据的基础上进行数据处理后得到的加工数据和可供验算的数据处理方法；所进行的实验或测试的方法应当属于所属领域的公知方法，并且其具体实验过程不应存在违反所属领域常识之处，以及实验报告的内容不应存在矛盾之处等。为了核查该证据，合议组通常还应当要求相关人员出庭接受质证。

具体到本案，证据2和证据4在形式和内容上存在诸多瑕疵。

证据2作为一份受请求人委托，就本案的无效宣告理由而出具的实验报告，缺少一些特定的形式和实质要件，例如，尽管加盖了实验室印章，但缺少具体实验员或实验报告撰写者等相关自然人的名字或签字；其中记载的实验方法仅仅是照搬证据1对于实验过程的描述，没有记载任何原料、步骤和设备信息，实验结论也缺少必要的分析推理过程，更重要的是没有相关人员出庭接受质证。同样，作为一份原始实验记录，证据4原件也存在缺少出证单位的印章、与证据2引用的数据不能对应等明显瑕疵。

进一步促使合议组质疑上述两份证据真实性的重要因素是证据2的撰写方式。本案中，证据4是证据2的数据来源及结论的重要依据，无效宣告请求书是围绕证据2和4的实验结果，尤其是证据2的实验结论展开的，因此，本领域技术人员可以按照常理推断本案中证据的搜集整理过程。这些证据完成的先后顺序应当是，首先进行化学实验，获得相关样品→进行仪器分析，获得X射线衍射谱图（即证据4）→撰写实验报告，分析并得出结论（即证据2）→撰写无效宣告请求书。那么，一般来讲，如果在实验报告中提及X射线衍射谱图，通常会直接使用诸如"谱图"或"附件"的名称，但证据2中直接将其称之为"证据4"，这与无效宣告请求书中的措辞相同，合议组不得不进行这样的推测——证据2的实验报告很可能是在无效宣告请求书已经构思、证据编号已经确定的情况下完成的，其实验结论很难称得上真实、客观、中立。

在此基础上，继续考察专利权人在口头审理过程中提交的反证3-7，实际上，就这些反证本身而言，其中呈现的"出具试验报告的单位与请求人之间存在合作关系"这一客观事实与本案并无直接关联，正如请求人当庭陈述的："我们之间即使有合作，也与本案的具体案情无关"。因此，上述反证按常理来讲不会对合议组判断证据2和证据4是否真实的结论产生实质性影响。但恰恰是由于证据2和证据4本身在形式和内容上存在上述多处明显瑕疵，促使合议组在评价证据2和证据4的真实性时，必须考虑到请求人和出证单位之间的多种合作关系对实验报告本身及其结论是否存在真实客观的影响。

作为证人证言，专利权人提交的反证1公证认证手续完备，其中附具的实验报告较之证据2和证据4在撰写方式上也显得更为严谨，较详细地记录了相关实验的细节、分析和结论；并且实验报告的完成者，也即反证1的出证人也出席了口头审理并接受质证。根据《专利审查指南》规定，专利复审委员会认定证人证言，是通过对证人与案件的利害关系以及证人的品德、知识、经验、法律意识和专业技能等进行综合分析作出判断，可见，证人与请其作证的一方当事人之间的关系，是确定证人证言的证明力的重要因素。因此，考虑到该出证人即为本专利发明人和专利权人的雇员，其特定身份和专业技能，特别是其与本案的利害关系成为导致反证1的客观性和真实性无法得以确认的重要因素。此外，合议组对反证1的考察并未仅局限于证据资格，在创造性的评述中，从本领域技术人员的角度结合具体实验内容对其是否能够证明其待证事实也进行了详细论述。

结合本案可以看出，在无效宣告程序中，对实验证据仍然遵循了从证据资格和证明力两方面对其进行考察的一般证据规则。

证据资格，即证据能力，是指某项材料可以作为证据的资格。只有具备关联性、合法性、真实性的证据材料才能成为认定案件事实的证据。证据的真实性是指证据本身必须是客观的、真实的，而不是想象的、虚构的、捏造的。真实性分为形式上的真实与内容上的真实，前者是指证据本身应当是真实的，不能伪造或编造，而后者是指证据所证明的内容是客观真实的。

一般来说，每份证据的真实性及证明力的有无，都必须通过对证据本身、证据与其他证据之间有无矛盾及能否互相印证、证据的证明目的、证据在全案证据体系中的地位等问题进行全面衡量，才能做出合理的判断。

随着我国专利事业的高速发展和科研水平的不断进步，在专利的无效宣告程序中，当事人的举证方式也获得了极大丰富。对于涉及某些专业技术领域，越来越多的当事人倾向于委托专业机构出具技术鉴定报告，以此作为举证的常用手段。化学医药领域的发明本身存在特殊性，该发明是否能够实施，其效果如何，往往需要借助实验结果加以证实，因此，在化学医药领域的无效宣告案件中，经常出现由双方当事人自行完成或者委托专业机构出具的实验报告，这类证据在性质上可以归之于技术鉴定报告类证据。

目前，在无效宣告请求案件的审理中，对于技术鉴定报告类证据，专利复审委员会对其证据资格的考察基本上借鉴了《最高人民法院关于行政诉讼证据若干问题的规定》第14条的规定，即，根据《行政诉讼法》第31条第1款第（6）项的规定，被告向人民法院提供的在行政程序中采用的鉴定结论，应当载明委托人和委托鉴定的事项、向鉴定部门提交的相关材料、鉴定的依据和使用的科学技术手段、鉴定部门和鉴定人鉴定资格的说明，并应有鉴定人的签名和鉴定部门的盖章。通过分析获得的鉴定结论，应当说明分析过程。

3.2 关于化学领域产品发明的创造性评价

《专利法实施细则》第18条规定，发明和实用新型专利说明书应当写明发明或者实用新型所要解决的技术问题以及解决其技术问题采用的技术方案。

《专利审查指南》第二部分第四章规定了使用判断要求保护的发明相对于现有技术是否显而易见的方法，即"三步法"，其步骤包括（1）确定最接近的现有技术；（2）确定发明的区别技术特征和发明实际解决的技术问题；（3）判断要求保护的发明对本领域的技术人员来说是否显而易见。发明实际解决的技术问题，是指为获得更好的技术效果而需对最接近的现有技术进行改进的技术任务，只要本领域技术人员从说明书所记载的内容能够得知该技术效果即可。可见，发明的任何技术效果都可以作为确定实际解决的技术问题的基础，前提是这样的技术效果是由发明或者实用新型的技术特征带来的或者是由所述技术特征必然产生的技术效果，并且，应当是本领域技术人员根据专利文件记载的内容或者现有技术能够获知的技术效果。此时应当注意的是，对于没有记载而仅仅是专利权人声称的技术效果，在判断创造性时需要考察这种声称的技术效果是否属于本领域技术人员根据说明书的记载而能够获知的。

具体到本案，通过新颖性的判断，已经确认证据1的产品与权利要求1的产品存在"是否明确产品形式"和"是否公开X射线衍射图"这两项区别特征，在此基础上，需要进一步判断权利要求1的技术方案实际解决的技术问题。

值得注意的是，证据1是专利权人的研究实验室的早期研究结果，也是本专利说明书的背景技术部分援引的用于阐述本专利技术创新所在的现有技术。本专利声称其相对于证据1实际解决的技术问题是避免雷洛昔芬盐酸盐溶剂化物中含有致癌污染物氯苯，可见，本专利实际解决的技术问题的判断，实际上是本领域技术人员衡量其与专利权人所声称解决的技术问题是否一致的过程。

专利权人主张，反证1可以证实氯苯和雷洛昔芬盐酸盐之间存在紧密结合的趋势，由于证据1在结晶前的步骤中使用了大量氯苯，那么，用于重结晶的粗品应当是混合的氯苯/THF溶剂化物，而并非证据1中所明示的"THF溶剂化粗品"，且甲醇/水重结晶不足以除去这些残留氯苯，因此证据1的结晶产物也应当含有氯苯。

从表面上来看，上述观点属于专利权人对自己早期成果的进一步深入和修正，似乎也合乎一般的科研规律，但是，从专利审查的角度而言，对一篇科技文献的解读并不取决于该文章作者在后作出的进一步解释，而始终应当站在本领域技术人员的视角，对其中给出的技术信息客观地进行考察。首先，证据1已经明确记载了用于甲醇/水重结晶的原料已经是雷洛昔芬盐酸盐的THF溶剂化物，本领域技术人员看不出重结晶原料和重结晶产物与氯苯有关的任何信息。那么，反证1能否证明专利权人所说的，证据1的研究成果其实存在早期认知上的误区呢？

专利权人使用反证1的证明思路为，反证1通过验证反证2的实验过程证明，在氯苯存在的情况下制备雷洛昔芬盐酸盐时，重结晶原料和重结晶产物都是氯苯的溶剂化物，该结论也适用于证据1的实验方法，因为证据1的实验步骤中同样使用了大量氯苯。

除了由于前述原因，反证1不能被单独作为认定其所主张内容真实客观的依据之外，本领域技术人员阅读反证1全文就可以发现，反证1并未完整地重现反证2的方法，其中缺少反证2中"使用呋喃和水进行后处理"的步骤，而反证2的上述后处理与证据1中的后处理还进一步存在着其他差异。由此，本领域技术人员不难得出这样的结论，反证1的"雷洛昔芬盐酸盐与氯苯形成溶剂化物的强趋势，重结晶不足以破坏该趋势"的实验结论不一定适用于反证2，更不能进而推断也适用于证据1。因此，没有证据可以表明，证据1的最终产品中含有氯苯以及所述氯苯与雷洛昔芬盐酸盐形成了溶剂化物，即，现有技术中确实存在专利权人所声称的技术问题。

与此同时，本专利虽然强调其确实避免了氯苯污染，但在说明书中却记载了本专利保护的非溶剂化晶状雷洛昔芬盐酸盐仍然含有少量氯苯，并且在权利要求3和6中作为优选技术方案明确要求保护。如果认可专利权人所主张的强趋势，那么应当认为，本发明中同样形成了溶剂化物。由此可见，即使专利权人声称的技术问题如果确实存在，也并未通过本专利的技术方案得以解决。

因此，在证据1公开的产品与本专利的产品如此接近的情况下，本专利没有取得预料不到的技术效果，本领域技术人员在证据1公开的相似重结晶原料和相似重结晶方法的基础上获得权利要求1的技术方案无需付出创造性劳动，权利要求1不符合《专利法》第22条第3款的规定。

三、分析与思考

1 无效宣告程序中当事人提交的曾经出现在实质审查过程中的实验证据的处理

前文探讨了在化学医药领域的无效宣告程序中，对一般的实验证据的形式要件和实质要件的要求。在上述证据中，还可能包含一种较为特殊的实验证据类型，即，该证据是专利权人曾经在发明专利的实质审查程序中补充提交并被接受的。专利权人往往就此主张，该证据已经被专利审查部门确认过真实性，在无效宣告程序中也应当予以认可。

当这类证据在无效宣告程序中被再次提交时，目前普遍的处理方式是，鉴于授权前程序因其审查方式的局限等客观原因未能充分核查其真实性，故公众在无效宣告程序中可以质疑实质审查中已经被接受的对比试验数据的真实性，因此，合议组应当按照《专利审查指南》中有关证据的规定对所述对比实验数据的真实性作出评价，并不必然得出与授权程序完全相同的结论。

应当注意的是，对于所属领域技术人员通过申请文件的记载以及对现有技术的了解能够确认的专利申请在申请日时获得的用途和效果，如果在面对创造性的质疑（特别是以申请人所了解的背景技术外的其他现有技术为依据提起的对创造性的质疑）时，即便缺乏某些实验数据，也可以允许申请人通过补交实验数据加以证明，但不允许通过补充实验数据来证明原申请文件中没有提到和不能由现有技术推测的用途或效果。

针对后补交的对比实验数据可能会得出与授权程序相反的结论，因此，与专利说明书中记载的实验数据相比，基于后补交实验数据而获得的专利权遭受质疑的可能性更大，在后续的无效宣告程序中被宣告无效的风险也相应增长，这就要求专利权人在公众针对其专利权提出无效宣告请求时，提交相关证据或陈述理由在说明其于授权程序中提交的实验数据的真实性，必要时需提供有资质的权威部门的鉴定结论、公证书等，但应了解，鉴定和公证并不能一概解决实验证据所带来的问题。

2 创造性审查中实际解决的技术问题的判断

如前文所述，在 EPO 的创造性判断方法中，当以最接近的现有技术确定发明实际解决的技术问题或达到的技术效果时，强调该技术问题或技术效果应当是能够获得支持的优点，而不应依赖于发明所声称的优点。换言之，如果发明声称的优点难以获得支持时，应当重新构建技术问题。

本案在创造性的判断中很好地吻合了上述重新构建技术问题的过程。尽管证据 1 恰好就是专利申请文件所中引用的，并且声称在其基础上作出改进的那一份最接近的现有技术，但是，当没有证据表明本发明所声称的改进，即"氯苯残留"这一技术问题确实得以解决的情况下，本领域技术人员在证据 1 给出的技术信息的基础上，只能得出这样的结论——本专利实际解决的技术问题仅为获得要求保护的晶体，进而，在重结晶原料和重结晶方法均与现有技术相似的情况下，权利要求 1 的技术方案显然不具备创造性。

四、案例辐射

在与本案相关的专利确权案件中,伊莱利利公司最初拥有的雷洛昔芬盐酸盐的用途专利权也被宣告全部无效,巧合的是,无效理由同样是不具备创造性。

该案中,权利要求 1 保护了通式化合物或其可药用盐在制备用于治疗或预防人类骨质疏松症的药物中的用途,雷洛昔芬盐酸盐包含在所述通式化合物的定义中,并且该具体化合物的用途也作为优选实施方案被从属权利要求所保护。

合议组认为,本专利权利要求 1 与证据 1 相比的区别是:证据 1 的作用对象为大鼠,而本专利权利要求技术方案作用的对象为人类。在证据 1 已经教导了雷洛昔芬结构对逆转雌性大鼠出现骨质疏松症的情况下,将雷洛昔芬用于防治人类骨质疏松症的药物对于本领域技术人员来说是显而易见的,因此权利要求 1 不具有创造性。

而专利权人认为,虽然证据 1 也公开了雷洛昔芬的实验数据,但雷洛昔芬在其中是作为主要研究对象的对比药物使用的,因此本领域技术人员阅读证据 1 公开的内容后不会产生进一步研究雷洛昔芬用于治疗骨质疏松的动因;其次,根据本专利的申请日之前公开的现有技术,雷洛昔芬可能具有对子宫产生不良影响的副作用,而本专利经研究发现雷洛昔芬没有上述副作用,即克服了本领域的技术偏见,产生了意想不到的技术效果,因此具有创造性。专利权人提供了证人证言及 5 篇现有技术文献作为反证支持其主张。

对此,合议组认为,考察证据 1 给予本领域技术人员的启示或教导应该根据该证据所实际公开的内容从客观上判断其实际解决的技术问题,而不仅仅局限于该证据作者声明的研究目的、启示或教导,本领域技术人员在证据 1 的基础上,能够显而易见地想到把式(Ⅰ)化合物用作治疗或预防骨质疏松的药物[1]。

上述观点在两审法院的判决中均得到支持,相关判决中认为,证据 1 和反证分别记载了内容不同的实验结果,为本领域技术人员提供了相反的技术启示,但并无证据表明反证的证明力大于证据 1,考察证据 1 为本领域技术人员

---

[1] 参见国家知识产权局专利复审委员会第 6874 号无效宣告请求审查决定。

所提供的技术启示或教导时，应当根据证据1实际公开的内容判断其实际解决的技术问题，而不应局限于证据1作者所声称的研究目的或技术启示、教导。而且尤其不能忽略的是，通常在出现了相反技术教导或启示的情况下，本领域普通技术人员可以通过常规实验对不同的技术启示进行测试、验证，而这种有限的实验性活动并不需花费创造性劳动。总之，证据1给出了雷洛昔芬能够逆转雌性大鼠出现的骨质疏松症的教导是客观存在的❶。

在上述相关案件的审查中，同样涉及在进行创造性的判断时，如何从本领域技术人员的视角对现有技术进行充分考察。所述考察既不应囿于该现有技术的作者本身在当时所声称的研究目的或技术启示，也不应仅仅因为在后的其他研究成果而发生偏移。

上述恒瑞 vs 伊莱案很好地诠释了在化学和医药领域的创造性评价中，如何按照"三步法"的判断原则，从本领域技术人员的角度出发，通过客观分析现有技术给出的信息和技术启示，准确确定发明所实际解决的技术问题，进而得出是否具备创造性的结论。此外，对于该领域特有的试验报告形式的证据，本案也从形式及内容两方面给出了完整而清晰的判断思路，对化学医药领域产品发明的创造性审查具有借鉴意义，同时能为专利申请和专利代理领域提供较为全面的参考。

（撰稿人：侯　曜　审核人：李　越）

---

❶ 参见北京市高级人民法院（2006）高行终字第191号行政判决书。

第六节　创造性判断中对技术偏见的考量

一、引言

在发明名称为"碳酸酐酶抑制剂在治疗黄斑水肿中的应用"复审请求案中，复审请求人主张本发明的创造性在于克服了技术偏见，提交了多份证据以证明在本专利申请日之前，该领域的技术人员一般是采用 A 技术手段，从未采用过如本专利申请所述的 B 技术手段。复审请求人提交的证据是否足以支持其主张，如何证实技术偏见的存在，本案给出了一些有价值的指引和参考。

二、典型案例

1　案情简介

1.1　案例索引与当事人

专利号：97192579.8

复审请求人：高级研究及技术研究所

1.2　案件背景和相关事实

本专利申请的权利要求 1 请求保护"碳酸酐酶抑制剂在制备用于治疗或预防黄斑水肿或与年龄相关的黄斑变性的眼药中的应用"。

2　案件审理

2.1　案件争议焦点

案件的争议焦点在于将碳酸酐酶抑制剂（CAI）改以眼用制剂的形式用于治疗或预防黄斑水肿或与年龄相关的黄斑变性，现有技术中是否存在技术启示，是否克服了技术偏见。

2.2　当事人诉辩

复审请求人认为本发明的创造性在于克服了现有技术的技术偏见，即在本发明之前，虽然已经用 CAI 治疗青光眼，但青光眼与黄斑水肿发病的部位不同，青光眼的患处在眼睛的前部，而黄斑水肿在视网膜中区，位于眼睛后段，由于眼药通常难以有效地透过眼睛的各组织层以及基于眼睛自身的清除机理，在眼睛前部滴注的药物一般无法以有效量到达眼睛的后部。因此，在本发明之前，本领域的技术人员并不知道往眼睛局部施用 CAI 也可以将有效量的 CAI 输送至视网膜中区并缓解眼睛背部的水肿，并且认为只有全身给药或外科手术才是治疗黄斑水肿的有效手段。这就是为什么虽然早就知道 CAI 可用于预防或治疗黄斑水肿，而且在本发明之前也已经有了 CAI 的眼用制剂，但在本发明之前的很长一段时间里，本领域并没有将 CAI 眼用制剂转用于治疗黄斑水肿的原因。

复审请求人在实审阶段和复审阶段共提交了 7 份证据，其中证据 5 是美国专利文献 No. 6046223，用于证明本发明在美国的申请已获得授权。证据 1 用于证明只有全身给药或外科手术才是治疗黄斑水肿的有效手段。证据 2 和 3 用于证明采取口服 CAI（例如乙酰唑胺、甲醋唑胺）治疗黄斑水肿会引起一些明显症状的全身性副作用，长期服用后还会出现黄斑水肿回弹，显示口服该药物是无效的。证据 4 公开了通过局部施用多尔唑胺来治疗青光眼的方法，并指出 CAI 的全身性施用由于其具有明显症状的副作用而一般受到限制。证据 6 和 7 均是文献综述，其中，证据 6 研究了 173 篇发表的文章，没有言及任何一篇公开或提示局部施用 CAI 的文献，也没有任何文献公开或提示 CAI 的全身性施用所引起的副作用可以通过局部施用而消除。证据 7 指出在现有技术中，CAI（尤其是乙酰唑胺）的全身性施用方法在黄斑水肿的治疗中已成功地运用十几年了，虽然知道有副作用。Wolfensberger 的综述提到在 1997 年进行的一个研究（在本专利申请的优先权日之后）中对眼睛局部施用 CAI（多尔唑胺）以治疗黄斑水肿，这是第一篇报道局部施用 CAI 以治疗黄斑水肿的文献，该文献还报道说，在局部施用时，不知道 CAI 是如何到达视网膜的。上述证据用于佐证局部施用 CAI 的技术方案相对于现有技术不具有显而易见性。

2.3 审理结果摘引

专利复审委员会在第 9568 号复审决定中认为，本专利申请权利要求 1 要求保护碳酸酐酶抑制剂在制备用于治疗或预防黄斑水肿或与年龄相关的黄斑变性的眼药中的应用。对比文件 1（US5153192A，授权公告日为 1992 年 10 月 6 日）涉及用于降低或者控制眼内压（IOP）的噻吩磺酰胺化合物碳酸酐酶抑制剂。二者均涉及碳酸酐酶抑制剂（CAI）及其在眼部疾病上的应用，将权利要求1所述的技术方案与对比文件1所公开的技术方案相比较可知，对比文件1公开了一系列具有通式（Ⅰ）所示结构的碳酸酐酶抑制剂，其与本申请的通式（Ⅱ）化合物相同，可见权利要求1中所述的CAI在现有技术中是已知的。对比文件1还公开了将CAI与药用载体制成眼用制剂局部施用于眼部，可用于治疗青光眼等与眼内压升高有关的眼部疾病，并且不会产生CAI全身用药所产生的副作用这些技术信息。由此可见，将CAI制成眼用制剂局部施用于眼部以治疗眼部疾病是现有技术中已知的。二者的区别技术特征仅在于所述的眼部疾病不相同，即本专利申请的CAI眼用制剂是用于治疗或预防黄斑水肿或与年龄相关的黄斑变性，而对比文件1的CAI眼用制剂是用于治疗青光眼等与眼内压升高有关的眼部疾病的。根据上述分析，本专利申请权利要求1相对于对比文件1实际解决的技术问题是，将已知的CAI眼用制剂应用到治疗或预防黄斑水肿或与年龄相关的黄斑变性上。

结合本专利申请说明书在背景技术部分所描述的现有技术和复审请求人提供的证据，可以更进一步确定权利要求1所述的CAI在现有技术中是已知的，CAI用于治疗黄斑水肿、青光眼等眼部疾病的应用在本申请日前也是已知的，只是在现有技术中将CAI制成眼用制剂局部施用于眼部时是用于治疗青光眼的，而使用CAI治疗黄斑水肿的常规用药方式是口服等全身性给药。因此，本案的关键在于现有技术是否存在将CAI改以眼用制剂的形式用于治疗黄斑水肿或与年龄相关的黄斑变性上的技术启示。

对此，合议组认为，根据现有技术反映的情况，本领域的技术人员已经注意到了CAI以全身性给药的方式在治疗眼部疾病时会产生一些显著的副作用，这些副作用的存在会妨碍眼部疾病的治疗进程和治疗效果，为使CAI尽量发挥其药用活性并克服其所引起的副作用，本领域的技术人员会去寻求或尝试更好的用药方式，正如对比文件1所公开的，本领域技术人员将口服或其他全身给药的方式替换成局部用药，并将CAI原有的剂型改变成眼用制剂，用于治疗青光眼获得了良好的效果。可见对比文件1明确教导了可以通过改变CAI原有的用药方式和剂型来治疗青光眼从而克服全身用药的缺点，但这种教导是否会启示本领域技术人员在治疗黄斑水肿时也能改变CAI原有的用药方式呢？合议组认为，首先，眼用制剂对于治疗眼部疾病来说是一种常用的剂型，而且将眼用制剂施用于眼部这种局部给药的方式相对于全身用药而言不会产生显著的副作用，这是本领域技术人员所知晓的基本常识。其次，CAI的医药用途是已知的，其不仅可以用于治疗青光眼，也可以用于治疗黄斑水肿。再次，黄斑水肿并不是一种独立的疾病，常由其他病变引起，青光眼与黄斑水肿也并不是毫无关联的眼部疾病，青光眼患者也存在伴有黄斑水肿症状的情形，本领域技术人员在对伴有黄斑水肿症状的青光眼患者施用 CAI 眼用制剂进行治疗时，不仅会观察到 CAI 眼用制剂对青光眼的疗效，而且也会观察到 CAI 眼用制剂对黄斑水肿的疗效。因此，当本领域的技术人员面对现有技术中全身性给药 CAI 治疗黄斑水肿会产生显著副作用的问题时，完全有动机将 CAI 眼药制剂用于早已知晓的适应症黄斑水肿上，并进而扩展到与年龄相关的黄斑变性上。

综上所述，对于本领域的技术人员来说，CAI 类药物是已知的，其可用于治疗黄斑水肿以及青光眼的眼部疾病的用途也是已知的，CAI 眼用制剂的剂型也是已知的，将 CAI 眼药制剂用于治疗青光眼可以克服全身给药的缺点也是已知的，而在实践中，本领域技术人员又知道 CAI 以口服或者其他全身给药的方式在治疗上述黄斑水肿等眼部疾病时会产生显著的副作用，那么本领域技术人员在面对该技术问题时，在现有技术的启示下，完全有动机将 CAI 制成眼用制剂用于治疗或预防黄斑水肿或与年龄相关的黄斑变性。因此，本专利申请权利要求 1 所述的技术方案相对于现有技术而言是显而易见的，并不具有突出的实质性特点，而且也没有获得任何意想不到的技术效果，故权利要求 1 所述的技术方案不具有创造性。

复审请求人主张本专利申请克服了技术偏见，即在本专利申请之前，虽然已经用 CAI 治疗青光眼，但青光眼与黄斑水肿发病的部位不同，青光眼的患处在眼睛前部，而黄斑水肿在视网膜中区，位于眼睛后段，由于眼药通常难以有效透过眼睛的各组织层以及基于眼睛自身的清除机理，在眼睛前部滴注的药物一般无法以有效量到达眼睛的后部，并且拟用证据 1-7 佐证局部施用 CAI 的技术方案相对于现有技术不具有显而易见性。

对此，合议组认为，技术偏见是指在某段时间内、某个技术领域中，技术人员对某个技术问题普遍存在的、偏离客观事实的认识，它引导人们不去考虑其他方面的可能性，阻碍人们对该技术领域的研究和开发。也就是说，可称之为偏见的认识至少应当是具有指导性意义的并且是偏离客观事实的认识。本案中，复审请求人虽欲用证据 1 证明只有全身给药或外科手术才是治疗黄斑水肿的有效手段，但请求人提交的证据 2-4 和证据 7 却表明不管是用于治疗青光眼，还是用于治疗黄斑水肿，CAI 以口服或其他全身性用药方式均会产生明显症状的副作用，从而使得 CAI 通过全身用药治疗青光眼、黄斑水肿眼部疾病的效果并不好，该方案在对患者使用时会受到一定的限制。可见，复审请求人所主张的"只有全身给药或外科手术才是治疗黄斑水肿的有效手段"并非是本领域技术人员对该问题的普遍认同。证据 2-4 和证据 7 也指引本领域的技术人员去寻求解决该技术问题的其他技术方案，对 CAI 的用药方式不会一直采用口服或其他全身用药方式，而不去考虑其他方面的可能性。在对比文件 1 和证据 4 中公开了局部施用 CAI 不但可以治疗青光眼，而且还可以避免全身用药所引起的副反应等这些技术信息的情况下，本领域的技术人员可以从中得到技术启示，即改变原有的 CAI 剂型将其制成眼药以治疗眼部疾病。至于复审请求人所述的青光眼与黄斑水肿的发病部位不同，合议组认为，青光眼和黄斑水肿都是眼部疾病，而眼用制剂是本领域的技术人员针对眼部疾病使用的一种常用剂型，在本领域技术人员已经知晓 CAI 不仅是常用的抗青光眼的药物，同时也是治疗多种原因引起的黄斑水肿的药物时，现有技术又教导了 CAI 可以制成眼药制剂用于治疗青光眼并取得良好效果的基础上，本领域技术人员完全有动机将 CAI 眼用制剂用于治疗或预防黄斑水肿或与年龄相关的黄斑变性上。再者，虽然证据 1 提到局部施用皮质甾类对治疗黄斑水肿（CME）无效，但其中也提到，曾有人使用非甾族消炎药通过局部施用治疗 CME，因此，局部施用在眼睛前部的药物可以经过一系列组织到达眼睛后部。另外，复审请求人提交的证据 6 是一篇综述，它研究了 173 篇已发表的文章，请求人认为该文献没有言及任何一篇公开或提示局部施用 CAI，但合议组认为，以人们以往没有采用某种技术方案为由说明采用这种方案克服了技术偏见是不充分的。证据 5，请求人主要用于说明本发明在美国的申请已获得授权，合议组认为，该证据并不能约束和限制合议组依据中国专利法以及专利审查指南对本申请的创造性进行判断。综上所述，合议组认为，首先，"只有全身给药和外科手术才是治疗 CME 的有效手段"并没有得到本领域技术人员的普遍认同；其次，并不是所有的药物都不能通过局部施用来治疗 CME。因此，复审请求人提交的上述证据仅是对一定阶段的技术情况的一些反映，这些技术内容并未使得本领域技术人员产生偏离客观事实的普遍存在的认识，也并未能够在某时间段内阻碍本领域技术人员对所涉及的技术问题的研究和开发，故上述证据不足以证明本申请克服了技术偏见，即复审请求人有关本申请因克服技术偏见而具备创造性的主张不能成立。

3 案件启示

《专利法》第 22 条第 3 款规定了发明的创造性判断基准，即同申请日以前已有的现有技术相比具有"突出的实质性特点"和"显著的进步"。《专利审查指南》第二部分第四章第 3.2 节给出了"突出的实质性特点"的一般性判断方法和"显著的进步"的判断标准。判断发明是否具有突出的实质性特点，就是要判断对本领域的技术人员来说，要求保护的发明相对于现有技术是否显而易见。在评价发明是否具有显著的进步时，主要应当考虑发明是否具有有益的技术效果。也就是说，发明是否具备创造性，通常应当根据上述标准进行判断。

除此之外，《专利审查指南》还给出了判断发明创造性时需要考虑的其他因素：(1) 发明解决了人们一直渴望解决但始终未能获得成功的技术难题；(2) 发明克服了技术偏见；(3) 发明取得了预料不到的技术效果；(4) 发明在商业上获得了成功。这些辅助性考虑因素与非显而易见性是相关的，是发明具备创造性的充分非必要条件。也就是说，如果发明属于上述所列的情形之一，则可以认定该发明具备创造性，但具备创造性的发明并不一定是上述所列的情形。❶ 因此，当发明涉及上述情形时，应当根据每项发明的具体情况予以考虑和分析。

三、分析与思考

本案是一例涉及创造性判断中辅助性考虑因素的案例，具体涉及技术偏见的认定以及对创造性判断的影响。《专利审查指南》第二部分第四章第 5.2 节规定："技术偏见是指在某段时间内、某个技术领域中，技术人员对某个技术问题普遍存在的、偏离客观事实的认识，它引导人们不去考虑其他方面的可能性，阻碍人们对该技术领域的研究和开发。"基于该定义，技术偏见可从时间性、领域性、普遍性、误导性等方面来进行理解。其一，时间性，系指技术偏见存在于某一段时间内并具有一定的持续性，持续时间可长可短，既可存在于申请日之前，也可持续到申请日之后。其二，领域性，技术偏见存在于某技术领域和相关技术领域内，是所属领域的技术人员对某技术问题的一种普遍性认

---

❶ 国家知识产权局专利复审委员会. 专利复审委员会案例诠释——创造性 [M]. 北京：知识产权出版社，2006：180.

识，若无边界范围，则共识无从谈起。其三，普遍性，是指所属领域的技术人员几乎无一例外的都持此种认识，该认识具有一定的权威性和指导性。其四，误导性，技术偏见实际上是一种偏离客观事实的认识，但由于其已经成为业界普遍的认识，与该认识不相符或背离的技术手段一般不会被人们所考虑，它引导人们不去考虑其他方面的可能性，阻碍人们对该技术领域的研究和开发。

就本案而言，复审请求人以本发明的创造性在于克服了技术偏见作为复审请求的主要理由。本案的事实清楚，本发明所述 CAI 在现有技术中是已知的，CAI 用于治疗黄斑水肿、青光眼等眼部疾病的医药用途在本申请日前也是已知的，只是在现有技术中将 CAI 制成眼用制剂局部施用于眼部时是用以治疗青光眼的，而使用 CAI 治疗黄斑水肿的常规用药方式是口服等全身性给药。因此，本案的争议焦点在于将 CAI 改以眼用制剂的形式用于治疗或预防黄斑水肿或与年龄相关的黄斑变性，现有技术中是否存在技术启示，是否克服了技术偏见。

对于第一个问题，《专利审查指南》在"三步法"判断中给出了通常认为现有技术中存在技术启示的三种情形：（1）所述区别特征为公知常识，例如惯用手段或教科书、工具书等披露的技术手段；（2）所述区别特征为与最接近的现有技术相关的技术手段，例如同一份对比文件其他部分披露的技术手段；（3）所述区别特征为另一份对比文件中披露的相关技术手段。然而在审查实践中，我们还会遇到很多技术启示暗含于现有技术中的情形，此时需要基于本领域普通技术人员的知识和能力进行评价。在 KSR International Co. 诉 Teleflex Inc. 一案中，美国最高法院对于显而易见性的判断在判决书中指出："普通技术人员也是具有普通创造力的人，而不是机器人，联邦巡回上诉法院想当然地认为本领域的普通技术人员只能获得与解决相同问题有关的现有技术是错误的。"❶ 正如在本案中，现有技术中记载了 CAI 治疗黄斑水肿的常规用药方式是口服等全身性给药，未明确教导将 CAI 制成眼用制剂以局部用药的方式治疗黄斑水肿。合议组在对本发明、现有技术状况和内容、复审请求人的主张及其证据进行综合考量和分析的基础上，认定当本领域的技术人员面对现有技术中全身性给药 CAI 治疗黄斑水肿会产生显著副作用的问题时，完全有动机将 CAI 眼药制剂用于早已知晓的适应症黄斑水肿上，并进而扩展到与年龄相关的黄斑变性上。

---

❶ 甘绍宁. 美国专利诉讼要案解析［M］. 北京：知识产权出版社，2013：86.

对于第二个问题，复审请求人主张本发明的创造性在于克服了技术偏见，其理由主要是：青光眼与黄斑水肿发病的部位不同，青光眼的患处在眼睛的前部，而黄斑水肿位于眼睛后段的视网膜中区；在现有技术中，CAI 治疗黄斑水肿一般是采取口服或其他全身给药方式，众多文献没有任何一篇言及或提示局部施用 CAI 治疗黄斑水肿。合议组基于本领域技术人员的知识与能力，从 CAI 已知的医药用途、CAI 全身给药的弊端、治疗眼部疾病的常用剂型、青光眼与黄斑水肿眼部疾病的关联性等方面进行分析，认定本领域技术人员在 CAI 以全身性给药的方式治疗眼部疾病产生显著副作用的情形下，必然会去寻求或尝试更好的用药方式，在现有技术披露了将 CAI 制成眼用制剂治疗青光眼获得了良好效果的启示下，完全有动机将 CAI 眼用制剂用于治疗或预防黄斑水肿或与年龄相关的黄斑变性上。复审请求人以人们以往没有采用某种技术方案为由说明采用这种方案克服了技术偏见是不充分的，因为未采用某种措施的原因是多种多样的，如无相关的设计需求，受知识所限不知道存在这样的措施，或者受成本、市场等因素的限制未关注这样的措施等。复审请求人提交的证据仅是对一定阶段的技术情况的一些反映，这些技术内容并未使得本领域技术人员产生偏离客观事实的普遍性认识，也未能达到足以阻碍人们对该技术领域进行研究和开发的程度，因而，复审请求人对于技术偏见的主张不成立。

四、案例辐射

《专利法》第 59 条规定，"发明或者实用新型专利权的保护范围以其权利要求的内容为准，说明书及附图可以用于解释权利要求的内容"。第 33 条规定，"申请人可以对专利申请文件进行修改，但是，对发明和实用新型专利申请文件的修改不得超出原说明书和权利要求书记载的范围"。由此可见，权利要求书和说明书在专利制度中起着至关重要的作用，权利要求书是确定发明要求保护的范围、划定专利独占权范围的重要文件，而说明书及其附图则是可以用于解释权利要求的重要载体，原权利要求书和说明书还是专利申请文件修改的重要依据。专利申请文件撰写的质量将直接影响专利权的获取、专利权的独占范围等。因此，在撰写专利申请文件时，应当将发明对现有技术的贡献明确记载在专利申请文件中。对于克服技术偏见的发明而言，除了对发明本身的技术方案作出清楚、完整的说明外，还应当将存在技术偏见等对创造性判断产生影响的因素明确记载在专利申请文件中。这样做既有利于清楚地描述整个技术方案，又有利于审查员在审查时更好地理解发明，而且，记载在说明书中的有关克服技术偏见的表述一旦被审查员所认可，有利于减少申请人（专利权人）的举证负担，如果不予认可，则审查员应当给出不予认可的理由和证据。

在审查实践中，我们遇到的有关技术偏见的案例，大多是申请人（专利权人）对发明具有创造性的一种事后主张或争辩，专利申请文件中没有关于存在技术偏见的任何记载，也没有关于如何克服技术偏见并对现有技术作出贡献的表述。根据"谁主张、谁举证"的原则，当事人必须提供用于证明存在技术偏见的证据。首先，需要证实这种技术上的认识在该领域中普遍存在，且具有一定的权威性和指导性，就这一点，教科书或工具书所披露的观点可作为最直接的证据。其次，需要证实这种技术上的认识是偏离客观事实的错误认识，正如《专利审查指南》例举的"电动机的换向器与电刷间界面光滑度与电流损耗之间关系"的案例所反映的，客观的事实、真实的数据以及实际的效果是证实这种普遍认识偏离客观事实的最好证据。

（撰稿人：柴爱军　审核人：刘　亚）

第七节　预料不到的技术效果与专利创造性评判

一、引言

在铁素体系不锈钢专利无效宣告案中，针对专利复审委员会作出的第 18653 号无效宣告请求审查决定，北京市高级人民法院在（2013）高行终字第 1754 号行政判决书中，基于争议专利实施例 C1 的最大侵蚀深度比对比例 C16 的效果提高了 44%，认为该专利取得了预料不到的技术效果，[1] 从而推翻了专利复审委员会和北京市第一中级人民法院的观点。早前，北京市第一中级人民法院判决认为，实施例 C1 与比较例 C14 – C16 相比，多种元素的含量均存在差异，并不足以证明仅是由于 Mn 和 Ti 含量的区别使之具备了较好的耐间隙腐蚀性，即没有证据证明这种预料不到的技术效果是由区别技术特征所致，因而不能认可其创造性。[2]

两审法院针对争议专利的创造性判断的结论完全相左，且判决书中对创造性评判中技术效果的认定和针对"预料不到的技术效果"的判断采用的标准也不一致，而上述判决思路又均与专利复审委员会所做的第 18653 号决定存在分歧。在专利审查以及专利行政诉讼实践中，发明产生的技术效果与其创造性判断有着千丝万缕的联系，如果不厘清二者的关系，则不能客观、公正地评价发明所做出的智慧贡献。本文拟从铁素体系不锈钢案出发，结合国内外专利实践，从预料不到的技术效果与创造性之间的关系角度入手，探讨如何客观地评价发明的创造性。

二、典型案例

1 案性简介

1.1 案例索引与当事人

专利号：200780016464.X

---

[1] 北京市高级人民法院（2013）高行终字第 1754 号行政判决书。
[2] 北京市第一中级人民法院（2013）一中知行初字第 180 号行政判决书。

无效请求人：李建新

专利权人：新日铁住金不锈钢株式会社

1.2 案件背景和相关事实

本案争议的授权权利要求7为：

"7. 一种耐间隙腐蚀性优良的铁素体系不锈钢，其特征在于，以质量%计含有：C：0.001%～0.02%、N：0.001%～0.02%、Si：0.01%～0.5%、Mn：0.05%～1%、P：0.04%以下、S：0.01%以下、Cr：12%～25%，按照Ti：0.02%～0.5%、Nb：0.02%～1%的范围含有Ti、Nb中的一种或二种，并且按照Sn：0.005%～2%的范围含有Sn，剩余部分由Fe和不可避免的杂质构成。"

2011年9月7日，请求人以上述专利权的权利要求7不符合《专利法》第22条第3款规定为由向专利复审委员会提出无效宣告请求。

2 案件审理

本文围绕争议的权利要求7展开对预料不到的技术效果与专利创造性评判的讨论。本专利涉及一种耐腐蚀性优良的铁素体系不锈钢，其中争议的权利要求7限定了各组分的含量；附件4作为最接近的现有技术，公开了一种高温强度优异的铁素体系不锈钢。二者元素组成相同，并且，专利复审委员会和两审法院均认定区别技术特征在于：权利要求7中Mn、Ti的含量范围落入附件4公开的上述元素的含量范围内。在上述区别技术特征的认定基础上，专利复审委员会与一审、二审法院有关创造性评判的主要观点如下。

专利复审委员会认为，本领域公知Mn和Ti在铁素体不锈钢中的作用，且附件4同样公开了本领域技术人员可以根据需要调节Mn和Ti的用量，但不能超过其下限值和上限值。此外，附件4的多个实施例中Mn和Ti含量落入本专利权利要求范围内。因此，本领域技术人员在附件4的基础上容易根据实际性能需要、价格因素等综合考虑选用Mn、Ti的含量，即权利要求中限定的Mn、Ti的含量范围对于本领域技术人员来讲也是常规选择，其技术效果是可以预料的，本专利中也没有证明该小范围的选择产生了预料不到的技术效果。因此，基于所确定的区别技术特征及其实际解决的技术问题，本专利权利要求7

相对于附件4不具备创造性。❶

针对专利权人争辩的本专利的比较例C16能够证明因Cr含量的不同导致本专利耐间隙腐蚀性优异的观点，专利复审委员会认为，比较例C14、C15、C16的产品最大侵蚀深度均在800μm以上，耐间隙腐蚀性差，其中C14和C15中Cr的含量分别为14.86%和15.22%，同时在本专利和附件4所述的范围之内，故该实验数据不足以证明C16产品的性能结果是仅由Cr含量的不同所致，且Cr含量范围并不是权利要求7与附件4之间的区别特征，因此，本专利相对于附件4没有取得预料不到的技术效果。❷

一审法院认为，发明具备创造性的重要考虑因素在于其是否具有预料不到的技术效果，而预料不到的技术效果也是确认其"实际要解决的技术问题"的关键所在。因此，需要考虑本专利说明书中是否有证据表明，该区别的存在使得权利要求7具有了预料不到的技术效果，使不锈钢具有耐间隙腐蚀性的效果，方能以此确定其"实际要解决的技术问题"是改善耐间隙腐蚀性。如果专利权人无证据证明这种预料不到的技术效果是该区别所致，那么本领域技术人员在附件4的基础上为了获得"高温下具有优异强度"这一效果，在附件4的范围内进行选择同样可以得到与权利要求7完全相同的铁素体系不锈钢❸。

本专利说明书中只有编号为C1的钢涵盖在权利要求7的范围内，但与比较例C14-C16相比，多种元素的含量均存在差异，并不足以证明仅是由于Mn和Ti含量的区别使之具备了较好的耐间隙腐蚀性，故本领域技术人员为了获得"高温下具有优异强度"这一效果，在附件4的范围内进行选择以得到与权利要求7完全相同的铁素体系不锈钢是显而易见的，因此，权利要求7相对于附件4不具备创造性。❹

二审法院认为，在涉及化学混合物或组合物的创造性判断中，当本领域技术人员难以预测技术方案中组分及其含量的变化所带来的效果时，不能机械地适用"三步法"，应当将是否取得预料不到的技术效果作为判断技术方案是否具备创造性的方法。

本案权利要求7属于附件4的技术方案的选择发明，该选择所带来的预料

---

❶❷ 参见国家知识产权局专利复审委员会第18653号无效宣告请求审查决定。
❸❹ 北京市第一中级人民法院在其（2013）一中知行初字第180号行政判决书。

不到的技术效果是考虑的主要因素。根据本专利说明书的记载,权利要求 7 的发明目的在于合成一种具有耐间隙腐蚀性铁素体系不锈钢,从本专利说明书记载的实验数据可知,本专利实施例中 C1 的最大侵蚀深度为 516μm,而对比例 C16 的最大侵蚀深度为 925μm。对比例 C16 属于落入附件 4 中而未落入权利要求 7 中的具体技术方案。从效果上看,本专利实施例的最大侵蚀深度比对比例 C16 的效果提高了 44%,可以认为本专利权利要求 7 取得了预料不到的技术效果,因此具备创造性。❶

在评价发明的创造性时,三个审级的评判过程呈现出有趣的三种不同方式,使得审查实务中有关创造性判断的不少争点被集中反映出来。笔者将三个审级的创造性评判方式具体对比如下。

表 2 本案涉及的三个审级的创造性评判对比表

	评价因素	复审委	一审法院	二审法院
	是否采用显而易见性的判断方式	是	是	否
	是否确定区别技术特征	是	是	是
显而易见性的判断	是否确定实际解决的技术问题	否	未正面确定,但认定专利权人主张的技术问题不成立	否
	是否进行技术启示的判断	是。但针对的是根据实际需要将区别特征作为常规选择引入是否有启示	是。但针对的是获得高温下的优异强度进行选择是否有启示	否
	备注:专利复审委员会和一审法院虽采用"三步法",但均没有正面认定发明实际解决的技术问题,之后所进行的技术启示的判断也是针对不同的技术问题判断是否存在启示			

---

❶ 北京市高级人民法院(2013)高行终字第 1754 号行政判决书。

续表

	评价因素	复审委	一审法院	二审法院
预料不到的技术效果的认定	是否认可本专利相对附件4产生更好的技术效果	未表态	未表态	认可
	是否判断技术效果与区别特征的引入之间的关系	判断。但不认可二者间有关系	判断。但不认可二者间有关系	没有判断
	是否判断技术效果的可预见性	因不认可效果与区别特征的引入有关而直接否定效果是预料不到的	未表态	未判断。直接由实验数据有差异得出效果是预料不到的结论
	备注：专利复审委员会与一审法院均首先分析技术效果与区别特征之间的关系，而二审法院仅关注实验数据是否存在量化差异			
对比实验证据的审查	是否对实验数据予以考虑	是	是	是
	是否认可实验证据的真实性	是	是	是
	是否考察实验样本的选择具有代表性或可比性	考察。但不认可具有代表性和可比性	考察。认可具有代表性和可比性	
	是否判断实验结果与区别特征的引入间的关系	判断。但针对的是Cr含量特征	判断。但针对的是Mn、Ti含量特征	没有判断
	备注：对于实验样本的选择是否具有可比性和代表性，三个审级均予以考察，但由于考察的标准不同导致结论不同。 尽管专利复审委员会与一审法院强调要判断实验结果与区别特征的引入间的关系，但针对的区别技术特征却不同，而二审法院没有考虑二者之间的关系			

专利复审委员会遵循"三步法"进行判断，认为附件4中给出了进一步选择Ti和Mn的含量范围的技术启示，且对本领域技术人员来讲是常规选择，其技术效果也是本领域技术人员可以预料的，同时亦不认可本专利通过对该小范围的选择产生了预料不到的技术效果，但没有对发明实际解决的技术问题进行正面分析和认定，相应地也没有正面认定本专利相对于附件4产生的是何种

技术效果以及回应专利权人所强调的提高耐间隙腐蚀性的效果和有关二者发明目不同的争辩。

一审法院认为，具有预料不到的技术效果是发明具备创造性的重要考虑因素，预料不到的技术效果也是确认发明实际要解决的技术问题的关键，且预料不到的技术效果应当是区别技术特征所致。相应地，用于证明预料不到的技术效果的对比试验的设计也应当与区别特征之间存在因果关系。代表本专利的 C1 与代表现有技术的比较例 C14 – C16 因多种元素含量均存在差异，不能证明区别技术特征 Mn 和 Ti 含量的不同带来了耐腐蚀性的改善，不能证明发明实际解决了改善耐腐蚀性的技术问题，因而本领域技术人员在附件 4 范围内进行选择是显而易见的。

二审法院主张以"预料不到的技术效果"的判断作为一项独立的创造性评判方法来替代"三步法"，即，认为只要发明具有预料不到的技术效果就应当认可其创造性。在认定预料不到的技术效果的过程中，仅将落入本专利范围内的 C1 与落入附件 4 范围的 C16 的效果数值进行对比，由 C1 比 C16 耐腐蚀效果数值提高了 44%，而直接得出本专利取得了预料不到的技术效果的结论。其间，没有考查所比较的 C1 和 C16 方案之间的差别是否体现本专利和附件 4 的区别特征之间的关系，忽略了区别特征与预料不到的技术效果之间的因果关系，且未对判断预料不到的技术效果的考虑因素进行分析，似乎将数量上有差异等同于预料不到的技术效果，将发明作为整体实际产生的技术效果等同于基于区别特征产生的技术效果。

因本案涉及的各审级以及双方当事人对区别技术特征的认定均一致，故本文将有关区别技术特征认定的问题排除出探讨范围。然而，通过以上分析可以发现，三者在"三步法"的适用范围和条件、预料不到的技术效果在创造性审查中的地位、如何认定预料不到的技术效果、对比实验的审查等方面存在分歧。这些分歧的存在也常常导致在不同程序中审查标准执行不一致。为了客观、公正地评价发明的创造性及其智慧贡献，本文拟对上述焦点问题进行探讨。

三、分析与思考

本案涉及创造性审查基准之争，体现了不同审级之间有关"预料不到的技术效果"与创造性关系的不同观点。专利复审委员会认为，在创造性的审查过程中，主要是判断要求保护的技术方案相对于现有技术是否显而易见。一审法院认为，发明具备创造性的重要考虑因素在于其是否具有预料不到的技术效果，而其预料不到的技术效果也是确认其"实际要解决的技术问题"的关键所在。而二审法院认为，在涉及化学混合物或组合物的创造性判断中，当本领域技术人员难以预测技术方案中组分及其含量的变化所带来的效果时，不能机械地适用"三步法"，应当将是否取得预料不到的技术效果作为判断技术方案是否具备创造性的方法。其中，尽管二审法院措辞上采用的是"不能机械地适用'三步法'"这样的表达方式，似乎可理解为，在判断创造性时不应仅考虑适用"三步法"而不考虑其他判断方法或者在适用"三步法"过程中不要机械教条，而非杜绝适用"三步法"。但由于判决同时又指出在上述情形下"应当"采用"预料不到的技术效果"的判断方法，如此说来，其厚此薄彼之意凸显。可见，二审法院是将"预料不到的技术效果"作为独立的创造性判断方法与"三步法"并列，并设立了"三步法"适用的禁区，这与实践中将"预料不到的技术效果"作为"三步法"创造性判断的辅助考量因素之一的普遍做法出现了分歧。

下文将在对本案的具体案情的研究基础上，从"预料不到的技术效果"的概念、设立的本义以及《专利审查指南》的相关规定出发，结合其他国家的相关规定来诠释"预料不到的技术效果"和"三步法"之间的关系以及应当如何在创造性评价中把握"预料不到的技术效果"。

1 "预料不到的技术效果"的概念

要厘清"预料不到的技术效果"与显而易见性判断（"三步法"）的关系，首先应当区分"技术效果"和"预料不到的技术效果"。创造性判断过程的第二步被称作技术问题的构建，考虑发明的"技术效果"是该步骤中确定发明实际解决技术问题的事实基础。于是，"作为一个原则，发明的任何技术效果都可以作为重新确定技术问题的基础"[1]，《专利审查指南》此处规定的"基础"并非"预料不到的技术效果"。因此，对发明产生的技术效果的认定就成为创造性评判的一个不可缺失的环节，而对"预料不到的技术效果"的认定相对于创造性的判断而言则显然并非如此。

---

[1] 《专利审查指南》第二部分第四章第 3.2.1.1 节。

《专利审查指南》进一步指出：发明取得了预料不到的技术效果，是指发明同现有技术相比，其技术效果产生了"质"的变化，具有新的性能；或者产生了"量"的变化，超出人们预期的想象。这种"质"的或者"量"的变化，对所属领域技术人员来说，事先无法预料或者推理出来。[1] 从中可以看出，判断"预料不到的技术效果"其实与适用"三步法"判断显而易见性一样，均是在技术效果的事实基础上作出的判断；并且，判断发明是否具备"预料不到的技术效果"的主体应当与创造性的判断主体保持一致，应当是所属领域技术人员。所谓"预料不到"，是指技术效果本身的质变或量变相对于主体的判断能力和现有技术给出的教导而言，因而同样需要以所属领域技术人员视角根据现有技术以及本申请的技术效果作出的全面、客观的评判。

2 《专利审查指南》中"预料不到的技术效果"相关规定的设立本义

在《专利审查指南》中，"三步法"是作为显而易见性的判断方法提出，而显而易见性对应于"突出的实质性特点"。由于在创造性审查中对"显著的进步"要求被相对弱化，且发明在具备突出的实质性特点的前提下其显著进步的存在似乎不言而喻，所以在具备非显而易见性的情况下，则满足了创造性的要求，故"三步法"实质上是判断创造性最重要的方法，作为《专利审查指南》中列举的一般性判断方法，具有普遍适用性。

"预料不到的技术效果"在《专利审查指南》中是作为"判断发明创造性时需考虑的其他因素"之一提出的。《专利审查指南》指出，发明是否具备创造性通常应根据"三步法"的审查基准进行审查，但在出现这些"需要考虑的其他因素"时，审查员应当予以考虑，不应轻易做出发明不具备创造性的结论。《专利审查指南》进一步谈及对预料不到的技术效果予以考虑的出发点时指出，在创造性的判断过程中，考虑发明的技术效果有利于正确评价创造性。[2] 如果通过"三步法"已经得出非显而易见性的结论时，则不应强调发明是否具有预料不到的技术效果。[3] 上述内容在《专利审查指南》中仅作为"审查创造性时应当注意的问题"被提出。从《专利审查指南》的上述表述可以看出，对于"预料不到的技术效果"的考察在创造性判断中的地位低于"三

---

[1]《专利审查指南》第二部分第四章第5.3节。
[2]《专利审查指南》第二部分第四章第6.3节。
[3]《专利审查指南》第二部分第四章第5节。

步法", 是否产生预料不到的技术效果不是创造性判断的一个完整的判断基准, 而仅是众多需要考虑的要素之一, 提出"预料不到的技术效果"的目的在于提醒判断者注意, 防止在审查中遗漏对于有价值的技术效果的考虑导致轻易抹杀发明的技术贡献。

在欧洲专利审查指南中把此类需要考虑的情形统称为"次要因素"(secondary indicators)。欧洲专利局在判例法中指出所述次要因素仅仅是评价创造性的辅助考虑因素,[1] 只有在怀疑的情况下才是有重要意义的, 也就是说当客观评价现有技术的教导尚不能给出明确结论的情况下需要重点考虑。美国专利商标审查指南也将预料不到的效果称作"辅助考虑因素"(secondary considerations), 明确指出创造性判断中这类辅助考虑因素的重要性依不同的案情而不同。[2] 可见, 在不同国家的审查实践中, 预料不到的技术效果在创造性判断中的地位是类似的。

将预料不到的技术效果作为次要因素提出的意义在于: 一方面, 在一定的情形下可以作为"三步法"下位的辅助考虑因素; 另一方面, 在非显而易见性的初步判断后, 用作衡量发明所作出的技术贡献与其获得的保护范围是否相称的辅助考虑因素。

3 《专利审查指南》中有关"预料不到的技术效果"的规定的情形

《专利审查指南》中关于"预料不到的技术效果"的应用可以分为两种情形。

第一种情形是将"预料不到的技术效果"作为一个要素出现在某些特定场合的创造性评判规则中, 并使"预料不到的技术效果"的判断结果直接作用于创造性审查结论, 例如:

(1) 在进行选择发明创造性的判断时, 选择所带来的预料不到的技术效果是考虑的主要因素。如果选择使得发明取得了预料不到的技术效果, 则该发明具有突出的实质性特点和显著的进步, 具备创造性。[3]

(2) 对于已知产品的用途发明, 如果该新用途不能从产品本身的结构、组成、分子量、已知的物理化学性质以及该产品的现有用途显而易见地得到或

---

[1] 参见欧洲专利局 EPO Caselaw of the Boards of Appeal, 第7版, 2013年9月, 第224页。
[2] 参见美国专利商标局 Manual of Patent Examining Procedure, 第9版, 第2100–2140页。
[3] 《专利审查指南》第二部分第四章第4.3节。

者预见出，而是利用了产品新发现的性质，并且产生了预料不到的技术效果，则认为这种已知产品的用途发明有创造性。❶

（3）如果转用发明是在类似的或者相近的技术领域之间进行的，并且未产生预料不到的技术效果，则这种转用发明不具备创造性。❷

（4）在判断化合物的创造性时，结构上与已知化合物接近的化合物，必须要有预料不到的用途或者效果。❸

从上述规定不难看出，"预料不到的技术效果"的判断如直接作用于创造性的评判结论，则需要将发明与最接近的现有技术之间进行的技术构思和技术方案的比较结果作为前提条件，由此也可以印证预料不到的技术效果并非创造性判断要考察的单独因素，或者说是独立的完整的判断基准的观点。进而，应理解上述规定是"三步法"在一些特定情况下的应用，是显而易见性的一般判断规则的下位规则，因此，作为完整的下位的规则是可以在创造性评判中直接适用的。

第二种情形是在脱离上述前提被单独提及的，即，没有将其作为一个因素带入到创造性评判的完整方法中，此种情形多以提醒的方式出现。此时，应理解是从另一个角度审视显而易见性的判断结论以避免出现疏漏。形象地说，出于确保创造性评判的客观性的目的，对于由"三步法"公式"计算"出的创作性判断结果，必要时可以引入"预料不到的技术效果"进行验算，提醒判断者发明相对于现有技术产生的任何技术效果及其对所属领域所带来的价值均不应被遗漏；而在确定实际解决的技术问题环节，如果已经对所有技术效果予以全面、准确的考虑，则这种验算显然是非必要的，也就是说，在此情形下，无论有无针对"预料不到技术效果"的判断所得出的创造性评判结论均应当是一致的，并不会出现矛盾。

如上所述，欧洲专利局在判例法中指出所述"次要因素"仅仅是评价创造性的辅助考虑因素❹，只有在怀疑的情况下才是有重要意义的，也就是说，在客观评价现有技术的教导尚不能给出明确结论的情况下需要重点考虑。此外，美国专利商标局引用其司法判决的观点（"对于有待裁决的权利要求来

---

❶ 《专利审查指南》第二部分第十章第 6.2 节。
❷ 《专利审查指南》第二部分第四章第 4.4 节。
❸ 《专利审查指南》第二部分第十章第 6.1 节。
❹ 参见欧洲专利局 EPO Caselaw of the Boards of Appeal，第 7 版，2013 年 9 月，第 224 页。

说,超出预期的结果是与显而易见性法律结论有关的证据因素"),在其指南中明确规定,"超出预期的结果是非显而易见性的证据"❶。由此可见,在借助于预料不到的技术效果来评价创造性时,应当将其恰当地融入"三步法"的判断过程中,对"三步法"形成有利补充,而非将二者割裂。

4 "预料不到的技术效果"与实际解决的技术问题和技术启示的判断之间的关系

通常而言,预料不到的技术效果会体现在发明实际解决的技术问题上,实际解决的技术问题经常就是发明相对于最接近的现有技术产生的技术效果自身或者是将其提炼、概括或抽象成的技术任务,同时是否属于"预料不到"的判断又由技术启示的强弱来决定。因此,如果发明产生了预料不到的技术效果,一般情况下也说明由此抽提出的实际解决的技术问题也是难以预料的;进而意味着,现有技术没有给出明确、充分的解决该技术问题的技术启示,于是,该发明的得出也将会是非显而易见的。

在本案中,假如专利权人提供的证据能够证明本申请通过限缩 Mn 和 Ti 在合金中的含量范围确实取得了超出本领域技术人员预期想象的耐腐蚀性能,在这样的情况下,按照专利审查指南中关于选择发明需要考虑预料不到的技术效果的规定,那么,在假定对 Mn 和 Ti 含量的选择使得发明取得了预料不到的技术效果的前提下,该发明将具备创造性。

同样地,在上述耐腐蚀效果预料不到已经得以确定的情况下,采用"三步法"来考虑该方案的创造性的结果如何呢?在此基础上,该技术方案实际解决的技术问题应当是不锈钢产品的耐腐蚀性能的提高。既然耐腐蚀效果达到了预料不到的程度,那么必然意味着,现有技术中并不存在技术启示使得本领域技术人员有动机通过限缩 Mn 和 Ti 的含量范围来获得耐腐蚀性如此"预料不到"的优异的不锈钢产品,所做选择自然也非所属领域公知常识。权利要求 7 要求保护的技术方案于是就具备了创造性。

通过上述两种分析过程可知,在确认该方案的技术效果的情况下,无论是通过将预料不到的技术效果因素纳入针对选择发明的下位判断原则,还是以上位的"三步法"作为判断基准,最终得到的结论都是相同的。即,准确适用

---

❶ 参见美国专利商标局 Manual of Patent Examining Procedure,第 716.02(a)节。

"三步法"以及在适用"三步法"过程中融入"预料不到的技术效果"因素的辅助判断,最终得出的创造性判断结论应该是一致的。因此,本案的三个审级评判创造性的真正分歧点并不在于判断方法之争,而在于对技术效果的事实认定,所谓判断基准之争不过是个伪命题。

在本案中,专利权人、专利复审委员会以及两审法院对于最接近的现有技术和区别技术特征的认定均不存在异议,二审法院判决的结论之所以与专利复审委员会和一审法院相反,主要原因在于:在争议专利相对现有技术所产生的技术效果的认定过程中,二审法院选取实施例 C1 和比较例 C16 进行比较,发现实施例 C1 的最大侵蚀深度比对比例 C16 的效果提高了 44%,从而直接认定争议专利相对于对比文件产生的效果是耐腐蚀性提高,而专利复审委员会和一审法院均未认可该效果。进一步分析可知,分歧的原因有三点:其一,二审法院就创造性评判中技术效果与区别技术特征之间的关系所持的观点与专利复审委员会和一审法院不同;其二,二审法院对对比实验证据的审查与专利复审委员会和一审法院不同;其三,二审法院基于技术效果在数值上的差异直接认定属于"预料不到"时也与目前专利复审委员会所持观点不同。

5 "预料不到的技术效果"的认定方式

如果发明相对于最接近的现有技术改进的技术效果是区别技术特征带来的,是否必然意味着其产生了"预料不到的技术效果"?这个问题的解答涉及的是预料不到的技术效果的认定方式问题。一般意义上提及的意外的技术效果是否等于专利领域所称的预料不到的技术效果?是否发明的技术效果优于最接近的现有技术的技术效果就认定其具有预料不到的技术效果?这些仍是值得讨论的问题。

技术效果的认定是判断创造性的事实基础。但技术效果应被视作一种外在的现象,产生这样的现象是由其技术方案的本质来决定的。技术方案的影响因素和产生的效果都是复杂的,在某些情况下,由于这种复杂性会导致出现"眼见未必为实"的现象,所以,如何透过"现象"看"本质",需要全面考虑这种预料不到的技术效果的来龙去脉,从而判断发明人在现有技术的基础上到底做出了何种贡献,是否达到了具备创造性的程度。由预料不到的技术效果的内涵可知,它是一种在事实基础上作出的法律判断,并非单纯的对于技术事实的认定。

因此，技术效果的提高是否等于具备创造性并非简单地看有无量化的改变和新性质的提出，而要结合技术方案的差异程度、效果的提高改进程度、现有技术的启示程度和判断者的预期能力作出综合判断。体现在发明是否取得预料不到的技术效果的判断应根据严谨的判断过程，即首先应确认发明整体上获得的技术效果，比较本专利与最接近的现有技术之间的效果差异，然后确定该效果差异与区别技术特征之间的逻辑关系，再判断技术效果的可预见性。以上步骤是渐进式的。具体来看，以下因素在预料不到技术效果的认定中均扮演着重要角色。

5.1 相对于现有技术产生的技术效果

首先，这种技术效果应当是指本发明要求保护的技术方案是相对于现有技术产生的，换言之，是发明有而现有技术无的技术效果，或者二者相同性质的技术效果在量上的差异；其次，这种效果不能仅停留在申请人的断言中，而应该是发明切实产生的。通常要通过与现有技术的比较才能予以确认切实产生的技术效果，而化学、医药领域中这样的比较往往需要借助实验证据完成。认定技术效果是否成立的素材包括本专利的说明书和权利要求书、案内现有技术以及本领域普通技术知识。在一些情况下，还需要考虑申请人补充的实验数据。在对实验数据进行比较时需要考虑样本的选择、参照对象的选择，实验结果的分析，从而确定实验数据能否证明申请人声称的技术效果成立。

5.2 本领域技术人员的预见能力

判断发明是否具备"预料不到的技术效果"的主体应当与创造性的判断主体保持一致，均为所属领域技术人员。即所属领域技术人员根据现有技术以及本申请的技术效果作出的全面客观的评判。虽然进行技术效果的比较时针对的可能是本发明的技术效果和最接近的现有技术的技术效果，但仅仅知道本发明的技术效果和最接近的现有技术的技术效果尚不足以判断是否产生了预料不到的技术效果，更重要的是应当比较本发明的技术效果是否超越了所属领域技术人员能够预期的技术效果（即标准线），判断标准应当是说明书中能够确认的技术效果相对于现有技术是否达到预料不到的程度，而不是只要数据显示本发明与现有技术的效果存在数量上的差异或功能、性质上的"质变"就能够认定其属于"预料不到"的。

美国专利商标局同样规定了优异的附加效果并不一定构成足以克服显而易

见性的初步证据，因为此类效果可以是意料中的，也可以是意料之外的。申请人必须进一步表明，在一个并非显而易见的范围内，该结果大于可预期从现有技术获得的结果，且该结果具有重大、实际的优势。Ex parte The NutraSweet 公司案，19 USPQ2d 1586（Bd. Pat. App. & Inter. 1991）证据表明，按照所主张的方法，将糖精和 L-门冬氨酰-L-苯基丙氨酸混合起来所获得的大于附加甜味的效果不足以胜过显而易见性的证据，因为现有技术的说明导致人们在使用合成甜味剂混合物时一般都会预期产生大于附加增甜的效果。❶

那么，所属领域技术人员的预见能力由何决定？从上述探讨中也可以看出，所属领域技术人员由现有技术获得的教导和启示越多，要超越其预见水平，则对于技术效果的要求就越高；反之，由现有技术给出的教导和启示越少，则技术效果就越难以预料。总之，所属技术领域的技术人员基于发明能够预期的技术效果的标准线需要结合发明的背景技术、所属领域的普通技术知识、申请人所提交的证据等综合判断。

在本案中，本专利说明书记载了本发明要解决的技术问题是提供耐间隙腐蚀性，特别是间隙部的耐穿孔性优良和成形性优良的铁素体系不锈钢。在实施例部分重点测量了本发明的产品的耐间隙腐蚀性。附件 4 则记载了一种高温强度优异的铁素体系不锈钢。虽然该最接近的现有技术的发明人未测量该不锈钢产品的耐腐蚀性，但是，作为一种不锈钢产品，耐腐蚀性是不锈钢产品的固有属性之一。因此，预料不到"质"变的效果显然可以排除。至于量变，假定二审法院耐腐蚀性能提高 44% 的效果成立，则需要考虑相对于所属领域技术人员的预见能力而言，该效果是否达到"预料不到"的程度，并非只是数值上存在差异则必然属于"预料不到"的技术效果。

5.3 技术效果和预料不到的技术效果与区别技术特征之间的关系

二审法院认为，如不采用"三步法"，而改用预料不到的技术效果判断方法，可以避开判断发明相对于现有技术解决的技术问题与发明构思以及集中体现该构思的区别技术特征及其集合的关系。对此，笔者不能认同。

实践中，专利权人或专利申请人往往主张发明取得了预料不到的技术效果来证明其发明具备创造性。而预料不到的技术效果，是指发明同现有技术相

---

❶ 参见美国专利商标局 Manual of Pantent Examining Procedure，第 716.02（a）节。

比，其技术效果产生的变化超出所属领域技术人员的想象。这种技术效果的变化是发明对现有技术作出改进产生的，而这种改进在权利要求中通常被具体体现为发明与现有技术间的区别技术特征及其集合，故判断现有技术是否存在技术启示以及进而判断发明是否具有创造性均是以发明与最接近的现有技术之间的区别技术特征及其集合的引入为考察重点的。换言之，如果现有技术已经采用某技术手段解决了某问题并产生了某技术效果，则其就不应属于发明所作出的贡献。因此，与"三步法"中对于实际解决的技术问题的认定如出一辙，对于预料不到的技术效果同样应关注其与区别技术特征之间是否存在因果关系。进而，不论是"三步法"还是预料不到的技术效果，均应考察涉案专利相对于最接近的现有技术产生的技术效果差异与区别技术特征之间的关系。

发明的技术效果优于最接近的现有技术不表示该发明必然具备创造性。与我国规定一致，从欧洲专利局的相关规定可以看出，通过预料不到的技术效果来确认技术方案的创造性时均需要满足一定的前提条件。例如，其在判例法中明确提出了与最接近的现有技术的比较需要使得能够确信所宣称的优势或效果应当是源自与最接近的现有技术相比的区别技术特征❶。由此可见，借助于确认预料不到的技术效果来判断创造性的情况同样至少需要确定要求保护的技术方案与最接近的现有技术之间的区别技术特征，并进一步分析区别技术特征与相应的技术效果之间的关联性，而不是简单比较两个技术方案的效果差异。

本案中，本专利权利要求 7 与附件 4 的区别技术特征在于，前者的 Mn 和 Ti 含量范围落入后者的相应范围内，但没有被其具体公开。本专利实施例部分表 6 中所列的发明例仅有 C1 符合权利要求 7 的限定，但比较例 C14、C15 和 C16 中 Mn 和 Ti 的含量也都落入权利要求 7 限定的范围。也就是说，比较例 C14、C15 和 C16 与发明例 C1 的差异并不是权利要求 7 与附件 4 的技术方案之间的区别技术特征。发明例 C16 的不锈钢的 Mn 和 Ti 的含量均在本申请权利要求 7 所限定的相应的范围内，因此，从表 7 的结果来看，尽管 C1 的耐腐蚀性优于 C16，但上述结果并不能证明耐腐蚀性改善的效果是通过在附件 4 的技术方案的基础上进一步选择 Mn 和 Ti 更窄的含量范围而达到的。而恰恰相反的是，这在一定程度上恰好说明了即使 Mn 和 Ti 含量落入本专利的范围内也未必能获得改善耐腐蚀性的效果。

---

❶ 参见欧洲专利局 EPO Caselaw of the Boards of Appeal，第 7 版，2013 年 9 月，第 231 页。

此外，理论上，假定本案中本领域技术人员为解决提高高温不锈钢的强度问题，根据最接近的现有技术的教导得到本发明要求保护的技术方案是显而易见的情况下，即使该方案能够产生额外的耐腐蚀效果，也并不能改变该方案不具备非显而易见性的事实。因此，在某些特殊情形下，正如欧洲专利局的规定，预料不到的技术效果并不能赋予显而易见的技术方案以创造性。❶

需要指出的是，二审法院判决中提到本案发明属于附件4技术方案基础上的选择发明。《专利审查指南》第二部分第四章第4.3节指出，"在进行选择发明创造性判断时，该选择所带来的预料不到的技术效果是考虑的主要因素"。二审法院既引用了上述内容，又否定了需要考察预料不到的技术效果是否是所述选择带来的，这无疑也是自相矛盾的。

此外，二审法院提出采用预料不到的技术效果的判断方法的一个初衷在于，化学领域的技术效果经常是多因素共同作用的结果，有时不能清晰地——确定效果与某区别技术特征之间的对应关系。由于区别技术特征是发明构思的具体体现，而发明构思是发明实际要解决的技术问题的解决思路，技术效果就是应用所述区别技术特征解决其技术问题的实际结果，如果在创造性评判中根据发明构思对其做灵活准确的划分，进而为清楚展现区别技术特征的引入对效果带来的影响，发明人可以通过设计较之对比文件方案与争议专利更为接近的中间态方案，并以该方案为参照物进行对比实验，是能够解决这一难题的。上述做法源自欧洲专利局申诉委员会的审查实践，❷ 在专利复审委员会的审查实践中有过多次成功的尝试。

6 "三步法"的评述

本案的一波三折其实是与最初的决定撰写存在关系的。在审查实践中，"三步法"被视为创造性判断的最重要的方法，其中第二步确定发明实际解决的技术问题是判断的重点和难点。对于发明实际产生的技术效果的认定既是预料不到技术效果的认定，也是实际解决的技术问题的认定的事实依据，对于创造性的评判不可缺失。

三个审级中，专利复审委员会的判断过程遵循了"三步法"，专利复审委

---

❶ 参见欧洲专利上申诉委员会判例 T231/97。
❷ 参见欧洲专利局申诉委员会判例 T35/85，T181/82，T197/86，T292/92，T412/94，T819/96，T133/01，T369/02，T668/02。

员会指出,"本领域技术人员在附件4的基础上容易想到根据实际性能需要、价格因素等综合考虑选用0.05%～1%范围内的Mn、0.02%～0.5%范围内的Ti,即权利要求中限定的Mn、Ti的含量范围对于本领域技术人员来讲也是常规选择,其技术效果也是本领域技术人员可以预料的,本专利中也没有能够证明该小范围的选择产生了意想不到的技术效果的信息",由此得出了权利要求7的技术方案不具备创造性的结论。上述判断过程的瑕疵在于没能具体阐明,结合本发明技术方案分析发明相对于最接近的现有技术实际解决的技术问题是什么以及现有技术如何启示使得本领域的技术人员在面对所述技术问题时,有动机改进该最接近的现有技术并获得要求保护的发明。确定实际解决的技术问题是"三步法"判断的核心环节。缺失对实际解决的技术问题的分析和认定容易导致说理逻辑严密性不够,甚至得出错误的结论,由本案看,还为一审法院正面运用"三步法"带来难度。

因而,一审法院的判决虽表态坚持"三步法",却没有体现出完整的"三步法"的判断思路,而只是关注专利权人提出的争议焦点,通过否定专利权人主张的预料不到的技术效果与区别技术特征之间存在关联,进而不认可其具备创造性。但是,一审判决在措辞上将"预料不到的技术效果"结合到"三步法"判断中,认为应以其作为确认实际解决的技术问题的关键,则是有些混淆了预料不到的技术效果与发明产生的技术效果这两个概念。不难理解,"三步法"在确定发明实际解决的技术问题阶段要考虑发明实际能够产生的所有技术效果,而不限于《专利审查指南》所特指的"预料不到的技术效果"。如上所述,"预料不到的技术效果"并不是单纯的技术事实的判断,发明实际能够产生的技术效果是客观的技术事实,二者不能等同。

按照"三步法"的评述方式,基于区别技术特征的认定,本案争议专利相对于现有技术的创新之处在于对Mn和Ti的含量范围进行选择,且对比选择前后的范围大小可知,这种选择被称作"适度地选择了相对窄一些的范围"更为妥贴,也就是说,发明仅仅从现有技术的原范围中选择出相对窄一些的范围,于是,创造性评判理应聚焦在做这样的适度选择到底解决了何种技术问题或者把技术问题解决到了何种程度。通俗地讲,这种适度的限缩单从技术手段的引入上无疑给其创造性的加分是不多的,因而,在这样的情况下,如要具备创造性,则选择后的较窄范围内的技术效果理应非常明显地优于之前相对宽一些的范围。由于本发明的说明书中并没有提供证据证明在对Mn和Ti的含量进行选择之后的不锈钢相对于其他 Mn 和 Ti 含量不在所述范围内的不锈钢具有怎样的技术效果，专利权人也未提交其他实验证据证明上述选择所带来的技术效果。在这样的情况下，本发明相对于现有技术实际解决的技术问题仅仅是在附件 4 技术方案的基础上选出与附件 4 具有类似技术效果的替代方案。本领域技术人员在附件 4 技术方案的基础上，可以预见到，如果在现有范围内对其 Mn 和 Ti 含量做适度限缩和选择，能够得到具有类似技术效果的替代方案。

7 对比实验的考察

在化学、医药等领域，技术效果的证实往往依赖于实验证据。用于证明发明相对于现有技术具有某种技术效果最常见的证据就是对比实验证据，包括记载在原始说明书中的对比实验数据，以及在申请日以后依据原始说明书记载的技术效果而提出的对比实验数据。

如上所述，与"三步法"中对于实际解决的技术问题的认定如出一辙，对于预料不到的技术效果同样应要求证明其与区别技术特征之间是否存在因果关系，不论是"三步法"还是其他判断方法均应考察这种关系。区别技术特征作为发明实际要解决的技术问题的具体技术手段，产生了何种技术效果并且是否超出本领域技术人员的可预期范围决定了整个技术方案是否存在技术贡献以及贡献大小，因此，在判断这些对比实验证据的证明效力时，应当依据是否反映技术效果与区别技术特征的引入之间的因果关系。

要达到上述证明目的，对比实验的设计是非常重要的。通过在具体技术方案之间进行对比实验，意图证明的是由区别技术特征的引入带来的技术效果，而权利要求以及现有技术的技术方案则很有可能经过概括，并非具体技术方案，从而，首先要求用于对比的具体实验对象应具有代表性，通过二者的对比应该能够体现争议专利与现有技术之间的效果差异；并且，实验方法的设计要能够体现上述效果的差异是需要考察的因素带来的结果，要尽可能排除非考察因素对结果的影响。因此，通常来说，对比实验的设计要具备真正的对照意义。实践中，如果由于面临某些具体的困难导致难以进行对照实验时，则举证方欲达到证明目的往往需要进一步说明这些实践中难以避免的其他因素的存在是否对实验结论造成影响。

对于本案，二审法院仅关注对比对象是否分别落入争议专利和现有技术的范围内，这种考察是不够的。从下表可以看出，在所述的铁素体系不锈钢中，各种元素的功能各异，对耐间隙腐蚀性的贡献各不相同，每种元素的含量与耐间隙腐蚀性之间的关系并不明确，实施例 C1 和对比例 C16 相比有超过 10 种元素的含量均不相同，二者对于耐间隙腐蚀性的性能差异可能是各种元素含量差异的综合结果，仅反映出的用于对比的两个具体技术方案之间的整体差异，并不能必然归因于对两种特定元素 Mn 和 Ti 含量的选择，即该对比实验证据并不能说明性能差异是由区别技术特征导致的。也就是说，即便上述对比对象之间耐腐蚀性的效果有差异，也不能认为这种差异是发明相对现有技术作出的创新之处所带来的。因此，本专利相对于现有技术在耐腐蚀性方面的"量"变效果，亦同样不能被认可。

表3 本案涉及的实验结果列表

	No.	成分（质量%）									最大侵蚀深度 μm
		C	Si	Mn	P	S	Cr	Ti	Nb	Sn	
发明例	C1	0.005	0.38	0.26	0.027	0.001	16.21	0.25		0.41	516
对比例	C14	0.004	0.42	0.22	0.025	0.004	14.86	0.26		0.003	846
	C15	0.007	0.12	0.16	0.021	0.002	15.22		0.35		875
	C16	0.006	0.12	0.36	0.028	0.003	10.95	0.20		0.33	925

备注：部分元素及其含量略。

四、案例辐射

欲解决由上述铁素体不锈钢案呈现的现阶段的争议问题，本文提倡应从相关规定的设立本义出发准确定位预料不到的技术效果与显而易见性判断基准之间的关系，并正确把握预料不到的技术效果的认定方式，才能使之服务于客观公正地评价发明的智慧贡献的目标。其中，对于本文主要涉及的预料不到的技术效果与"三步法"判断基准之间关系的争议问题，本文观点可以归纳如下。

（1）唇齿相依。"预料不到的技术效果"与发明实际解决的技术问题建立在相同的技术效果的事实基础上，"预料不到"的判断与技术启示有无的判断密切相关。

（2）异曲同工。如果发明产生了预料不到的技术效果，通常也说明现有技术缺乏解决该难以预期的技术问题的技术启示，则该发明的得出是非显而易见的。

（3）角度有侧重。显而易见性是由技术方案及其体现的不同构思的比对入手首先确立发明的贡献所采用的内在手段，预料不到的技术效果则是由手段产生的外在结果的倒推。

（4）地位有主从。单独的是否产生"预料不到的技术效果"并不构成创造性判断的完整方法，但可以作为重要因素嵌入于非显而易见性的判断过程中，或在非显而易见性的判断后，对于显而易见性判断结论是否客观进行检验。当其直指创造性判断结论构成完整的判断基准时，其本质属于"三步法"在特殊情形下的具体应用。

（撰稿人：李　越　王　轶　杜国顺　审核人：刘　雷）

第二章　关于专利文件修改的研究

第一节　关于《专利法》第 33 条的合理适用

一、引言

我国专利审查实践中近来争议较多的一个问题是有关专利申请文件的修改，该问题起因于国家知识产权局审查员在审查申请人对申请文件的修改时对于《专利法》第 33 条规定的严格执行以及由一些个案体现出的合理性欠缺。这种争议不仅存在于申请人或其代理人与审查员之间，也常出现在不同的审查部门和不同的审查员之间，甚至不同的法院和不同的法官之间。该条款在个案的执行中曾被诟病为缺乏合理性和灵活性，影响对发明创造的保护。为此，笔者试图通过专利复审委员会作出的第 8808 号无效宣告请求审查决定和第 12303 号复审请求审查决定，立足《专利法》第 33 条的立法本意，对比其他国家的典型处理方式并结合司法判决观点，深入探究《专利法》第 33 条审查标准在专利复审和无效宣告案件中的适用及其适用过程可能带来的利弊得失，以探讨对该标准的合理把握。

我国《专利法》第 33 条规定："申请人可以对其专利申请文件进行修改，但是，对发明和实用新型专利申请文件的修改不得超出原说明书和权利要求书记载的范围，对外观设计专利申请文件的修改不得超出原图片或者照片表示的范围。"

我国《专利审查指南》中起到关键作用的规定如下：

"作为一个原则，凡是对说明书（及其附图）和权利要求书作出不符合《专利法》第 33 条规定的修改，均是不允许的。

具体地说，如果申请的内容通过增加、改变和/或删除其中的一部分，致使所属技术领域的技术人员看到的信息与原申请记载的信息不同，而且又不能从原申请记载的信息中直接地、毫无疑义地确定,那么,这种修改就是不允许的。

这里所说的申请内容,是指原说明书(及其附图)和权利要求书记载的内容,不包括任何优先权文件的内容。"❶

依照上述规则,我国国家知识产权局在专利审批程序中,针对权利要求书和说明书的修改的审查并未采取区别尺度,要求修改后的内容必须在申请日提交的专利申请文件中有记载或者由其直接地、毫无疑义地确定。结果之一就是,由于申请人与审查部门之间的分歧,每年均有相当数量的专利申请因不符合《专利法》第33条而被驳回。此外,以《专利法》第33条为由的无效宣告请求同样经常出现,情形大致分为两种:一是以权利要求的修改问题请求宣告相关权利要求无效;二是以说明书的修改问题请求宣告权利要求无效。

下文将通过两个典型案例诠释我国现行审查标准带来的影响,以及专利复审委员会合议组在审查实践中为解决相关问题所作的探索。

二、典型案例一(无效宣告请求案例)

1 案情简介

1.1 案例索引与当事人

专利号:88108904.4

无效请求人:江苏省激素研究所有限公司

专利权人:组合化学工业株式会社、庵原化学工业株式会社

1.2 案件背景和相关事实

"双草醚"是由日本组合化学工业株式会社和庵原化学工业株式会社共同开发的嘧啶水杨酸类除草剂,化学名称为2,6-双(4,6-二甲氧嘧啶-2-氧基)苯甲酸钠,国际通用名称为Bispyribac-sodium。该除草剂的作用机理为乙酰乳酸合成酶(ALS)抑制剂,其是通过阻止支链氨基酸的合成而起作用,通过茎叶和根吸收并在植株体内吸传导,杂草即停止生长而后枯死。针对

---

❶ 国家知识产权局. 专利审查指南2010 [M]. 北京:知识产权出版社,2010:第二部分第八章第5.2.3节。

该发明创造，日本的组合化学工业株式会社和庵原化学工业株式会社先后向我国提出了第 88108904.4 号和第 92112424.4 号发明专利申请（以下分别简称 88 专利和 92 专利）。其中 88 专利涉及的是除草剂"双草醚"的制备工艺，而 92 专利实际上是 88 专利的分案申请，涉及的是以"双草醚"为有效成分的农药制剂，两项专利申请分别于 1994 年 5 月 25 日和 1996 年 11 月 6 日获得授权。针对江苏省激素研究所有限公司提出的无效宣告请求，专利复审委员会的第 8808 号无效宣告请求审查决定以及之前的第 5860 号无效宣告请求审查决定维持了 88 专利的有效性，第 5660 号无效宣告请求审查决定以及之后的第 8823 号无效宣告请求审查决定则维持了 92 专利的有效性。

日本组合化学工业株式会社和庵原化学工业株式会社以江苏省激素研究所有限公司侵犯上述两项专利权为由向南京市中级人民院提起专利侵权民事诉讼。经两审审理，江苏省高级人民法院于 2005 年 6 月 8 日依据举证责任倒置原则认定江苏省激素研究所有限公司侵犯了涉及双草醚制备专利的 88 专利，且认定其生产双草醚原药的行为构成对 92 专利的间接侵权。❶ 涉及双草醚的该案判决在农化界引起了强烈的反响。由于按照 1984 年《专利法》第 25 条的规定，对于药品和用化学方法获得的物质是不授予专利权的，也就是说，对于医药或农药企业而言，在 1985 年 4 月 1 日至 1993 年 1 月 1 日期间无法就产品本身向我国提出专利申请，相关的权利要求基本上都是以制备方法的形式申请专利保护。但根据《农业化学物质产品行政保护条例》，我国还是采用了行政保护这一救济手段，对于没有受到专利保护的仅以化合物形态存在的原药在中国的独占权予以一定期限的行政保护。在这种情况下，如果再以间接侵权为由给予国外专利权人以农药原药的变相保护，这无疑与我国《专利法》第 25 条的立法宗旨相违背，也使专利权人享受到了不应享受的双重保护。❷ 因此，在涉及农药间接侵权的认定时，应从我国知识产权保护的整个体系出发进行考虑，尽可能平衡专利权人与公众之间的利益关系。而这之后也鲜有涉及农药间接侵权认定的相关案例，由此也使该系列案受到业内的广泛关注。

本文所介绍的就是专利复审委员会针对上述 88 专利所保护的制备"双草

---

❶ 参见江苏省高级人民法院（2005）苏民三终字第 014 号民事判决书。
❷ 李新芝，袁涛. 农药产品间接侵权的认定［J］. 中国发明与专利，2009.

醚"方法提起的无效宣告请求所作的决定。该决定后被一、二审法院判决维持。[1]

2 案件审理

2.1 案件争议焦点

由上述双方当事人的诉辩可知,本案争议焦点在于:(1)授权文本中权利要求1反应流程的修改能否在原申请文件中找到依据;(2)授权文本相对于公开文本缺失的内容是否导致该专利权应被宣告无效。

2.2 当事人诉辩及相关事实说明

无效宣告请求人认为本案修改超范围的理由为:(1)原说明书式Ⅰ化合物的制造方法是分子式Ⅱ和Ⅲ和Ⅳ一起反应,修改后成为要依次序反应,即式Ⅱ是先与式Ⅲ反应之后再与式Ⅳ反应。修改之后的说明书分子式Ⅲ与Ⅳ相同的时候,原说明书中没有记载。修改后的权利要求中的方案(b)在原始说明书中没有记载。(2)将授权文本说明书与其公开文本说明书对比可知,公开文本第14页第1行至倒数第2行的内容被缺失掉。

专利权人认为,授权文本的说明书相对于公开文本删除的内容是在申请文件替换页的提交时出现的可补救的明显错误,已请求专利局进行更正,但不会导致超出原申请说明书记载的范围,因此,本专利符合《专利法》第33条的规定。

双方当事人在针对有关《专利法》第33条的无效理由进行陈述和答复时均引用了本专利公开文本中的页码和位置,而非原始申请文本,并且双方当事人共同认定公开文本中的有关内容与原始申请文本中的记载一致,尽管该条款的审查应以原说明书为依据,但为清楚起见,合议组在决定中仍延用相应内容在公开文本中的页码和位置。

2.3 审理结果摘引

2.3.1 针对争议焦点(1)

专利复审委员会在第8808号无效宣告请求审查决定中认为,针对上述修改超范围的理由(1),原说明书第7页记载的分子式Ⅰ的制造方法是分子式

---

[1] 参见北京市高级人民法院(2008)高行终字第138号行政判决书。

Ⅱ与Ⅲ或/和Ⅳ反应，由于作为所属领域的技术人员从式Ⅰ化合物与3种反应原料的结构首先可以直接确定，式Ⅰ是由式Ⅱ与式Ⅲ和Ⅳ共同制备的。至于上述三原料的反应顺序，在 D 和 E 以及 A 均为甲氧基时，式Ⅲ与Ⅳ化合物相同，此时，不论是Ⅱ与Ⅲ先反应之后再与Ⅳ反应，还是Ⅱ与Ⅳ反应之后再与Ⅲ反应，在反应顺序上已经没有差别。所以，所述领域技术人员可以直接地、毫无疑义地确定的是：在Ⅲ与Ⅳ相同的情况下，上述原说明书记载的式Ⅰ的制备实际仅包含两种反应顺序，即Ⅱ与Ⅲ（或Ⅳ）以等"数量"依次反应，或者Ⅱ与二倍"数量"式Ⅲ（或Ⅳ）一起反应，而上述两种方案也就是现权利要求1中的方案（a）或（b）。

其次，原说明书第13页记载的方法 D、第15页对方法 D 的描述（其中R2定义见第14页第一段）结合对于 A、D、E 的定义可以得出权利要求1方案（a）的分步反应，且实施例10所体现的反应流程均恰好也是权利要求1方案（a）的分步反应；第13页记载的方法 A 以及第14页倒数第5至4行再结合上述对于 A、D、E 的定义也可以得出权利要求1的方案（b），且实施例9所体现的反应流程均恰好也是权利要求1方案（b）的同步反应；综合上述信息均可得出权利要求1的修改并未超出原说明书记载的范围的结论。

2.3.2 针对争议焦点（2）

专利复审委员会在第8808号无效宣告请求审查决定中认为，合议组查明本专利授权文本的第6栏缺失了其公开文本第14页的部分内容，所缺失的内容属于说明书部分，包括对于公开文本第13页描述的是6个反应流程（方法 A－F）中部分基团的定义、式Ⅱ化合物的制备方法以及对上述流程之一的方法 A 的详细描述。但是，请求人未能说明和证明上述说明书部分内容的缺失对于本专利请求保护的发明技术方案的保护范围带来什么影响，且如有影响是否能够由原说明书的其他内容直接、毫无疑义地予以确定，并且，合议组也未发现说明书中缺失上述内容导致请求人将本专利说明书之外的内容以及申请日后发现的内容引入修改后的申请文件，以及导致请求保护的发明出现新的保护范围。

此外，说明书的作用在于说明请求保护的技术方案，合议组发现上述说明书中所缺失的内容并不会导致所属领域技术人员对现权利要求所保护的技术方案的说明产生歧义。例如，方法 A－F 的存在对于请求保护的方法技术方案是一种进一步的说明，但结合上文所述可见，请求保护的方法技术方案的说明却并不完全依赖方法 A–F；并且，缺失的方法 A–F 中取代基的定义可以依据说明书其他位置对取代基的定义、产物中相应位置的取代基定义以及实施例相应位置的取代基来确定，即便缺失上述取代基定义以及对方法 A 的文字描述，但由方法 A–F 所描绘的流程图结合说明书上下文仍可对请求保护的方法进行说明。

一并提及的是，《专利法》第 33 条是对修改的内容和范围作出的规定，就本案而言，由于专利权人在本专利实质审查阶段最终提供给国家知识产权局以供授权之用的修改文本替换页中包括上述被缺失的内容，可见不论从主观还是客观看，专利权人既无通过修改删除上述内容的愿望，也无删除上述内容的事实，故严格来说本案中并没有一个删除式"修改"行为存在。至于上述内容因故最终未被记载在本专利授权文本中，不论专利权人是否应承担一定的责任，均不应仅以此就认定本专利不符合《专利法》第 33 条的规定而导致其权利的丧失。

三、典型案例二（复审请求案例）

1 案情简介

1.1 案例索引与当事人

专利申请号：02824170.3

复审请求人：巴斯福股份公司

1.2 案件背景和相关事实

专利复审委员会第 12303 号复审请求审查决定涉及的争议专利要求保护一种制备芳族羧酸的铵盐的方法，该方法通过选择特定的质子惰性溶剂在特定条件下将芳族羧酸与气态氨进行反应使之生成铵盐。在权利要求中对于该方法所适用的芳族羧酸进行了定义，但由于原审查部门认定权利要求的保护范围过宽得不到说明书的支持，不符合《专利法》第 26 条第 4 款的规定，所以申请人对芳族羧酸的定义做了进一步限定。继而，针对申请人对芳族羧酸定义进行的修改，原审查部门认定该修改不符合我国《专利法》第 33 条的规定，故驳回该申请。

驳回决定认为，"虽然说明书中说明了苯环可以是未取代的或被 1–3 个常用取代基所取代，但是说明书中仅仅说明了具有一个苯环和直接与苯环键接的羧基的芳族羧酸的苯环可以未取代或被 1－3 个常用取代基取代，并没有说明是苯甲酸的苯环上可以被常用取代基取代。"

复审程序中，合议组查明，说明书中记载的信息是，芳族羧酸包括具有至少一个苯环和与该苯环直接键接或经由 C1－C4 亚烷基链键接的羧基的那些化合物，苯环和亚烷基链可以是未取代的或 1－3 个常用取代基取代，以及本发明方法特别适于转化苯甲酸。严格来说，说明书中记载了两个层次的定义范围，一是可被常用取代基取代的芳族羧酸，一是未取代的苯甲酸，所以，修改后的可被常用取代基取代的苯甲酸是个经重新概括的新范围。❶

2 案件审理

2.1 案件争议焦点

本案争议焦点在于：修改后芳族羧酸的定义重新概括的内容"被 1－3 个选自 C1－C4 烷基、羟基、C1－C4 烷氧基、卤素和硝基的取代基取代的苯甲酸"是否超出原说明书和权利要求书记载的范围。

2.2 审理结果摘引

专利复审委员会在第 12303 号复审请求决定中认为，由原说明书记载的内容可知，一方面，本申请原说明书中已经明确记载了苯甲酸是芳族羧酸中的具体一种，甚至是请求人在撰写申请文件时认为优选的、主要关注的方向；而另一方面，本申请说明书还明确记载了芳族羧酸包括至少一个苯环和与该苯环直接键接的羧基，且所述苯环可以是未取代的，也可以被上述一系列常用取代基所取代。由于苯甲酸是只由一个苯环和与之直接键接的羧基构成的，在综合考察上述记载的内容后，作为本领域技术人员无疑可以确定的是，苯甲酸中的苯环同样可以是未取代的或者被进一步取代，当其被取代时，上述取代基是必然适用于取代具体的苯甲酸中的苯环的，换句话说，被上述取代基取代的苯甲酸是本领域技术人员根据原说明书的记载可以直接地、毫无疑义地确定的内容。所以，请求人进行的修改并没有超出原说明书和权利要求书记载的范围，符合《专利法》第 33 条的规定。❷

---

❶❷ 参见国家知识产权局专利复审委员会第 12303 号复审请求审查决定。

四、分析与思考

1 法理分析

1.1 将《专利法》第 33 条的判断主体准确定位为所属领域技术人员的重要性

《专利法》第 33 条的判断主体是所属领域技术人员。审查实践中，审查员一般按照"直接地、毫无疑义地确定"这一客观标准进行审查，但不可忽视的是，这种"直接地、毫无疑义地确定"的判断主体应该定位为一种法律拟制人——所属领域技术人员，这是由专利审查的客体的特殊性所决定的。对于判断者主体的要求，也是避免专利审查主观随意性的保障。坚持这一主体要求，在《专利法》第 33 条的判断中，要求判断者整体理解专利申请的内容并结合所属领域的普通技术知识进行判断。专利审查重要的是从技术角度理解发明的实质，而不是仅仅把关注点放在文字表面，使法律适用机械化，变成纯粹的文字游戏。因此，在任何程序中均不应将《专利法》第 33 条的审查简单化为在文本之间"找不同"。

由上述案例一可见，从形式上看，授权文本相对于原申请文本对于制备方法的修改幅度是较大的。但是，当《专利法》第 33 条被作为一个无效宣告程序中的无效宣告理由提出后，合议组首先要确定的是，这样的修改使得一个所属领域的技术人员看到的信息有何不同，进而是这种不同对于已授权的权利要求带来的影响是什么——这其实是一个进一步聚焦争点的步骤。而该决定更具典型意义之处在于，合议组在对这篇冗长的专利说明书全面记载的技术信息进行研究的基础上，结合有机合成领域技术人员对于反应流程和取代基定义的解读能力、推理判断能力进行分析研究，最终判断出：这种因修改带来的不同是否能够在整篇申请文件中找到实质上的依据，以及由这种修改带来的可能对于授予的权利要求的影响是否因申请文件其他部分记载的技术信息的存在而被消除。由该案可以体现出：判断主体是否被准确定位于所属领域的技术人员，该主体是否能够全面、准确地理解整个申请文件的技术内容，以及是否懂得运用所属领域技术人员的分析推理能力，去透过修改的形式看到实质是决定案件走向的关键。

1.2 《专利法》第33条的适用既要遵循该法条的立法本意，也要体现专利制度的设立目的

审查标准是抽象的，当面对实践中每一个鲜活的案例时，标准的适用必须以其立法本意为指导。标准的制定服务于其要解决的问题，标准的适用不是简单的"对号入座"。并且，对《专利法》第33条的理解要将其置身于专利法律体系中去立体解读，进行"整体性把握和融贯性适用"。❶

首先，从《专利法》第33条的立法本意出发，有利于指导审查标准在具体案件中被准确和合理的适用。对于法律适用来说，"不仅要遵守法律条文的文义，更要实现法律的终极目的、功能和价值。依法裁判不等于机械僵化地、片面地理解法律条文。不符法理、不切实际、产生荒谬结果的裁判以及不符合社会公平正义观念的裁判结果，都不是符合法律要求的裁判，导致这种裁判结果的法律适用都不是正确的法律适用。"❷ 以上要求同样也是我们在审查实践中适用《专利法》第33条的要求。

就《专利法》第33条而言，允许申请人对其专利申请进行修改是专利制度的根本保障和生命力所在。对"修改"加以限制，根源在于保障"先申请原则"，目的是防止申请人滥用权利而损害公众的利益，实现申请人的利益与社会公众利益之间的平衡。具体看，设立《专利法》第33条有两方面的目的，第一，在于防止申请人/专利权人在申请日后将除申请日时公开的发明以外的内容补入专利申请文件以完善其发明创造，从而获得不正当的利益，以及防止信赖原始提交的专利申请文件内容的第三人的利益受到损害；❸ 申请人应以其在申请日所完成的发明创造申请专利，不论是以尚未完成的发明获得专利权，还是以在后完成的发明要求较早的申请日来获得专利保护，都是对公共利益的侵犯，不利于鼓励真正的发明创造。第二，防止申请人不重视申请文件的撰写，为了维护申请日提交的文件的权威性，促使申请人在申请日撰写的申请文件中充分公开其发明，而非通过不断的在后修改。申请专利的发明创造应当为在申请日之前已经完成的发明创造，而衡量申请人在申请日时对发明的完成程度是应以其申请日提交的专利申请文件所固化下来的内容作为原始依据的，

---

❶ 孔祥俊. 知识产权法律适用的基本问题［M］. 北京：中国法制出版社，2013.
❷ 参见最高人民法院原副院长曹建明：《求真务实　锐意进取　努力建设公正高效权威的知识产权审判制度——在第二次全国法院知识产权审判工作会议上的讲话》（2008年2月19日）。
❸ 参见欧洲申诉委员会 Case Law，G1/93。

这部分内容既作为后续审查其专利性的事实依据，也是为了满足《专利法》以"公开换保护"的制度设计理念，确保公众能够清楚准确地理解发明。换言之，充分公开条款主要用于确保申请人在提出专利申请之时就履行将其发明以所属领域技术人员能够实现的程度进行公开的义务；对专利修改的限制性条款则通过禁止申请人在申请日之后补充履行这一义务，来确保原始提交的申请文件的充分公开，二者是从不同的角度维护申请人和公众在权利和义务之间的平衡。❶ 可见，只有对在后申请文件的修改进行严格的约束，才能达到上述目的。

《专利法》第33条的设立更加要服务于专利制度的设立初衷，而该条款在具体案件中的适用同样不得偏离《专利法》的立法本意。知识产权是私权，❷ 专利权是权利人限制不确定第三人实施相关技术的权利，专利权调整的是社会平等民事主体之间（专利权人与不确定第三人）的经济利益关系。掌握专利审查的实质就是要通过专利审批程序和专利确权程序使真正的发明创造得到有效的保护，判断专利审查员在实践中对于某种修改给出的审查意见是否得当，还应当在法律允许的空间内进一步判断这种修改与发明创造的有效保护之间的关系，要考虑这种修改对于权利保护的影响，且这种影响不仅针对的是后续的审批程序和授权前景，而且要预判权利授予后对于其实施独占权的影响，这样才能确保标准适用的合理性。专利审查的目标应当是为好的发明创造提供与之对于所属领域技术发展的智慧贡献程度相称的保护，而《专利法》对于修改专利文件的规定调整的是申请人（专利权人）与公众的利益，不能简单地将其视作对于申请人单方面的约束。反之，如将《专利法》第33条的原则机械地适用于权利要求的修改，则意味着不切实际地要求申请人必须在申请日时完全确定自己未来将被授予的权利范围，相当于剥夺了对权利要求进行调整的权利。丧失这种权利显然不利于给予发明创造以专利权的可靠保护，也不利于提高专利质量。

对上述案例二分析会发现，争议专利申请涉及的是一项方法发明，如果按照驳回决定的指向，在经过《专利法》第26条第4款和第33条两轮审查后，申请人将本发明所适用的芳族羧酸仅限定为苯甲酸，则依照我国最高人民法院

---

❶ 李越. 权利要求修改的审查定位 [J]. 中国专利与商标，2011（2）.
❷ 参见世界贸易组织《知识产权协议》序言部分。

的司法解释❶，相当于请求人自己承认涉及被常用取代基取代的苯甲酸的那部分发明自始不满足《专利法》的要求，从而，一旦发生侵权之诉，请求人是不得通过等同原则的适用将该部分再纳入专利权的保护范围的。依照美国的 Doctrine of Recapture 或 Doctrine of Estoppel，尽管本案申请人的修改同样可能导致在后续程序中出现很大的隐患，但是，根据孔祥俊等在关于上述司法解释的理解与适用中的释明，"不考虑修改或者陈述是权利人主动还是应审查员要求，与专利权授权条件是否具有法律上的因果关系以及是否被审查员最终采信，均不影响该规则适用"。于是可以说，禁止反悔规则在我国将不是一个可辩驳的障碍（Rebuttal Bar），其适用实际采取了比美国更加严格的尺度。笔者以为，这虽然可能是基于我国国情的一种考量，但对于以本案为代表的相当数量的案件当事人而言，其影响却是不言而喻的。对于这样一项方法发明，如不能将一些常用的显然对方法的完成不会产生影响的取代基纳入权利保护范围或者适用等同原则的范围，任何竞争者都可轻易绕开专利权的限制，因此，如不允许请求人的修改，将相当于即便授权而专利权人获得的也是一项有名无实的专利权。

此外，从所属领域的思维方式和约定俗成的专利撰写习惯来看，尽管请求人在说明书中没有明确记载被常用取代基取代的苯甲酸这样一层保护范围，但可以肯定的是，这并不意味着请求人不想保护这个范围；相反，本发明方法应适用于被常用取代基取代的苯甲酸，不论对请求人还是对本案合议组而言都是很明显的。申请人的失误在于没有预料到在严格把握的《专利法》第26条第4款和第33条的连环攻击下陷入窘境，故没有事先埋下讨价还价的伏笔，但这样的一个"疏忽"是否足以葬送这项发明呢？答案应该是否定的。

1.3 适当考虑"修改"动机和原因

上述案例一有关说明书遗漏内容的争议其实源于应审查员要求申请人进行的适应性修改，这种适应性修改是将审查员认为可以接受的新权利要求的内容加入到说明书相应的位置以满足形式上的支持。就该案而言，因该适应性修改所增加的内容使得原页码被打乱，原本在说明书第8页的后一部分内容被挤到8a页（注：这里的页码是指不含权利要求的说明书页码）。申请人在提交修改

---

❶ 参见最高人民法院颁布的《关于审理侵犯专利权纠纷案件应用法律若干问题的解释》第6条，自2010年1月1日施行。

替换页时，在修改说明中对上述修改目的和方式予以了具体说明，并明确提交了8a页替换页。但最终，审查员使用申请人提交的替换页制作的授权公告文本中未包括8a页，而合议组在国家知识产权局存留的案卷中也未发现8a页替换页。之后，专利权人曾多次请求进行更正，但均被以不属于授权后允许更正的情形被拒，致使该问题被纳入到此次无效宣告请求之中。

合议组查清了上述"修改"的原委后认为，该"修改"是一个应审查员要求进行的适应性修改，而单就争议的8a页内容缺失而言，专利权人既无通过修改删除8a页内容的愿望，也无删除上述内容的事实，故严格来说本案中并没有一个删除式"修改"的行为存在。不论是因申请人的疏忽还是其他原因致使国家知识产权局事实上没有收到8a页替换页，但对于申请人在修改说明中声明的修改方式和修改内容，审查员是负有核实和审查的义务的。在制作最终授权文本时同样要对申请文件的完整性予以确认。因此，合议组一方面依据《专利法》第33条的判断原则对说明书8a页相关内容的缺失对权利要求的影响作出否定的判断，另一方面出于公平考虑指出，不论专利权人对于8a页的缺失是否应承担一定的责任，均不应仅以此就认定本专利不符合《专利法》第33条的规定而导致其权利的丧失。

但是，在先的专利审批程序的审查历史对于无效宣告程序中审查《专利法》第33条的认定所起到的作用是存在争议的。一种来自司法判决❶的观点认为，鉴于信赖利益保护原则，专利复审委员会不应对审批过程中已经被国家知识产权局接受的文本提出不符合《专利法》第33条的规定。笔者认为，设立无效宣告程序，其目的在于纠正不当的权利授予，因此，在专利权授权前的审批程序中，审查部门所认定的事实以及据此得出的审查结论对于无效宣告程序没有约束力，并且，无效宣告程序由于请求人的举证、解释说明以及双方当事人的抗辩往往会进一步推进合议组对于案件事实的调查，存在得出不同结论的可能性。专利审批和确权程序有别于一般行政许可，故笔者认为行政许可法的信赖利益保护原则不应被直接套用于此。

信赖利益保护原则是指行政管理相对人对行政权力的正当合理信赖应当予以保护，行政机关不得擅自改变已生效的行政行为，确需改变行政行为的，对于由此给相对人造成的损失应当予以补偿。其基础是公众对自己国家及国家权

---

❶ 参见北京市高级人民法院（2010）高行终字第1417号行政判决书。

力的信任，这种信任是公众安全性及其工作、生活行为有明确预期的基本前提。专利的授予或无效不仅仅涉及申请人或专利权人的利益，也涉及社会公众的利益。尤其在目前的法律框架内，修改超出原说明书和权利要求书记载的范围被明确规定为无效宣告的理由，因此，不能因为在授权过程中对申请文件的修改被允许而在无效宣告程序中对此不能得出相反的审查结论认定。

但是，无效宣告程序并非无视在先的审查历史。专利授权后，专利权人和公众基于该授权专利会在经济交易过程中形成各种权利义务关系，为维护法律和社会关系的稳定性，无效宣告程序中适用审查标准时，还应当在保护真正的发明创造与不当授权可能会对社会公众产生不利影响之间进行衡量，以保证专利制度整体的运行效果。并且，无效宣告程序中对专利文件的修改时机和修改方式限制得非常严格，如果在授权后发现审批程序接受的修改存在问题，则通过进一步修改予以克服的可能性极小。因此，在无效宣告程序的审查实践中，特别是指针对无效宣告程序中具体争议的事实，应当适当考察与其相关的审查程序中对该修改的审查意见及其修改动机和修改过程，在充分考察各种观点后，审慎判断修改是否超范围，该修改是否对权利要求的保护范围有实质影响，在平衡专利权人和社会公众利益的基础上作出是否足以导致宣告无效的决定。

1.4 有关"二次概括"式修改方式的审查理念

上述案例一和案例二均涉及被业内称作"二次概括"或"中位概括"的修改方式，这种修改属于技术特征的重新组合，是指将原始申请文件中不同的技术方案的技术特征组合在一起而形成一个新的技术方案，两案合议组均作出允许这种修改的认定，但不可否认审查员大多对于此类修改持特别审慎的态度。笔者认为，出于保护发明创造的考虑，这种重组有时是难以避免的，且在一些技术领域，因其技术特点和申请文件撰写特点表现得尤为突出。

化学医药领域的专利申请经常涉及以多个变量来表达的技术方案。这类申请司空见惯的撰写方式是，一方面，申请人在说明书中对每个变量采用"变量 X 为……，优选为……，更优选为……，最优选为……"的方式递进式地给出多层优选范围，另一方面，也会在不同的从属权利要求中分别定义各个变量的不同优选范围。

以该领域常见的"马库什"权利要求为例，如果一个通式化合物包括数个或数十个取代基，每一个取代基又包括数个甚至上百个选择项的话，业内约定俗成的撰写方式是，申请人在说明书的技术方案部分对每一个取代基分别进行详细的描述和定义，而不对各个取代基每一层次的组合进行列举（一旦逐一列举则导致篇幅冗长，反使说明书对发明的描述不够清晰）。但是，采取这种方式并不意味着这些组合方式不在其发明范围内。

在审查过程中，为了克服审查员指出的缺陷，申请人通常的做法是将不同变量不同层次的优选范围组合在一起，或者将实施例中某一变量的具体基团与通式化合物中其他变量的优选范围组合在一起，形成介于原通式化合物与实施例的具体化合物之间的中间范围。由于申请人不可能在提出申请时就完全预见审查意见的内容，因此，如果不允许将不同取代基的不同层次优选范围进行重新组合，将意味着申请人只能将其保护范围退到实施例，这对于申请人来说显然是不公平的。

业内还有观点认为，这种重新组合会阻碍未来可能出现的选择发明获得专利权。对此，笔者认为，首先，申请人如欲以此类修改克服缺乏创造性的缺陷，这种担心显然是不必要的；并且，选择发明在相关领域的出现仅是小概率事件，且从审查实践来看，已有的选择发明多是从一个范围内选择出一个具有特殊效果的具体的"点"，鲜见有通过"中位概括"进行选择发明的先例。基于此就"一刀切"地不允许这种修改方式其实是一种"因噎废食"的做法，难免伤及无辜；重要的是，这种修改被接受的前提是要得到说明书的支持，审查时依然要基于原始提交的说明书来判断修改后的权利能否合理得到或概括出，故应不会影响到在后的选择发明，且也并不妨碍在后发现的产品的不同用途获得用途专利的保护。

此外，专利审批程序与无效宣告程序中对于这种概括的态度也许可从一个侧面帮助修正我们的理念。专利审批程序中权利要求的范围尚处于不确定的状态，而随着审批程序的终结，无效宣告程序所面对的是经授权程序向社会公众公开的、确定下来的权利。无效宣告程序是为纠正国家知识产权局的不当授权而设置的程序，该程序允许对专利文件进行修改是对授权阶段的某些失误予以补救，且在一定程度上兼顾权利状态在公众面前的稳定，因此，该程序对于专利权人修改的限制理应比专利审批阶段更为严格，也就是说，在专利审批阶段使申请人享有相对于在无效宣告程序中更大的修正自己的权利要求的自由空间才是合理的。作为无效宣告程序允许的修改方式之一，合并式修改是将从属于同一独立权利要求的相互之间无从属关系的权利要求进行合并。合并后的权利要求包含被合并的从属权利要求的所有技术特征。当合并后技术特征的这种组合方式在原始提交的申请文件中缺少一一对应的记载时，其实就属于上述技术特征的重组或称二次概括的情形。❶ 在无效宣告程序中，对于化学医药领域的专利案件，如从《专利法》第33条的角度就一概不允许这种技术特征的重组，则意味着合并式修改方式的虚设，故实践中接受这种合并式修改是较为常见的；否则，如整体无效掉专利权，其带给公众和专利权人的负面影响将远大于此。可见，如在审批过程中采取比授权后修改更为严格的标准，是违反审查规律的，难与后续程序衔接。

2 比较法研究

上文对于如何将现行《专利法》第33条的审查标准合理适用于案例实践提出了需要考量的几个方面。然而，为清醒面对外部争议，需要我们进一步反思的是，是否做到以上几个方面就已经足够了这里首先应该将我国的标准置于目前世界上最有代表性的两种审查模式中进行对比分析。

2.1 欧洲模式

《欧洲专利公约》第123条第（2）项规定，"欧洲专利申请或欧洲专利的修改，不得含有超出原始申请内容的主题"。其专利审查指南中规定，"如果申请内容的所有改变导致本领域技术人员看到的信息从原申请的信息中（即使考虑了对本领域技术人员来说隐含公开的内容）不能直接并且毫无疑义地导出，那么应当认为这种修改超出了原始申请的内容，因此不能被允许"❷。

这里应注意的是，欧洲对于修改采用的是"直接并且毫无疑义地导出"的标准，其标准与我国十分一致，其差异在于明确提出关注原始申请中"隐含公开的内容"。在判例 T 823/96 中，其申诉委员会认为，"隐含公开的内容"是指没有明确记载但是根据明确记载的内容可以清楚地、毫无疑义地导出的信息，在判断权利要求的修改能否接受时必须同时考虑公知常识的内容以决定从申请文件明确记载的内容中能清楚地、毫无疑义地导出什么内容。❸其 CASE LAW 中记载的判例在审查标准的掌握尺度方面虽不一定与我国专利审查实践

---

❶ 李越，任晓兰. 无效宣告程序中权利要求合并的若干问题 [J]. 中国专利与商标，2010（2）.
❷ 参见《欧洲专利审查指南》C 部分第Ⅵ章第 5.3 节。
❸ 参见欧洲申诉委员会 CASE LAW，T823/96。

的一些案件相同，似乎赋予了申请人的修改空间更大，但差异可源自其以判例的形式，将依据公知常识从申请文件明确记载的内容中能清楚地、毫无疑义地导出的内容写入申请文件的修改方式予以固化和提倡，这与我国强调判断主体的所属领域技术人员的定位并不矛盾。

2.2 美国模式

美国借助书面描述要求（Written Description Requirement）达到从立法的层面采取不同政策处理权利要求和说明书的修改问题的目的。

首先，《美国法典》第35篇第132节（相当于我国的《专利法》第33条，后称35 U.S.C. §132）规定的是，"修改不应在发明的公开中引入新的内容"[1]；而《美国专利审查程序手册》第2163.07节规定的是，"如果将新的主题加入到专利公开内容中，不论是在摘要、说明书或附图中，审查员应恰当地依据35 U.S.C. §132或者251反对这种引入，并要求申请人予以删除。如果在权利要求中加入新的主题，审查员应依据35 U.S.C. §112第一段书面描述的要求予以驳回"[2]。

由此可见，美国的做法是以不同的标准对待针对说明书和权利要求书的修改，其特色在于，对于权利要求的修改要考察的是新的或者修改的权利要求是否得到原申请中对发明的描述的支持。[3] 也就是说，对于权利要求的修改应适用类似于我国《专利法》第26条第4款的支持条款予以审查，而非《专利法》第33条。基于前述的能够实现要求和书面描述要求的不同，可以看出，这种对于修改后权利要求的审查更侧重于判断修改后请求保护的发明是否是申请人在其申请日时就已经拥有的。

在专利侵权案件中，在原始申请日后的某阶段增加权利要求或者在原始说明书中对于在后增加的对于权利要求的某些限定缺乏足够的描述的情形，经常导致书面描述的要求不被满足的问题。[4]

这种要求的结果是，在所增加的权利要求在原始提交的说明书中被充分描述的前提下，法院认可该权利要求的增加。即便是新权利要求相对于说明书中

---

[1] 参见35 U.S.C. §132。
[2] In re Rasmussen, 650 F.2d 1212, 211 USPQ 323 (CCPA 1981).
[3] In re Wright, 866 F.2d 422, 9 USPQ2d 1649 (Fed. Cir. 1989).
[4] Vas-Cath Inc. v. Mahurkar, 935 F.2d 1555, 1560 (Fed. Cir. 1991).

公开的或者要求保护的主题更宽或者不同也可能满足书面描述的要求。❶在 In re Rasmussen 案中，法院认为修改后的权利要求可以比说明书中公开的特定事实的范围更宽。❷该案争议的权利要求将说明书公开的某特定粘附性涂敷方式概括成将一层粘附性地适用于另一层上的这样的一类步骤，但法院认为，对于阅读该说明书的所属领域技术人员来说均会理解，这些层之间是如何粘附的并不重要，只要它们是粘附的即可，因此，最终仍然得出支持该权利要求的结论。❸

此外，根据书面描述要求，审查员在对加入权利要求的主题作出驳回决定的时候还应对现有技术予以考虑，因为这种有关新主题的驳回理由是可以通过申请人提供的现有技术予以克服的。这种在评价权利要求的修改时允许更大程度地将现有技术以及公知常识纳入考虑范围的方式无疑大大增加了权利要求修改的可能性，带给申请人更大的好处。在 In re Smythe 案中，法院认定术语"对液体呈惰性的空气或其他气体"足以支持权利要求中的"惰性流体介质"，因为说明书对空气或者其他气体分段介质的性质和功能的描述会提示所属领域技术人员：申请人的发明包含了更宽泛的"惰性流体"的使用。❹从这些具体操作中可以发现我国与美国的差异，但其根源在于立法层面的制度设计。

专利的权利要求和说明书具备不同的职能，二者的分工是不同的。权利要求的功能是专利权人及其利害关系人实现法律利益的工具，其内容是法律允许的专利独占权的行使范围，是界定权利人与公众利益的界限，并以公示的方式宣布这种权利范围。而就专利说明书而言，一方面，告知公众所涉及的这项专利到底是什么，即告诉公众怎样制造和使用这项技术，最大程度地为专利的实施和在此基础上的进一步发明创造提供技术信息；另一方面，说明书是专利行政部门授予专利权以及确定权利要求的范围的依据，并可以对权利要求进行解释。❺ 所以，权利要求书与说明书这种功能上的不同决定了可以从不同角度来审视申请人对它们的修改，这其实是笔者所认为的未来更好的解决之道。但是，我国现行《专利法》第 33 条并没有对权利要求书和说明书进行区分，在

---

❶ Ralston Purina Co., 772 F. 2d at 1574 – 77（relying on known industry standards）.
❷ 650 F. 2d 1212, 1214（C. C. P. A. 1981）.
❸ 650 F. 2d 1212, 1215。
❹ In re Smythe, 480 F. 2d 1376, 1383, 178 USPQ 279, 285（CCPA 1973）.
❺ 李越. 论权利要求的审查定位 [J]. 中国专利与商标，2011（2）.

这种情况下，严格地或者说不折不扣地执行现行法律的规定才是专利行政机关和相关法院的职责所在。

3 司法实践

近年来，有关《专利法》第33条的审查标准曾因最高人民法院提审的"墨盒"案等在业内引发热议。笔者认为，保护申请人或者说专利权人的利益很重要，但不意味着，只要我们对于审查标准的制定与执行是注重保护申请人以及专利权人的利益的，就一定能够促进国家的创新和技术领域的发展。这也就是说，对于专利制度终极目标的理解是不能仅仅停留在对于申请人或权利人的单方利益层面的。不论是哪一项法定的要求，利益的平衡才是其设立和执行的要求。就标准的制定与执行而言，维护整体的法律执行的一致和秩序所占的权重是比较大的。在整体的秩序与执行的一致下，个案的不合理可以通过后续的行政和司法程序予以纠正。因此，尽管对于一些个案问题引发的争议促使我们反思强调要提升《专利法》第33条的审查标准适用的合理性，但合理适用第33条的审查标准并不意味着要矫枉过正，也不意味着否定现行审查标准，而是要摒弃对审查标准的简单、机械的理解。

在保护的执行中准确适用《专利法》第33条的审查标准要注意的另一个问题在于，标准的适用对合理性的追求不能超越合法性的界限，对于法律的明文规定，不折不扣地执行，是专利审查的基本要求。最高人民法院通过"墨盒"案认为修改的标准应掌握在"不得超出原说明书和权利要求书公开的范围"[1]，其创设的标准的重心在于强调，作为《专利法》第33条的判断依据是原说明书和权利要求书"公开"的范围，而非现行《专利法》第33条所规定的"记载"的范围，并且，最高人民法的这一院标准对于业内并不陌生，与我国2001版《审查指南》的措辞是一致的。[2] 对比二者发现，《专利法》第33条所称的"记载"，在审查实践中的含义是明确和一致的，即包括文字记载的内容以及根据文字记载的内容和附图直接地、毫无疑义地确定的内容。据此我国2006版《审查指南》将上述2001版《审查指南》的"公开的范围"改为与《专利法》第33条一致的"记载的范围"，因为上述原申请文件的内容

---

[1] 参见最高人民法院（2010）知行字第53号行政裁定书。
[2] 国家知识产权局. 审查指南2001[M]. 北京：知识产权出版社，2001：第二部分第八章第5.2.3节.

是在后修改的事实依据，申请人在后能否修改、能够修改什么、修改到何种程度的确定均依赖于上述内容依据。可见，作为修改的事实依据的内容越清楚、确定，则越有利于将其所谓的参照物与修改后的内容进行对比，从而也就越有利于准确一致地执行《专利法》第 33 条；反之，用于对比的参照物越模糊不清，则对比的结果越不可靠。遵循这样的思路，我国自 2006 版《审查指南》相对于 2001 版《审查指南》在修改超范围的判断标准方面还将"直接地、毫无疑义地导出"❶调整为"直接地、毫无疑义地确定"，从而更加有利于使修改超范围的判断标准的整体执行在实践中更加趋于一致，如此也"便于审查员和申请人能统一判断标准"❷。最高人民法院"墨盒"案所创设的标准无疑再次退回到 2001 版《审查指南》所确定的审查标准，这种基于个案纠偏而创设的规范所影响的将是整体的法律秩序，也无益于我国专利制度的良好运行。

北京市高级人民法院提出，判断修改超范围的一个基本原则在于修改后的技术方案是否实质上改变了原始公开文本所记载的技术方案，即强调要考虑发明技术方案对于现有技术的贡献或发明的实质，判断修改后的内容是否是基于所属领域技术人员的能力能够实施的。❸这种将"直接地、毫无疑义地"的判断标准归结到"能够实施"的判断标准应该说属于审查标准的错位。"能够实施"标准与"直接地、毫无疑义地确定"的主要不同在于：其一，能够实施标准是以所要解决的技术问题能否得以解决作为衡量标准的。如果不影响技术问题的解决，即便原申请文件完全没有记载也不会得出否定的审查结论。其二，对于所属领域技术人员的能力的运用是体现在对说明书给出的技术手段能否解决技术问题的判断上，而非针对修改后的内容与原申请文件的对比，这意味着原申请中缺失内容的补入只要是该主体能从现有技术获得的或知晓的，或者通过常规实验能够得到的，就"能够实现"而言同样也不会得出否定的结论。如果在《专利法》第 33 条的判断中将所属领域技术人员的主体体现为允许将其能够通过常规实验和合乎逻辑的推理分析、知晓的普通技术知识的内容，甚至检索到的现有技术的内容均修改写进申请文件，则违背了《专利法》第 33 条的立法本意；而将清晰可操作的《专利法》第 33 条的具体判断标准演

---

❶ 国家知识产权局. 审查指南 2001 [M]. 北京：知识产权出版社，2001：第二部分第八章第 5.2.3 节.

❷ 国家知识产权局. 审查指南修订导读（第二版）[M]. 北京：知识产权出版社，2006.

❸ 参见北京市高级人民法院（2010）高行终字第 1417 号行政判决书.

变为"实质上改变原始公开文本所记载的技术方案"这样含混的概念，似乎也不能被视作一种进步。在现有法律框架下，公开充分问题、支持问题和修改超范围问题的立法宗旨不同且具有明显不同的适用情形，如此就存在以贡献论来评价专利技术方案的修改是否超出是否合适的问题，可能合情但不合法的结果。

尽管他山之石能够促使我们从更丰富的视角审视专利审查，但如何去芜存菁、消化吸收却是另一个值得深入思考的问题。

五、案例辐射

脚踏实地，仰望星空。《专利法》第 33 条的适用亦然。脚踏实地意味着要立足我国国情，在整体法律框架范围内追求法律适用的科学性与合理性；仰望星空则意味着在审查实践中要密切关注社会需求，跟踪其他国家的审查动态，以追求《专利法》立法价值的更好体现。本文对于上述两个案例的积极思考和探索，希望对实现《专利法》第 33 条的更好审查能够起到一定的借鉴意义。

（撰稿人：李　越　李新芝　审核人：何　炜）

第二节　关于专利申请文件中明显错误的认定与修改

一、引言

专利申请文件中明显错误的认定与修改，是当前专利授权和确权程序中遇到的热点和疑难问题之一。审查员在审查过程中借助于民事法律行为的解释方法并采用高度盖然性的审查标准进行审慎判断，可以避免剑走偏锋，并力求作出客观、公正、准确和宽严适度的裁决。

根据《专利法》第33条的规定，申请人可以对其专利申请文件进行修改，但是，对发明和实用新型专利申请文件的修改不得超出原说明书和权利要求书记载的范围。对外观设计专利申请文件的修改不得超出原图片或者照片表示的范围。在《专利审查指南》中又进一步明确规定了允许对说明书及其摘要的修改包括"（11）修改由所属技术领域的技术人员能够识别出的明显错误，即语法错误、文字错误和打印错误。对这些错误的修改必须是所属技术领域的技术人员能从说明书的整体及上下文看出的唯一的正确答案"❶。由此可以看出，《专利审查指南》对"明显错误的认定和修改"作出了具体的规定，即"明显错误"为在专利申请文件中存在的"语法错误、文字错误和打印错误"，而且在这些错误存在"唯一的正确答案"的情况下，对上述明显错误的修改属于《专利法》和《专利审查指南》所允许的修改。但在具体案件的审理过程中，如何准确把握和认定专利申请文件中存在的明显错误以及这些明显错误是否存在"唯一的正确答案"仍存在诸多的困难。为此，笔者从民法基本原则的视角，在实证的基础上，对专利申请文件中明显错误的认定和修改以及与此相关的澄清性修改方式作进一步的比较分析。

专利复审委员会第18771号复审决定对专利申请文件中明显错误的认定及其修改给出了比较清晰的判断思路，第36473号复审决定则对与此相关的澄清性修改方式进行了初步阐述。

---

❶ 参见《专利审查指南》第二部分第八章第5.2.2.2节。

二、典型案例

1 案例1

复审请求人科莱恩产品（德国）有限公司于 2005 年 12 月 27 日提交了权利要求书修改文本，将原申请文件中记载的如下式（Ⅰ）和式（Ⅲ）化合物

[结构式 (I) 和 (III)]

分别改为：

[修改后的结构式 (I) 和 (III)]

本案的争议焦点为：复审请求人将原申请文件中式（Ⅰ）和式（Ⅲ）化合物的取代基"－O"修改为"－OH"，该修改是否属于《专利审查指南》所规定的"明显错误"的修改。

复审请求人认为，(1) 本领域技术人员可以明白，将原申请通式（Ⅰ）和（Ⅲ）中的"－O"修改为"－OH"，是对打字错误的更正。(2) 如本申请说明书第 1、3 页的现有技术部分和发明内容开头所述，本发明是针对现有技术 US6174940 所作出的改进。本领域技术人员能显而易见地识别本申请所述的三种通式显然应当分别对应于 US6174940 中的三个组分。(3) 根据本申请

说明书第 5 页最后一段至第 6 页第三段的内容可知，组分（Ⅰ）-（Ⅲ）是通过使式（Ⅴ）的化合物与式（Ⅵ）的表卤代醇在碱金属氢氧化物的存在下，按照 1:1~1:2.9 的摩尔比预混在有机溶剂中反应而获得。本领域技术人员根据此反应机理和条件可知，反应中必然是式（Ⅵ）表卤代醇上的环氧基团打开，生成一个羟基，从而与式（Ⅴ）结合生成通式（Ⅰ）或（Ⅲ）化合物，并且本发明实施例的方案即是如此。

国家知识产权局的驳回决定认为，如此修改后的内容不能由原说明书和权利要求书所记载的内容直接地、毫无疑义地确定，因此不符合《专利法》第 33 条的规定。专利复审委员会在第 18771 号复审决定中认为，首先，本领域技术人员能够判断，原申请文件的权利要求 1 以及说明书第 2~4 页记载的式（Ⅰ）和式（Ⅲ）中的基团"-O"不符合化学领域的价键常识，属于明显的错误。其次，从内容上看，其对于通式（Ⅰ）（Ⅱ）和（Ⅲ）混合物的描述与背景技术所引证的专利文献 US6174940 中的描述基本相同，唯一的区别在于，发明内容部分的通式（Ⅰ）中存在明显错误的基团"-O"，而背景技术部分的通式（Ⅰ）的相应部分为"-OH"。由此，本领域技术人员可以得出如下结论：本申请提供的技术方案是对 US6174940 所公开的技术方案的改进，其改进之处是通式（Ⅰ）（Ⅱ）和（Ⅲ）混合物的制备方法，而非通式（Ⅰ）（Ⅱ）和（Ⅲ）混合物本身，因此，本申请说明书第 3~4 页中的通式（Ⅰ）（Ⅱ）和（Ⅲ）应当为本申请说明书第 2 页用于描述 US6174940 中所公开的通式（Ⅰ）（Ⅱ）和（Ⅲ）。另外，合议组查明，US6174940 符合《专利审查指南》中有关引证文件的规定，合议组查阅了 US6174940 中被本申请所引证的内容，其在说明书第 1、2 栏中记载了通式（Ⅰ）（Ⅱ）和（Ⅲ）的结构，其中通式（Ⅰ）和（Ⅲ）的结构与本申请记载的通式（Ⅰ）和（Ⅲ）的结构相比，相应于"-O"的部分均是"-OH"，其余部分的结构相同。因此，基于前文的推论，本领域技术人员可以确定，根据说明书的整体及上下文的分析，说明书第 2~4 页记载的式（Ⅰ）和式（Ⅲ）中明显错误的基团"-O"的唯一正确答案是"-OH"。再次，根据本申请说明书第 5 页倒数第 2 段至第 6 页第 3 段记载的通式（Ⅰ）（Ⅱ）和（Ⅲ）混合物的制备方法，所述混合物是通过将式（Ⅴ）的化合物：

$$\text{(V)}$$

其中 R_6- 表示质子酸的阴离子，与式（Ⅵ）的表卤代醇，

$$XH_2C-\underset{H}{\overset{O}{C}}-CH_2 \quad \text{(Ⅵ)}$$

其中 X 表示氯、溴或碘原子，在碱金属氢氧化物以及相转移催化剂的存在下进行反应制备得到。结合通式（Ⅰ）（Ⅱ）和（Ⅲ）的结构，本领域技术人员根据化学反应常识可以判断，式（Ⅵ）的表卤代醇在反应中将发生开环反应，其在碱性环境下，可以分别和"－OH"和式（Ⅴ）的"：N≡"发生亲核反应，从而分别生成"－CHOH－CH$_2$OH"和"－CHOH－CH$_2$N≡"结构，因此，本领域技术人员根据化学常识的上述分析以及通式（Ⅱ）的正确结构，也可以确定说明书第 2~4 页记载的式（Ⅰ）和式（Ⅲ）中明显错误的基团"－O"的唯一正确答案是"－OH"。基于上述理由，权利要求 1 中记载的式（Ⅰ）和式（Ⅲ）中明显错误的基团"－O"的唯一正确答案是"－OH"。综上所述，复审请求人对原申请文件的权利要求 1 以及说明书第 2~4 页记载的式（Ⅰ）和式（Ⅲ）所作的上述修改是允许的，符合《专利法》第 33 条的规定。

2 案例 2

复审请求人陈亚明、苏举星的原权利要求 1 记载的技术方案是"一种柚木专用肥，其特征在于干材料由下列重量份原料组成：花生麸 2－8、稻草 5－15、鸡粪 5－15、蔗渣 15－25、钙镁磷粉 20－30，糖厂烟囱灰 25－35，含水量是干材料的 60%~75%。"在国家知识产权局发出《第一次审查意见通知书》指出权利要求 1 中的"含水量是干材料的 60%~75%"因缺乏计量单位而导致权利要求 1 保护范围不清楚的情况下，申请人将其修改为"含水量是干材料重量的 60%~75%"。

复审请求人在提出复审请求时对权利要求书进行了修改，将驳回文本的权利要求 1 中的"含水量是干材料重量的 60%~75%"修改为"含水量是干材料的 60%~75%"。修改后的权利要求 1 如下："1. 一种柚木专用肥，其特征

在于干材料由下列重量份原料组成：花生麸 2－8、稻草 5－15、鸡粪 5－15、蔗渣 15－25、钙镁磷粉 20－30，糖厂烟囱灰 25－35，含水量是干材料的 60%～75%，利用上述原料进行堆肥，堆肥温度为 65℃，发酵时间为 1 周。"

本案的争议焦点为：在权利要求书中各组成成分的含量仅有百分数而无度量单位的情况下，申请人为克服权利要求不清楚的缺陷将度量单位加入到权利要求书中是否导致权利要求书的修改超范围？

复审请求人认为，含水量的百分比在说明书中虽然没有明确，但一般都指重量，不可能指体积，体积也无法测量，另外，将"重量"不写在权利要求书中而是写在"意见陈述书"中，能让公众将百分比理解为"重量"，也从而达到充分公开的目的。

国家知识产权局驳回决定认为，权利要求 1 中将原权利要求 1 中的"含水量是干材料的 60%～75%"修改为"含水量是干材料重量的 60%～75%"，由于"含水量"的单位可能存在重量（质量）或体积单位的情况，因此，将其直接限定为重量单位是不允许的，所述修改超出了原权利要求书和说明书记载的范围，不符合《专利法》第 33 条的规定。专利复审委员会在第 36473 号复审决定中认为，在上述修改后的权利要求 1 中，已将"含水量是干材料重量的 60%～75%"修改为原申请文件中记载的"含水量是干材料的 60%～75%"，因此驳回决定所指出的上述缺陷已不存在。此外，从原申请文件的权利要求 1 和说明书第 1 页技术方案部分的描述来看，其干材料的原料组成是以重量份计算的，而且干材料本身的体积也是难以测量或计算的，因此该专用肥中以干材料计的含水量应是以干材料的重量计算的，而且在本申请说明书第 2 页实施例 1 中，加入的水的量也是以重量计算的，其中并没有记载干材料的体积；按照其中干材料总重量计算，加入的水量是干材料"70 重量%"，其数值在本申请技术方案所述的含水量范围"60%～75%"内，因此，本领域技术人员通过原申请文件整体及上下文记载的内容可以确定本申请文件的柚木专用肥中的含水量是以干材料的重量计的，故请求人在提出复审请求时所做的澄清性陈述是合理和可以接受的。基于上述理由和事实，合议组作出如下审查决定：撤销国家知识产权局于 2011 年 4 月 8 日对本申请作出的驳回决定。

就案例 1 而言，第 18771 号复审决定实际上运用了目的解释、整体解释、习惯解释和诚信解释的方法来说明申请人将式（Ⅰ）和式（Ⅲ）化合物的取代基"－O"修改为"－OH"符合高度盖然性的判断标准，应予认可和接受。

根据第 18771 号复审决定，"本申请提供的技术方案是对 US6174940 所公开的技术方案的改进，其改进之处是通式（Ⅰ）（Ⅱ）和（Ⅲ）混合物的制备方法，而非通式（Ⅰ）（Ⅱ）和（Ⅲ）混合物本身"，这实际上是对该申请发明目的的解释；此外，在第 18771 号复审决定中，"合议组查明，US6174940 符合《专利审查指南》中有关引证文件的规定，合议组查阅了 US6174940 中被本申请所引证的内容，其在说明书第 1、2 栏中记载了通式（Ⅰ）（Ⅱ）和（Ⅲ）的结构，其中通式（Ⅰ）和（Ⅲ）的结构与本申请记载的通式（Ⅰ）和（Ⅲ）的结构相比，相应于'－O'的部分均是'－OH'，其余部分的结构相同"。这实际上是结合引证文件以及说明书上下文所进行的整体解释。"结合通式（Ⅰ）（Ⅱ）和（Ⅲ）的结构，本领域技术人员根据化学反应常识可以判断，式（Ⅵ）的表卤代醇在反应中将发生开环反应，其在碱性环境下，可以分别和'OH－'和式（Ⅴ）的'：N≡'发生亲核反应，从而分别生成'－CHOH－CH2OH'和'－CHOH－CH2N≡'结构"，这实际上是从习惯解释的角度来进行说明。而且从诚信解释的角度来看，由于申请人不能从"该不够清楚的表达"获得不正当的利益，所以不存在不诚信的可能。本案经过上述论证，实际上也已经证明了将式（Ⅰ）和式（Ⅲ）化合物的取代基"－OH"误写为"－O"是一种高度盖然性的事件，故专利复审委员会认可这种修改，该修改也是符合《专利法》第 33 条的规定。

在案例 2 中，第 36473 号复审决定实际上也采用了习惯解释、整体解释和诚信解释的方法进行说明。根据第 36473 号复审决定，"从原申请文件的权利要求 1 和说明书第 1 页技术方案部分的描述来看，其干材料的原料组成是以重量份计算的，而且干材料本身的体积也是难以测量或计算的，因此该专用肥中以干材料计的含水量应是以干材料的重量计算的，而且，本申请说明书第 2 页实施例 1 中，加入的水的量也是以重量计算的，其中并没有记载干材料的体积"，这些均体现了整体解释和习惯解释作为辅助判断标准在明显错误认定中的应用。

三、分析与思考

1 域外经验

1.1 美国

根据美国专利审查指南规定，美国专利商标局认为对明显错误的修改并不会构成新的主题，其中本领域技术人员不但能够识别出说明书中明显错误的存在，而且能够进行适当地改正❶。对于什么是"明显错误"，美国 MPEP 并未进行说明，只是在示例中提到，对于原始文本为非英语语言并且随后依据 37CFR1.52（d）提交其英语翻译译本的美国申请，申请人可以依据非英语语言的原始申请文件改正英语译本中的明显错误❷。

1.2 EPO

根据欧洲专利审查指南的规定，错误的更正属于一种特殊形式的修改，因此也适用欧洲专利公约第 123（2）条的要求。在任何时候都可以更正提交给 EPO 任何文件中的语言错误、翻译错误和其他错误。但是，对于在说明书、权利要求书或附图中的错误及其更正均须非常明显（至少能一下注意到的问题）：(i) 错误已出现；(ii) 如何改正。关于 (i)，不正确的信息必须是本领域技术人员能够利用公知常识由原始申请文件（说明书，权利要求书以及附图）客观认识到的。关于 (ii)，更正应在本领域技术人员根据原始提交的申请文件在该申请的申请日时，能够用公知常识直接、毫无疑问地导出的范围内。可以采用任意适合的方式来提供在申请日时已成为公知常识的证据。优先权文件并不能用于上面（i）和（ii）提到的目的（分别参见 G3/89 和 G11/91，OJ3/1993，117 和 125）。❸

另外，EPO 针对错误更正的判例也非常丰富，主要包括以下内容：(1) 计算错误。在 T 13/83（OJ 1984，428）中，申诉委员会认为，如果修改对于本领域读者来说被原始申请公开的内容清楚地暗示，则根据《欧洲专利公约》第 123（2）条允许该错误的改正。如果设想有超过一个的错误改正的可能性，那么所选择的改正必须是该申请作为整体清楚暗示的那个。(2) 不正确的结构式。在 T 552/91（OJ 1995，100）中，申诉委员会限定 Art. 123（2）EPC 中"内容"的含义为"本领域技术人员由申请中获得的全部技术公开"。这样，随后修改后的通式给了本领域技术人员关于该类物质真实化学结构的首次关键信息。这导致有关该物质应用性能的结论。这些通过对通式和有关物质真实组成的修改而导入申请文件的信息并不能由原始申请文件中获得。(3) 修改申请中的数值错误。在 T 740/91 判例中，申诉委员会允许将环氧化合物的上限

---

❶❷ 参见美国专利商标局 MPEP §2163.07。
❸ 参见《EPO 审查指南》第 C 部分第六章第 5.4 节。

值由5.0wt%修改为0.6wt%，该修改使要求保护的物质具备新颖性和创造性，而且0.6wt%这一数值明确公开在实施例Ⅳ中。虽然专利权人承认0.6wt%的真实数值应为0.49wt%，但申诉委员会认为，该错误并不改变0.6wt%被准确地和可信赖地公开的事实，因此可作为新的上限的基础。数值错误的事实并不为竞争者所知，因此并不影响他们的判断。(5) 矛盾的删除。例如在T172/82（OJ 1983, 493）中，申诉委员会认为，权利要求中某一特征的删除被认为是可以接受的，这是因为该删除的唯一目的是澄清和/或解决不一致。❶ (6) 修改申请中的明显错误。对于该问题，CASE LAW也引用了上诉委员会的判例进行解释。在T 0417/87判例中，申请人在原始说明书中引证了专利文献IT833144A，并声称该专利文献描述了"Muller"提取器，然后申请人以此为依据，在权利要求中增加了"Muller"提取器的结构特征。但是审查时发现，IT833144A专利文献只公开了"测量和控制灯丝应力"的技术，与本发明无关。申请人发现后，修改了引证文献的专利号，将其修改为IT883144。对此，申诉委员会认为，由于申请人引证的专利文献只公开了"测量和控制灯丝应力"的技术，与本发明无关，因此这里是明显的引证错误；另外，有证据表明，意大利（IT）专利文献只有两篇文献的名称为"Muller"提取器，专利号分别为IT883144和IT820179。由于原始申请中引证文献的专利号IT833144与正确的专利号IT883144非常相似，而且IT883144确实涉及"Muller"提取器，因此可以看出申请人在撰写申请文件时出现了错误，应该引证的是IT883144这篇文献，而不是其他专利文献，因此错误属于明显引证错误，允许申请人进行更正。❷

1.3 日本

日本专利审查指南对"消除不合理记载/修改不清楚记载"有具体的规定。在说明书等中出现两处以上相互矛盾的记载，并且对于本领域技术人员来说，根据原说明书等的记载能明确判断出其中哪一个是正确的时，允许将其订正为正确的、一致的记载。另外，即使其记载本身是不清楚的，但是对于本领域技术人员来说从申请时说明书等的记载能明确知道其意思时，允许将其修改清楚。

---

❶ Case Law of the Boards of Appeal, fourth edition, 2001年12月, published by EPO.
❷ Case Law of the Boards of Appeal, fifth edition, 2006年9月, published by EPO.

最新修订的《日本专利审查指南》第三部分第三节第6点"错误的更正（特许法第17条之二（5）（iii））"规定为"6.1 主旨 即使接受在答复最后的审查意见通知书时对于记载缺陷进行的微小修改也不会改变审查审理的对象，而且如果不接受上述修改，专利的申请人将很难对审查意见作出答复，从保护发明的观点出发，这也是不合理的。因此允许进行属于"错误的更正"的修改。6.2 "错误的更正"的含义 "错误的更正"是指"从说明书、权利要求书或附图的记载等能明显看出所述词汇或语句的原始含义时，将错误的词汇或语句更正到其原始含义"❶。

1.4　WIPO

根据PCT细则第1条第1款之（b）的规定，在国际申请或者其他文件中由于书写了某些并非明显打算写的内容而造成的错误应认为是明显错误。更正本身应是明显的，即任何人都会立即领会除了提出更正的内容以外不可能是指其他内容。

2　比较与分析

由上述规定不难看出，美国专利审查指南对于此类问题的规定比较简单，而且其规定并未解释什么是"明显错误"。通过所举的示例，也只表明翻译错误是可以修改的，对于其他情况没有进行说明。美国专利审查指南的规定显得比较笼统，可能是由于美国专利制度历史较长，申请人或代理人的撰写水平较高，在提交申请前的错误检查机制比较完善，因此美国专利审查指南中对这类问题的修改没有做过多的规定❷；从日本专利审查指南的相关规定可以看出，日本对申请内容相互矛盾时如何进行修改有明确的规定。在这种情况下，要站在本领域技术人员的角度，根据原始说明书的内容来判断哪项内容是正确的。从中可以看出，在面对该问题时，首先要站在本领域技术人员的角度，也就是说要充分考虑申请日前现有技术的知识，其次要根据说明书的内容进行判断，因为说明书是描述发明具体技术内容的知识，与权利要求书相比，其内容更加完整、详细和清楚，因此根据说明书的内容进行判断能得出比较准确的结果。EPO对于"消除申请文件错误的修改"研究得最为深入，进行了分类说明。

---

❶ 参见《日本专利审查指南》第三部分第三节第6点。
❷ 戴磊. 论发明专利申请的修改不得超范围［D］. 北京：中国政法大学硕士学位论文，2010：27.

根据上述 EPO 的相关规定可以看出，当对各种错误进行详细分类时，各种错误的情况以及如何进行修改就会显得很清楚。

我国对于明显错误的认定及修改标准主要源自 EPO 的相关规定，但较之操作更为严格，如前所述，在我国《专利审查指南》中就明确规定了对明显错误的修改必须符合"唯一性"的审查标准，同时在我国的审查实践中对于明显错误的认定采用了"两个立即"的判断标准，"申请文件中的明显错误是指，一旦所属技术领域的技术人员看到，就能立即发现其错误并能立即知道如何改正的错误"。但从欧洲专利审查指南及其相关判例来看，其对于错误的更正并未采用我国"唯一性"的审查标准，其对"更正应是什么"的规定是"更正应在本领域技术人员根据原始提交的申请文件在该申请的申请日时，能够用公知常识直接毫无疑问地推导出的范围内"。在可以有多个校正可能性的情况下，EPO 的规定为"更正的选择必须是申请作为整体清楚暗示的那一个"。也就是说，EPO 并不像我国，存在多种可能的修改情形并不能成为不允许修改的原因，只是修改为哪种情形是有要求的。由于在我国审查实践中，审查员对于申请文件中明显错误的修改片面或机械地强调"唯一性"的审查原则，导致申请人不能及时对申请文件中存在的明显错误进行修改和大量案件不能及时获得授权，社会公众尤其是专利申请人对此也是提出了很多质疑和不满，因此，非常有必要对现行涉及明显错误的审查标准进行调整或作进一步的解释。由于我国《专利审查指南》对于专利申请文件中明显错误的认定和修改的相关规定是放在专利申请文件修改的大框架下进行的，因此对专利申请文件中明显错误的认定和修改的讨论也不能脱离对《专利法》第 33 条立法本意的理解。

关于《专利法》第 33 条的立法本意，可以从允许修改和限制修改两个方面予以探究：（1）之所以允许申请人对其专利申请文件进行修改，是因为专利申请文件的撰写常常会出现用词不严谨、表述不准确、权利要求的撰写不恰当等缺陷，如果不加修改即授予专利权，不仅会影响准确地向公众传递专利信息，妨碍公众对授权专利的实施应用，还会影响专利权保护范围的大小及其确定性，给专利权的行使带来困难。两者都会妨碍专利制度的正常运行，降低专利制度的应有价值。❶ 因此，对专利申请文件进行修改在专利审批过程中是十

---

❶ 尹新天. 中国专利法详解 [M]. 北京：知识产权出版社，2011：410.

分常见的事情，以正确的方式修改专利申请文件，有利于申请人尽快获得专利权，如此也与我国现行专利法鼓励发明、保护发明创造的立法宗旨相适应。
（2）对修改进行限制的主要原因则是我国专利制度采用先申请原则，如果允许申请人对其专利申请文件进行修改，同时又不改变其申请日，这意味着国家知识产权局认定修改后的内容在原申请日就已经提出。既然如此，如果允许申请人对专利申请文件的修改超出原说明书和权利要求书的记载范围，就会违背《专利法》第9条第2款所规定的先申请原则，导致对其他申请人不公平的后果。总之，严格保证修改不超范围，为的是最大限度地保护公众的利益，这个出发点是正确的，但如果严格得超出了一定的限度，就会损害专利申请人的利益，从而打击专利申请人进行发明创造的动力，这就不符合专利法"保护专利权人的合法权益，鼓励发明创造"的立法宗旨。因此，对明显错误的把握需要在宽严之间寻求适度的平衡才能保证执法的公正和公平性。例如，经常发生的情形是，专利申请文件的文字表达虽略有瑕疵，但本领域技术人员能够毫不费力地看出其欠缺所在，即技术内容已经完整无缺地公之于众，如果申请人对这些明显错误的修改必须严格证明这些明显错误或瑕疵存在唯一正确的答案，即绝对排除其他结论的可能性，就会导致一些具有授权前景的发明创造不能获得专利保护，而事实上这些瑕疵的存在并不足以妨碍或影响本领域技术人员理解和实施该发明创造，这种结果对专利申请人来说显然是非常不公平的。因此，从《专利法》第33条的立法本意来看，也有必要对明显错误的认定或修改原则做进一步的探讨。对此，笔者建议在对专利审查文件中的明显错误进行审查时应借助于民事法律行为的解释方法，并采用高度盖然性的审查标准来代替目前普遍采用的"唯一正确的答案"的审查标准或更多的考虑合理性的因素。

在对专利审查文件中的明显错误进行审查时应借助于民事法律行为的解释方法，这是因为通常认为知识产权法属于民法范畴，或认为专利法是民法中的单行法，主要调整因发明创造的开发、实施以及保护等发生的各种社会关系。[1] 我国民法通则中规定了民法的基本原则，例如平等、自愿、公平、诚实信用、公序良俗等，对于以文字形式实施的民事法律行为，必须采用正确的解释方法来探寻文字的真实意思，由此来确定其是否符合民法的基本原则。在审

---

[1] 吴汉东，等. 知识产权法学（第二版）[M]. 北京：北京大学出版社，2004：128.

查实践中，如果仅依据专利相关法规尚不能确定专利申请文件中的明显错误是否允许修改时，应采用民事法律行为的解释方法进行辅助判断，并采用高度盖然性的判断标准才能得出正确的结论。民事法律行为的解释方法可概括为文义解释、整体解释、目的解释、习惯解释、公平解释和诚信解释，采用这些解释方法探明当事人的真实意思之后，才能判断某个行为是否符合民法的基本原则。实践中，根据具体情况可以采用上述方法中的一种或几种，而且采用任何一种方法所得出的结论不得与其他方法所得出的结论相抵触。如果最终确定只有一种修改方式满足该要求，则该修改方式必定既符合民法的基本原则，也符合《专利法》第33条的规定❶。简单来说，文义解释，又称文理解释，是指通过对法律行为中所使用的文字词句的含义的解释，来探求文字所表达的当事人的真实意思。整体解释是指把文件的全部内容看成一个统一的整体，从各部分的相互联系，所处的地位和整体联系上阐明某一用语的含义。专利法所规定的说明书可以解释权利要求书即为整体解释方法。目的解释是指根据书面文件所要达到的目的来确定书面文件用语的含义，如果书面文件的内容相互矛盾，有使文件有效和无效两种解释，应作使文件有效的解释。习惯解释是指在文字含义发生歧义时，应按照习惯或惯例的含义予以明确。在文件存在漏洞，致使文件所表述的内容或所划定的范围不明确时，可以参照习惯或惯例加以补充，而对于专利申请文件来说，习惯或惯例对本领域技术人员而言应是公知的。公平解释是指解释法律行为应当遵循公平原则，兼顾当事人双方的利益，如果申请文件存在歧义，并且无法兼顾申请人和公众的利益，则采取对申请人一方不利的解释。诚信解释则是指对法律行为的解释应遵循诚信原则，结果应使双方当事人的利害关系大体平衡。❷

前已论及，案例1和案例2通过民事法律行为的解释方法并采用高度盖然性的标准来判断申请文件中明显错误的修改是否符合《专利法》第33条的规定。当然，对于与案例2相似的其他诸多案例，例如申请人由于粗心漏写百分数的度量单位等情况，通常审查员并不能通过上述解释方法知晓盖然性较高或高度盖然性的某一种修改方式，在这种情况下，是否允许申请人进行修改以及

---

❶ 李建忠. 修改超范围的判断应符合民法的基本原则，2011年中华全国专利代理人协会年会暨第二届知识产权论坛论文集，2011：642.
❷ 梁慧星. 民法总论 [M]. 北京：法律出版社，2001：211 - 216.

采用何种方式进行修改目前仍存在较大争议。从目前的审查实践来看，对于权利要求中出现的百分数无度量单位并可能导致权利要求保护范围不清楚的情形，通常要求审查员在审查过程中发出审查意见通知书指出该缺陷，而且在修改可能导致超范围的情况下，要求申请人在意见陈述书中进行澄清，以使权利要求的保护范围得以确认❶。当然，当允许当事人对此进行澄清时，在后续程序中当事人应当遵循禁止反悔原则。这实际上更多的是从诚信解释的角度出发，在当事人对这种明显错误进行修改或解释且没有因此获得不当利益的情况下，从鼓励发明创造的角度尽可能允许当事人通过澄清方式对权利要求的保护范围进行确定。但这种澄清性方式毕竟仅是在申请人提交给国家知识产权局的意见陈述书中出现，属于国家知识产权局的内部档案文件，社会公众难以通过阅读专利申请文件而知晓申请人关于度量单位的真实意思表示，而且接受这种澄清又不允许申请人对申请文件进行修改本身就体现出自相矛盾的一面，如此规定可能更多的是从诚信解释的角度进行的操作，在申请人与社会公众的利益之间寻求平衡。但在这种情况下，从鼓励发明创造和宽严适度的角度出发，更应鼓励申请人举证证明其所主张的度量单位对本领域技术人员而言是符合高度盖然性的一种修改方式，并在此情况下允许申请人直接将度量单位加入到专利申请文件中，如此操作从合法性和维护专利申请文件的公示性方面无疑具有更为积极的意义。但对于申请人举证不能的情形，如果允许申请人进行修改确实是有违反《专利法》第33条的规定之嫌。

四、案例辐射

是否允许专利申请人对专利申请文件中出现的明显错误进行修改是专利审查中比较复杂和难以确定的问题之一，也是专利授权、确权案件审理过程中的一个难点。对待该类问题，审查员或法官应辅以民事法律行为的解释方法并采用高度盖然性的审查标准进行审慎判断，以力求作出客观、公正、准确和宽严适度的裁决。

（撰稿人：李新芝　审核人：李亚林）

---

❶ 参见国家知识产权局专利局审查业务管理部：《审查业务联动工作第五次会议纪要》。

第三节　关于开放式与封闭式权利要求的转换

一、引言

在化学领域，在涉及组合物权利要求撰写时，会采用一类独特的撰写方式——封闭式与开放式。专利审查指南对此有明确的定义，组合物权利要求分开放式和封闭式两种表达方式。开放式表示组合物中并不排除权利要求中未指出的组分；封闭式则表示组合物中仅包括所指出的组分而排除所有其他的组分。开放式和封闭式常用的措辞如下：（1）开放式，例如"含有""包括""包含""基本含有""本质上含有""主要由……组成""主要组成为""基本上由……组成""基本组成为"等，这些都表示该组合物中还可以含有权利要求中所未指出的某些组分，即使其在含量上占较大的比例。（2）封闭式，例如"由……组成""组成为""余量为"等，这些都表示要求保护的组合物由所指出的组分组成，没有别的组分，但可以带有杂质，该杂质只允许以通常的含量存在。❶

专利审查过程中，面对审查员提出的此类权利要求不具备新颖性、创造性或者不支持等缺陷，申请人往往会选择将"开放式"修改为"封闭式"的权利要求，或者将"封闭式"修改为"开放式"的权利要求。这样的修改是否符合《专利法》第33条的规定呢？判断开放式与封闭式权利要求的转换是否超范围的原则是什么？下面通过几个案例对这一问题进行探讨。

二、典型案例

1 案例1

1.1 案例索引与当事人

申请号：98101250.7

决定号：第12907号复审请求审查决定

---

❶ 国家知识产权局. 专利审查指南 2010 [M]. 北京：知识产权出版社，2010：278-279.

申请人：通用电气公司

1.2 案件背景和相关事实

本申请原始权利要求 1 为："一种含氟聚合物的水分散体，其特征在于，其中每 100 份重量的分散体包括 1 至 80 份重量的含氟聚合物，并且每 100 份重量的含氟聚合物包括 0.1 至 10 份重量的脂肪酸盐。"

申请人在实审阶段将权利要求 1 修改为："一种含氟聚合物的水分散体，由如下组分组成：每 100 重量份的分散体 1 至 80 重量份的含氟聚合物，和每 100 重量份的含氟聚合物 0.1 至 10 重量份的脂肪酸盐，以及，选择性地，一种选自由 C1-C20 的链烷，C6-C20 的环烷和芳族化合物组成的有机化合物，其中，所述的含氟聚合物包含来自氟乙烯和氟丙烯的重复单元的均聚物和共聚物。"

驳回决定认为，修改后的权利要求 1 属于封闭式权利要求，而原申请文件中的权利要求 1 为开放式权利要求，二者的保护范围不同，修改后的权利要求 1 中的"由如下组分组成"的修改内容既未明确记载在原说明书和权利要求书中，而且也不能从原申请文件毫无疑义地导出，因此权利要求 1 的修改不符合《专利法》第 33 条的规定。

申请人对上述驳回决定不服，向专利复审委员会提出复审请求，在提出复审请求时没有对申请文件进行修改。专利复审委员会经审查后认定，从本申请原始权利要求 1 的表述来看，该权利要求为开放式，即所述水分散体除了该权利要求中指明的组分外，还可能包含其中未指出的成分。修改后的权利要求 1 采用了措辞"由如下组分组成"表示水分散体的组成。然而，（1）从该权利要求的主题名称来看，权利要求 1 要求保护的是含氟聚合物的水分散体，其中除权利要求所指出的组分外还必定含有水；（2）权利要求 1 的含氟聚合物的水分散体仅选择性地包含选自 C1-C20 的链烷、C6-C20 的环烷和芳族化合物的有机化合物，即，所述有机化合物可有可无，当权利要求 1 不包含所述有机化合物时，由权利要求 1 的下述内容"每 100 重量份的分散体 1 至 80 重量份的含氟聚合物，和每 100 重量份的含氟聚合物 0.1 至 10 重量份的脂肪酸盐"可知，在 100 重量份的水分散体中至多包含 80 重量份的含氟聚合物和 8 重量份的脂肪酸盐，也就是说，100 重量的份水分散体中至少还含有 12 重量份的其他组分。

由此可知，修改后的权利要求1虽然采用了"由如下组分组成"的表达方式，但其实际上并不意味着所述水分散体仅包含含氟聚合物、脂肪酸盐和选择性的有机化合物三种组分，其中还包含权利要求1中未指出的其他组分，这与原始权利要求和说明书中所记载的信息是一致的，因此权利要求1不存在驳回决定所指出的修改超范围的缺陷。

在此基础上，专利复审委员会作出撤销原驳回决定的第12907号复审请求审查决定。

2 案例2

2.1 案例索引与当事人

申请号：03801776.8

决定号：第17550号复审请求审查决定

申请人：住友电木株式会社

2.2 案件背景和相关事实

驳回决定针对的权利要求1为"一种透明复合材料组合物，其特征在于，由环氧树脂（a）和玻璃填料（b）构成，波长550nm的光线透过率为80%或80%以上，其中，上述玻璃填料（b）为玻璃纤维、玻璃纤维布或玻璃无纺布，固化后的环氧树脂（a）的折射率和玻璃填料（b）的折射率之差为0.01或0.01以下"。

驳回决定指出，权利要求1和2中只记载了透明复合材料组合物"由环氧树脂（a）和玻璃填料（b）构成"，为封闭式的表述方式，表示要求保护的组合物没有其他成分，仅可以带有杂质；但是本申请的说明书尤其是实施例部分的记载表明，所述透明复合材料组合物除了包括环氧树脂和玻璃填料之外，至少还有固化剂和/或固化促进剂（其不属于杂质）等，即本申请没有实际实施仅由环氧树脂和玻璃填料构成的透明复合材料组合物，而其结果和技术效果难以预料，因此权利要求1和2的技术方案得不到说明书的支持，不符合《专利法》第26条第4款的规定。

申请人对上述驳回决定不服，向专利复审委员会提出复审请求，并提交了权利要求书、说明书第2页和说明书摘要的替换页，其中将权利要求1和2中的"由环氧树脂（a）和玻璃填料（b）构成"修改为"其包括环氧树脂（a）、玻璃填料（b）及固化剂及/或固化促进剂"，并相应地修改了说明书第

2 页和说明书摘要。

请求人认为，修改后的权利要求 1 和 2 的技术方案在说明书中有充分地记载，并且在实施例部分也记载了详实的实施过程，因而该权利要求 1 和 2 的技术方案得到了说明书的支持。

在前置审查意见书中，国家知识产权局原审查部门认为，请求人将权利要求 1 和 2 由封闭式撰写方式修改为开放式撰写方式超出了原始申请文件记载的范围，不符合《专利法》第 33 条的规定。

之后，请求人再次提交了权利要求书、说明书第 2 页和说明书摘要的替换页，放弃了在提出复审请求时对上述文本所进行的修改，将其修改回到《驳回决定》所针对的文本。最终，合议组认定权利要求 1、2 符合《专利法》第 26 条第 4 款的规定而撤销了原驳回决定。

3 案例 3

3.1 案例索引与当事人

申请号：01817157.5

决定号：第 30339 号复审请求审查决定

申请人：索尔维公司

3.2 案件背景和相关事实

驳回文本的权利要求 20 为，"根据权利要求 1 至 18 任一项的方法制得的、纯化的、选自 1,1,1,3,3-五氟丙烷和 1,1,1,3,3-五氟丁烷的氟代烷烃，其具有按重量计小于 30ppm 的氟代烯烃的含量"。驳回决定的理由是，权利要求 20、21 不具备新颖性。

申请人对该驳回决定不服，向专利复审委员会提出复审请求，同时将权利要求 20 修改为，"根据权利要求 1 至 18 任一项的方法制得的组合物，包含选自 1,1,1,3,3-五氟丙烷和 1,1,1,3,3-五氟丁烷的氟代烷烃，其具有按重量计小于 30ppm 的氟代烯烃的含量"。

合议组认定，权利要求 20 的上述修改不符合《专利法》第 33 条的规定。在本申请的原说明书第 16 页倒数第 1 段记载了如下内容："本发明也涉及一种纯化的氟代烷烃，最好选自 1,1,1,3,3-五氟丙烷和 1,1,1,3,3-五氟丁烷，它具有小于 30ppm 重量的氟代烯烃含量，而最好是小于 20ppm，小于 10ppm 的氟代烯烃含量乃尤其优选。"由此可知，原申请文件中仅记载了氟代烯烃含量小于特定值的选自1,1,1,3,3-五氟丙烷和1,1,1,3,3-五氟丁烷的氟代烷烃,而修改后的权利要求20所要求保护的组合物采用"包含"的开放式撰写方式,其表示组合物中还含有没有述及的组成部分,即上述权利要求20所要求保护的组合物除包括选自1,1,1,3,3-五氟丙烷和1,1,1,3,3-五氟丁烷的氟代烷烃以及小于特定含量的氟代烯烃外,还包括了其他任选的不确定组分,由此导致修改后的权利要求20的技术方案超出了原申请文件记载的范围。

三、分析与思考

1 开放式与封闭式权利要求的判断

无论复审案件还是无效案件,合议组在遇到组合物权利要求时,会首先判断该权利要求是封闭式还是开放式权利要求。问题是,如何判断一项权利要求为开放式还是封闭式呢?是仅仅依据文字表述来判断吗?

案例1中,虽然封闭式的写法"由……组成"一般应解释为仅包括权利要求所指出的组分而不含有其他成分,但由权利要求1的主题名称"水分散体"可知,权利要求1要保护的是含氟聚合物的水分散体,其中除修改后的权利要求1指出的含氟聚合物、脂肪酸盐和选择性的有机化合物外,至少必定还含有水,其实质并不是封闭式权利要求。

案例2中,虽然驳回文本的"由环氧树脂(a)和玻璃填料(b)构成"属于封闭式写法,但本领域技术人员知晓,仅由环氧树脂和玻璃填料是不可能形成透明复合材料的,必然要添加固化剂或固化促进剂使环氧树脂固化,因此,驳回文本的"由环氧树脂(a)和玻璃填料(b)构成"实质上并不限于环氧树脂和玻璃填料两种成分。

同样,开放式的写法也可能存在文字表述与实质不一致的情形,专利复审委员会第10472号复审请求审查决定就对此做出了认定❶,基于篇幅,在此不再一一列举。

综上,在判断一项权利要求实质上是开放式权利要求还是封闭式权利要求时,应结合权利要求的技术方案进行具体分析,判断其中是否还包含其他组

---

❶ 该决定指出,虽然修改前的权利要求2对各组分含量采用了"包括如下组分"的开放式表达方式,但由该权利要求中的表述"Fe_2O_3余量"可知,该权利要求实质上为封闭式权利要求。

分，而不能仅依据"由……组成"或"包含"这样的文字表述就认定该权利要求为开放式权利要求或封闭式权利要求。❶

2 封闭式权利要求修改成开放式权利要求

为了克服审查员指出的新颖性、创造性或不支持等的问题，申请人经常会将封闭式权利要求修改为开放式权利要求，这种修改可以分成三类情形。

（1）原始申请文件中已经明确记载了开放式的技术方案。

《专利法》第33条规定，申请人可以对其专利申请文件进行修改，但是，对发明和实用新型专利申请文件的修改不得超出原说明书和权利要求书记载的范围。可见，这种情况下将"封闭式"修改为"开放式"权利要求当然符合《专利法》第33条的规定。

（2）原始申请文件中没有明确记载开放式的技术方案，说明书的发明内容部分和实施例部分均仅涉及封闭式的技术方案。

例如案例3，修改前的权利要求20只涉及具有小于特定含量氟代烯烃的选自1，1，1，3，3-五氟丙烷和1，1，1，3，3-五氟丁烷的氟代烷烃，考察原始申请文件，无论发明内容部分还是具体实施例部分也仅公开了这一技术方案，修改后的权利要求20采用了"包含"的开放式撰写方式，表示组合物中还含有其他任选的不确定组分。《专利法》第33条之所以对修改有限制，是为了防止申请人将其在申请日时未公开的内容补入申请文件中，从而违背先申请原则，导致对其他申请人不公平的后果❷。这种情形下，修改后的开放式权利要求包括了未在原始申请文件中记载过的多种其他不确定的组分，从《专利法》第33条限制修改的含义来看，无疑是不允许的修改。

（3）原始申请文件中没有明确记载开放式的技术方案，但实施例部分公开了开放式技术方案的某种具体组合。

例如案例2，一方面，如前所述，本领域技术人员知晓，仅由环氧树脂和玻璃填料是不可能形成透明复合材料的，驳回文本中"由环氧树脂（a）和玻璃填料（b）构成"这种封闭式写法实质上并不限于环氧树脂和玻璃填料两种成分。另一方面，说明书的发明详述部分也多次提及要在固化剂和/或固化促

---

❶ 专利复审委员会课题组. 化学医药领域复审与无效阶段申请文件的修改，国家知识产权局学术委员会一般课题研究报告（编号Y080701），2008.

❷ 尹新天. 中国专利法详解［M］. 北京：知识产权出版社，2011：411.

进剂的存在下使环氧树脂固化,说明书所有的实施例均使用了固化促进剂。尽管如此,修改后的"包括环氧树脂(a)、玻璃填料(b)及固化剂及/或固化促进剂",还是包括了除环氧树脂、玻璃填料,及固化剂及/或固化促进剂之外的其他不确定的组分,属于《专利法》第33条规定的应限制修改、不允许修改的情形。

综上,在封闭式权利要求转变为开放式权利要求时,除非原申请文件中明确记载了开放式权利要求的技术方案,否则即使实施例中实施了部分具体的开放式技术方案,也不能认为这种修改符合《专利法》第33条的规定。❶

3 开放式权得要求修改成封闭式权利要求

为了获得新颖性、创造性,克服不支持的问题,申请人更为常见的一种修改方式是将开放式权利要求修改成封闭式权利要求,缩小权利要求的保护范围,使其集中在需要加以保护且又符合授权条件的技术方案上。❷

申请人往往会在意见陈述中认为,权利要求中的"包括A+B"涵盖了"由A+B组成"的情形,类似于数值范围与端点的关系,相当于原权利要求书已经记载了"由A+B组成"的方案,因此开放式修改成封闭式权利要求不会导致修改超范围。更有甚者,在无效阶段将开放式修改成封闭式权利要求,认为是技术方案的删除。

对此,笔者认为,开放式与封闭式权利要求的审查,和数值范围与端点的审查并不相同。原因在于,判断组合物的新颖性时,"包括A+B"相当于上位概念,"由A+B组成"相当于下位概念,"由A+B组成"可以破坏"包括A+B"的新颖性,反之,"包括A+B"不能破坏"由A+B组成"的新颖性。而数值范围审查时,认为数值范围中的端点值是具体公开的。这就说明,开放式权利要求应当看作一个整体,而不会将其看作包括了封闭式与含有其他组分的多个并列技术方案,因此,不能认为权利要求中的"包括A+B"相当于已经记载了"由A+B组成"的技术方案,无效程序中也不能将开放式修改成封闭式权利要求而认为是技术方案的删除。

---

❶ 专利复审委员会课题组. 化学医药领域复审与无效阶段申请文件的修改, 国家知识产权局学术委员会一般课题研究报告(编号 Y080701), 2008.
❷ 张清奎. 化学领域发明专利申请的文件撰写与审查(第2版)[M]. 北京: 知识产权出版社, 2004: 277.

开放式权利要求"包括 A + B"修改成封闭式权利要求"由 A + B 组成"也可以分成几类情形讨论。

（1）原始申请文件中已经明确记载了修改后封闭式的技术方案。根据《专利法》第 33 条的规定，这样的修改当然是允许的。

（2）原始申请文件中没有明确记载修改后封闭式的技术方案，但全部实施例均实施了由 A + B 组成的方案，各组分含量为权利要求"包括 A + B"方案中的具体点值。

根据《专利审查指南》的规定，"使用开放式或者封闭式表达方式时，必须要得到说明书的支持。例如，权利要求的组合物 A + B + C，如果说明书中实际上没有描述除此之外的组分，则不能使用开放式权利要求"。❶ 因此，这种情况下，申请人必须也只能将权利要求书修改为"由 A + B 组成"以得到说明书的支持。有观点认为，申请人只能将权利要求修改为由 A + B 以实施例中具体含量组成的组合物。笔者认为这种观点是对《专利法》第 33 条的机械理解。虽然实施例公开的是具体某一含量的 A + B 组合，不能直接、毫无疑义地确定出修改后权利要求"由 A + B 组成"、各组分含量为数值范围的技术方案，申请人由于撰写时对开放式或封闭式表达的不了解、表述不准确使得撰写存在一定缺陷，但不应成为其专利无可挽回或仅能限缩到实施例的理由，这显然不是《专利法》第 33 条所倡导的。而且，"由 A + B 组成"的方案是申请人已经实施完成的内容，申请人的这种修改并没有将其在申请日时未公开的内容补入申请文件中，不会对其他申请人带来不公平的后果，从《专利法》第 33 条的立法宗旨考虑，也应当允许申请人将权利要求的"包括 A + B"修改成"由 A + B 组成"。

（3）原始申请文件中没有明确记载修改后封闭式的技术方案，但全部或部分实施例实施了由 a + b（a、b 为 A、B 的下位概念）组成的方案，各组分含量为权利要求"包括 A + B"方案中的具体点值。

与情形（2）类似，这种情况下，申请人必须将权利要求书修改为封闭式以得到说明书的支持。虽然实施例公开的是具体含量的 a + b 组合，不能直接、毫无疑义地确定出修改后权利要求"由 A + B 组成"的方案，但由说明书可知，"由 A + B 组成"的方案是申请人已经实施完成的内容，申请人的这种修

---

❶ 国家知识产权局. 专利审查指南 2010 [M]. 北京：知识产权出版社，2010：279.

改并没有将其在申请日时未公开的内容补入申请文件中，不会对其他申请人带来不公平的后果，从《专利法》第 33 条的立法宗旨考虑，应当允许申请人将权利要求的"包括 A + B"修改成"由 A + B 组成"。

综上，实施例判断法可作为判断该种修改是否超范围的一种重要方法，如果原申请文件明确记载了封闭式权利要求的技术方案，或者原说明书的实施例明确实施了由 A + B 或 a + b（a、b 分别为 A、B 的下位概念）组成的技术方案，则本领域技术人员就可据此合理确认，"由 A + B 组成"的方案是申请人在申请日之前已经实施完成的内容，应当允许申请人将权利要求的"包括 A + B"修改成"由 A + B 组成"。

四、案例辐射

在专利申请阶段，为了获得较宽的保护范围，申请人/代理人往往将本应该采用封闭式表达的权利要求写成开放式的权利要求，比如，将"由 A + B 组成"写成"包括 A + B"，如此操作，将为该申请审查阶段及授权后的侵权判定过程埋下"伏笔"。

在审查阶段，首先，如果现有技术存在 A + B + C 的方案，就会破坏"包括 A + B"的新颖性，而该现有技术对于"由 A + B 组成"的方案不会破坏其新颖性。其次，如果说明书并没有描述其他除 A + B 以外的其他组分，实施例也没有具体实施 A + B + 其他组分的实施方式，则权利要求的"包括 A + B"的撰写得不到说明书的支持，需要在审查阶段进行修改，从而延长了审查周期。[1]

基于上文的分析，权利要求到底是写成开放式，还是封闭式，要结合申请人在说明书中具体完成的技术方案来选择。如果说明书的全部实施例仅实施了封闭式的技术方案，则权利要求只能写成封闭式权利要求；如果说明书实施例实施了 A + B 以及其他成分的组合，则可以将权利要求概括为开放式权利要求，对于那些实施例中 A + B + 其他成分的具体组合，则可以封闭式权利要求的形式写入从属权利要求中。

在专利侵权判定中，对于开放式权利要求的组合物发明来说，全面覆盖原则仍然适用。如果权利要求为"含有 A + B"的组合物甲，被控侵权产品乙只

---

[1] 薛晨光. 浅议开放式与封闭式权利要求保护范围的确定 [J]. 中国发明与专利, 2008 (11): 52.

要全面覆盖了 A、B，就构成侵权，即使乙还包括了甲所不包含的 C 等其他成分，侵权指控仍然成立。

对于封闭式权利要求的组合物发明来说，如果权利要求为"由 A + B 组成"的组合物甲，被控侵权产品乙的组成刚好为 A + B，则侵权指控成立，如果被控侵权产品乙除了组分 A、B 外，还包含有甲所不包含的 C 等其他成分，侵权指控就不能成立。

可见，目前专利审查和侵权判定中对于封闭式和开放式权利要求的保护范围采取了基本一致的解释方式。

（撰稿人：刘　静　审核人：李新芝）

第四节　无效宣告审查程序中权利要求的修改

一、引言

在中国，如果一项专利权受到请求宣告无效的挑战，专利权人可以通过修改权利要求来维持专利权继续有效。但是，考虑到专利授权文件的公示性和稳定性，专利审查指南对无效程序中专利文件的修改进行了相对严格的限制。因为，对于某些案件，权利要求的修改能否被接受，有可能影响到该专利最终的有效性。

在专利复审委员会诉先声公司"氨氯地平、厄贝沙坦复方制剂"发明专利无效行政纠纷再审案中，专利权人在无效阶段将权利要求1中的数值范围1∶10-30修改为1∶30。专利复审委员会以该修改不属于无效宣告程序中允许的修改方式为由，拒绝接受修改后的权利要求书。二审法院认定专利复审委员会应当接受该修改文本。专利复审委员会不服二审判决，向最高人民法院提出再审请求。最高人民法院审理后作出（2011）知行字第17号行政裁定书，认为"专利复审委员会对《专利审查指南》中关于无效过程中修改的要求解释过于严格"，未支持其申诉理由。同时指出，判定修改是否超出了原说明书和权利要求书的记载范围时，需考虑立法本意并同时考虑公平及合理性原则。

2014年12月，专利复审委员会作出第24591号无效宣告请求审查决定，同样也涉及无效程序中特殊的修改方式，专利复审委员会接受了由通式化合物修改为具体化合物的情况，并在修改文本的基础上作出维持专利权有效的审查决定。在该案中，专利复审委员会的考虑初衷在一定程度上与最高人民法院作出的（2011）知行字第17号行政裁定书精神相契合，并进一步提出了可操作性更强的审查思路。

二、典型案例

【案例1】

1　案情简介

1.1　案例索引与当事人

专利号：03150996.7

专利权人[①]：江苏先声药物研究有限公司、南京先声东元制药有限公司

再审申请人：专利复审委员会

原审第三人（无效宣告请求人）：李平

1.2 案件背景和相关事实

争议专利授权公告的权利要求1如下：

"一种复方制剂，其特征在于该制剂是以重量比组成为1:10-30的氨氯地平或氨氯地平生理上可接受的盐和厄贝沙坦为活性成分组成的药物组合物。"

专利权人在无效宣告请求的口头审理过程中将权利要求1中的数值范围1:10-30修改为1:30。无效宣告请求审查决定中认为原权利要求书和说明书中均未明确记载过该比例关系，也没有教导要在原有的比例范围内进行这样的选择，尽管该专利的说明书中记载了氨氯地平1mg/kg与厄贝沙坦30mg/kg的组合，但这仅表示药物具体剂量的组合，不能反映整个比例关系，此外，无法确定是否任意满足1:30这个比例的组合均能达到与该组合相同的效果，因此修改后的技术方案超出了原权利要求书和说明书记载的范围，也不能从原权利要求书和说明书中毫无疑义地确定，并且对该反映比例关系的技术特征进行修改也不属于无效宣告程序中允许的修改方式。随后，专利复审委员会基于专利的授权文本认定该专利各项权利要求不符合《专利法》第26条第4款的规定，宣告该专利全部无效。

专利权人不服该无效宣告请求审查决定，向一审法院提起诉讼，说明上述修改应被接受的理由。一审判决维持无效宣告请求审查决定。专利权人不服一审判决，上诉至二审法院，再次重申所述修改应被接受的理由。二审法院经审理后撤销了一审判决和无效宣告请求审查决定。专利复审委员会不服二审判决，向最高人民法院提出申诉。最高人民法院作出行政裁定，驳回了专利复审委员会的再审申请。

2 案件审理

本案的争议焦点之一是：专利权人将权利要求1中的比例1:10-30修改为1:30是否属于无效程序中可接受的修改方式。

[①] 在二审程序中，专利权人由上海家化医药科技有限公司变更为江苏先声药物研究有限公司、南京先声东元制药有限公司。

对此，最高人民法院认为，本案中，尽管原权利要求中1：10-30的技术方案不属于典型的并列技术方案，但鉴于1：30这一具体比值在原说明书中有明确记载，且是其推荐的最佳剂量比，本领域普通技术人员在阅读原说明书后会得出本专利包含1：30的技术方案这一结论，且本专利权利要求仅有该一个变量，此种修改使本专利保护范围更加明确，不会造成其他诸如有若干变量的情况下修改可能造成的保护范围模糊不清等不利后果，允许其进行修改更加公平。1：30的比值是专利权人在原说明书中明确推荐的最佳剂量比，将权利要求修改为1：30既未超出原说明书和权利要求书记载的范围，更未扩大原专利的保护范围，不属于相关法律对于修改进行限制所考虑的要避免的情况。况且，《专利审查指南》规定在满足修改原则的前提下，修改方式一般情况下限于三种，并未绝对排除其他修改方式。

本案的另一个争议焦点在于：将授权权利要求1中的1：10-30限定为1：30，这一修改是否超出原权利要求书和说明书的范围。

对此，最高人民法院认为，本专利说明书中明确公开了氨氯地平1mg/kg与厄贝沙坦30mg/kg的组合，并将氨氯地平1mg/kg与厄贝沙坦30mg/kg作为最佳剂量比，在片剂制备实施例中也有相应符合1：30比例关系的组合，可见1：30的比值在说明书中已经公开。

【案例2】

1 案情简介

1.1 案例索引与当事人

专利号：03139760.3

专利权人：深圳微芯生物科技有限责任公司

无效宣告请求人：亨特博士实验室有限公司

1.2 案件背景和相关事实

争议专利授权公告文本包括6项权利要求，其中权利要求1如下：

"1. 一种具有分化和抗增殖活性的苯甲酰胺类组蛋白去乙酰化酶抑制剂，其特征在于，该化合物的结构通式如下所示：

$$A-Z-\underset{\underset{R^2}{|}}{C}=\underset{\underset{R^1}{|}}{C}-Y-B-\underset{\underset{O}{\|}}{C}-\underset{\underset{R^3}{|}}{N}-\underset{\underset{X^3}{\overset{\underset{R^4}{|}}{\underset{|}{\bigcirc}}}}{\overset{X^1}{\underset{X^2}{}}}。"$$

无效宣告请求人亨特博士实验室有限公司于 2013 年 11 月 13 日向专利复审委员会提出了无效宣告请求，其理由是本专利权利要求 1-6 不符合《专利法》第 33 条、第 26 条第 4 款、第 22 条第 3 款以及《专利法实施细则》第 20 条第 1 款的规定，说明书不符合《专利法》第 33 条的规定，请求宣告本专利全部无效。

在口头审理中，专利权人当庭提交申请文件的修改文本，将授权公告的权利要求 1 的马库什化合物修改为具体的化合物，修改后的权利要求 1 为：

"1. 一种具有分化和抗增殖活性的苯甲酰胺类组蛋白去乙酰化酶抑制剂，其特征在于，该化合物的结构式如下所示：

[结构式]

"

对于上述修改，专利权人认为属于并列技术方案的删除，应当允许；而请求人认为因上述修改方式不属于并列技术方案的删除，故其修改方式和修改时机不符合《专利审查指南》的规定，不应当允许。

2 案件审理

本案的争议焦点是：上述权利要求书的修改能否在专利无效宣告程序中被接受。

在无效宣告请求审查决定中，专利复审委员会认定，在本案中，专利权人将权利要求 1 的马库什通式化合物修改成具体化合物，该化合物是其说明书实施例 2 具体制备的唯一化合物。并且，对于本专利授权文本权利要求所概括的通式化合物，申请人在说明书中仅给出了其中两个具体化合物的制备过程以及结构确认数据，即实施例 2 和 4；而在这其中，仅测试了实施例 2 化合物的活性效果，包括对组蛋白去乙酰化酶的体外抑制以及对肿瘤细胞的生长抑制作用，未给出任何与实施例 4 化合物相关的活性测试情况描述。

在此基础上，合议组认为，上述实施例 2 具体化合物的制备、确认以及用途和使用效果在说明书中已经清楚、完整地予以公开，并且是本专利唯一既给出了制备方法又确认了活性效果的具体化合物，所属领域技术人员通过阅读本专利说明书，根据该说明书所记载的内容应当可以获知，上述实施例 2 化合物是本专利的发明核心所在。

《专利审查指南》对无效宣告程序中权利要求的修改方式进行了限制，其规定修改权利要求书的具体方式一般仅限于权利要求的删除、合并和技术方案的删除。可以看出，《专利审查指南》一方面强调绝大多数情况下以上述三种修改方式为原则，另一方面也并未完全排除存在其他修改方式的可能性。而针对本案的修改，合议组认为，尽管专利权人对权利要求1所作的上述修改不属于并列技术方案的删除，但是，修改后的具体化合物不仅在专利说明书中有明确记载，而且其属于本专利的发明核心所在。如果允许专利权人进行上述修改，则能够更加充分地体现专利制度鼓励发明创造的立法本意，并且有助于专利确权程序在评判专利的技术贡献时聚焦发明实质。同时，鉴于修改后的具体化合物在专利说明书中已被作为专利核心内容公开并在其保护范围之内，允许上述修改也不会带来公示性方面的问题。因此，上述修改并不违背《专利审查指南》对修改方式进行限制的初衷，应可以作为例外情形而被接受。因此，专利权人在口头审理当庭提交的上述修改应当被允许。

在此基础上，专利复审委员会进一步审查了无效宣告请求人提出的所有无效理由，认为修改后的权利要求书符合专利法及其实施细则的相关规定，并最终做出在修改文本的基础上维持专利权有效的审查决定。

三、分析与思考

1 关于无效程序权利要求修改方式中"一般"情形的理解

对无效宣告程序中专利文件的修改方式，《专利审查指南》规定："在满足上述修改原则的前提下，修改权利要求书的具体方式一般限于权利要求的删除、合并和技术方案的删除。"

虽然《专利审查指南》明确提出，上述修改方式为"一般"情形，但在审查实践中，除上述"一般"情形以外的修改方式被专利复审委员会所允许的实例往往并不多见。对此，关于其中"一般"情形的理解，最高人民法院在案例1中实际上已经给出了明确的回答："修改方式一般情况下限于前述三种，并未绝对排除其他修改方式"，而由专利复审委员会针对案例2作出的无效宣告请求审查决定显然也与最高人民法院给出的上述法律适用意见精神相契合。

案例1中，最高人民法院结合该案案情进一步给出了不应将修改方式限定在《专利审查指南》规定的以上情形的理由,以及判断无效程序专利文件修改是否可以接受的原则,"本专利权利要求仅有该一个变量,此种修改使本专利保护范围更加明确,不会造成其他诸如有若干变量的情况下修改可能造成的保护范围模糊不清等不利后果……将权利要求修改为1∶30既未超出原说明书和权利要求书记载的范围,更未扩大原专利的保护范围,不属于相关法律对于修改进行限制所考虑的要避免的情况。如果按照专利复审委员会的观点,仅以不符合修改方式的要求而不允许此种修改,使得在本案中对修改的限制纯粹成为对专利权人权利要求撰写不当的惩罚,缺乏合理性"。

从以上表述可知,最高人民法院认为,无效程序修改方式是否可以接受的判定原则,是该修改是否导致了"相关法律对于修改进行限制所考虑的要避免的情况"出现。如果修改方式未导致该类情形出现,则即使其与《专利审查指南》目前所列方式有所不同,亦应被允许。

在本专利的权利要求书中,1∶30是一个被明确记载的端点值,对于公众而言,该比值受到专利权的保护已通过本专利授权文本的公示而成为可直接确定的事实,将权利要求1中的1∶10-30的范围缩小至1∶30并不影响权利要求的公示作用,也不会对公众利益造成不利影响。这是因为,相对于审批中的专利申请而言,无效宣告程序所面对的是经过公示的已经固化的权利,对其进行实质性修改会对社会公众的利益造成影响。因而,无效宣告程序中的修改方式问题应当兼顾专利权人和社会公众双方的利益,在保护专利权人基于技术创新获得的权益的同时,也要注重权利要求的公示作用,从鼓励领域整体创新和保障公众利益的角度要求专利权保护范围具有可预期性[1]。因此,所述修改没有违反专利法及其实施细则以及《专利审查指南》中相关规定的立法本意。即便该修改不典型地属于《专利审查指南》中规定的三种修改方式,该修改类型也应该被接受。

进一步还可以看出,如果权利要求中存在多个变量,则对多个变量进行的此类修改是否会被接受要进一步取决于修改是否会导致保护范围不清楚,是否会损害公众利益。

考虑到案例1和案例2均属个案,因此进一步的问题或争议也就自然而然

---

[1] 李越. 论马库什权利要求的性质及其在无效宣告程序的修改方式——由系列司法判决说起[J]. 中国专利与商标, 2015 (1).

地产生了，即何种情况下应当接受非"一般"性修改。实际上，面对这样的问题并不容易回答，但我们可以从案例1和案例2中初步体会各方接受非"一般"性修改的把握尺度。

案例1涉及在无效阶段专利权人将权利要求书中的配方比例1:10-30修改为1:30。最高人民法院首先明确此修改不属于典型的并列技术方案的删除，但鉴于1:30这一具体比值在原说明书中有明确的记载，且是其推荐的最佳剂量比，此种修改使得该专利的保护范围更加明确，不会造成其他诸如有若干变量的情况下修改可能造成的保护范围模糊不清等不利后果，允许其进行修改更加公平。也就是说，案例1中最高人民法院主要是基于公平的考虑因素，允许这种特殊形式的修改方式的存在。相对来说，这样的标准更加抽象、上位，涵盖的可能情况也更多。

案例2是专利复审委员会近期作出的接受非"一般"性修改的案例，相对于案例1的接受理由，案例2接受修改的把握尺度似乎更加严格，其允许专利权人作上述修改的事实基础是修改后的技术方案是发明的唯一核心所在，考虑的角度包括是否在说明书中有明确记载，能否体现专利制度鼓励发明创造的立法本意，是否有助于专利确权程序在评判专利的技术贡献时聚焦发明实质，修改后是否会影响专利文件公示性方面的问题等。在综合考虑各种影响因素的基础上，认为本案中的修改方式并不违背《专利审查指南》对修改方式进行限制的初衷，应可以作为例外情形而被接受。

相对于其他国家专利制度而言，目前我国在专利授权后缺乏实质上能够为专利权人所利用的主动修改专利文件的途径，导致实践中对无效程序中修改的原则和方式的限定方面存在诸多争议。然而，在审查制度的设计以及具体案件的审查实践中，始终应当遵循的是，既要维护专利权人处分其专利权的权利，又要充分保护社会公众的正当利益，维持专利权的相对稳定性。在无效宣告程序中，既不能完全禁止修改专利文件，修改的自由度也不宜放得过宽。当在审查实践中出现难以把握的情形时，更有利于聚焦发明实质，把握技术核心，更能够充分体现专利制度鼓励发明创造的立法本意的做法应受到推崇，藉此在专利权人的合法权益与社会公众之间寻求适度的平衡。

2 关于修改不得超出原始公开范围的审查

对于案例1，由于还涉及另一争议焦点，即将授权权利要求1中的1:10-30

限定为1∶30这一修改是否超出原权利要求书和说明书的范围。考虑到篇幅的原因,加之本书还另有专题对《专利法》第33条的适用进行深入讨论,因此本文仅对该问题进行简要阐述。

《专利审查指南》规定,无效程序中专利文件的修改原则之一是"不得超出原说明书和权利要求书记载的范围"。该规定与《专利法》第33条"申请人可以对其专利申请文件进行修改,但是,对发明和实用新型专利申请文件的修改不得超出原说明书和权利要求书记载的范围……"的要求完全相同。因此,尽管案例1涉及的是无效程序专利文件的修改,但最高人民法院的相关认定对于《专利法》第33条审查标准的理解具有同样的借鉴意义。

《专利法》第33条之所以规定修改不得超出原说明书和权利要求书记载的范围,是因为我国专利制度采用的是先申请原则。如果允许申请人对申请文件的修改超出原始提交的说明书和权利要求书记载的范围,就会违背先申请原则,造成对其他申请人来说不公平的后果❶。而《专利法实施细则》(2001)第68条以及《专利审查指南》中对于无效程序中权利要求书修改原则的相关规定还同时保证了专利保护范围相对稳定和授权专利权利要求的公示作用。

由此可知,对于专利申请文件和授权文件修改进行上述法律规定,其作用是,在维持公众和专利权人之间利益平衡的前提下,保证申请人/专利权人获得与其向公众公开的发明创造相应的专利独占权。因此,在公众利益不受损害的前提下,对于专利(申请)文件撰写中表述不当造成的缺陷,应允许申请人/专利权人通过修改进行弥补,以避免申请人或专利权人仅仅因为表述不当而丧失其本应得到的权利。

他山之石,可以攻玉。《欧洲专利公约》第123条第2款同样规定,如果申请文件的修改包含超出了原申请文件内容的主题,那么修改是不能被允许的。欧洲专利审查指南中进一步规定,如果申请内容的所有改变(通过增加、改变或者删除)导致本领域技术人员看到的信息不能从原申请的信息中直接并且毫无疑义地导出,即使考虑了对本领域技术人员来说隐含公开的内容也不能导出,那么应当认为该修改引入了超出原申请内容的主题,因此不被允许。❷ 由此可

---

❶ 尹新天. 新专利法详解 [M]. 北京:知识产权出版社,2001:228.

❷ 参见 Guidelines for Examination in the European Patent Office, Part C – Guidelines for Substantive Examination, Chapter VI Examination procedure, 5.3.1 Basic principle; priority document。

见，EPO 对于修改超范围问题的审理原则与中国非常相似。

对于将具体实施例中的具体数值加入权利要求这样的修改，《欧洲专利局上诉委员会案例法》规定，如果本领域技术人员能够容易地认识到该数值不与该实施例中其他特征紧密关联，从而可以唯一地并显著地确定该发明整体的效果，则该修改可被允许。该审查标准记载于判例 T0876/06，涉及欧洲专利 EP1007597B。该专利的原始权利要求书中权利要求 1 的内容如下：

"一种压敏粘合材料，包含一种以下物质的混合物：

（a）一种由物理交联的固体橡胶和相容的液体橡胶形成的连续相；以及

（b）基于所述粘合材料总体计 10~70wt% 的一种不连续相，所述不连续相含有一种或多种可溶于水和/或可在水中溶胀的亲水聚合物。"

在专利申请的审查过程中，申请人基于说明书中的几个实施例，在权利要求 1 中增加了对液体橡胶和固体橡胶的重量比的限定，具体定义了该重量比的下限为 3∶2。

该专利在异议阶段被判令撤销，理由是该修改超出了原申请的范围，不符合《欧洲专利法》第 123 条第 2 款的规定。专利权人不服异议决定，向上诉委员会提出申诉。申诉委员会作出 T0876/06 号审查决定，其中针对修改超范围问题认为"说明书述及'固体橡胶与液体橡胶的优选重量比在 1∶0.5 至 1∶7 的范围内，且可改变以获得所需粘合性和粘性'。由此可以推定，液体橡胶和固体橡胶的重量比原则上被认为独立于所用橡胶的性质。改变液体/固体橡胶比例的可能性由效果实施例覆盖的宽范围所证实"。该决定指出，虽然在所有实施例中使用相同的液体橡胶，但该申请中没有记载液体橡胶与固体橡胶的重量比依赖于所用液体橡胶的种类。相反，其强调液体橡胶最重要的特性是其与固体橡胶完全相容。同时，虽然在所有实施例中使用相同的稳定剂，但由各实施例中使用相同量的相同稳定剂而使用三种液体与固体橡胶重量比这一事实来看，液体与固体橡胶比例的选择独立于稳定剂的选择，这些参数互相没有关联。因此，本领域技术人员可以由原始提交的申请认识到，液体橡胶与固体橡胶的重量比与该实施例中的其他特征并不紧密关联，因而能够唯一地且显著地确定该发明整体的效果。

在上述欧洲专利局的判例中，对修改是否可被接受的考量标准同样是"不得超出原始申请的范围"。该欧洲专利的涉案权利要求同样涉及一种混合物，并基于具体实施例中记载的数值在权利要求加入了混合物中物质的比例。

但与本案不同之处在于，其权利要求中除所述比例之外，还包括其他技术特征。

对于是否可将实施例中的具体数值引入独立权利要求中作为数值范围的下限，申诉委员会具体地考察了实施例中除该数值以外的其他各特征。具体而言，根据说明书的描述，"固体橡胶与液体橡胶的优选重量比……可改变以获得所需粘合性和粘性"，以及各效果实施例实际体现出的重量比的宽范围，申诉委员会认定了该重量比的可变性。另一方面，尽管在所有实施例中使用了相同的液体橡胶以及相同的稳定剂，但申诉委员会考虑了说明书的记载，"（液体橡胶）最重要的特性是其与固体橡胶完全相容"，说明书中体现出的固体橡胶具体结构相差很大，以及各实施例中使用相同量的相同稳定剂而使用三种液体与固体橡胶重量比这一事实，认定液体橡胶与固体橡胶的重量比与实施例中其他技术特征没有紧密关联，即实施例中公开的这一重量比可以适用于所有适用其他液体橡胶、固体橡胶、稳定剂的情况。

该案例虽与本文中的案例1情形有所不同，所涉及的变量不止一个。但是，从其审理过程中可以看到，EPO最终得出修改没有超出范围的根本原因是其站在了本领域技术人员的立场上，充分考虑了发明实际公开的内容。这一点，与最高人民法院在案例1中的认定完全相同。

四、案例辐射

在案例1中，最高人民法院结合具体案情，就专利原始申请文件记载内容的认定、无效程序中修改方式是否可以接受、修改是否超出范围的判定原则分别给出了明确的指导：在判断原始申请文件记载的内容时，除文件中明确的文字描述外，还必须考虑本领域技术人员从这些文字描述中必然可以推知的内容；在考虑专利文件修改方式是否可以接受以及判断修改是否超出范围时，在维持专利保护范围的稳定性，保证专利权利要求的公示作用，即保证公众利益不受损害的前提下，还应考虑发明的实际贡献，避免使相应的审查"纯粹成为对专利权人权利要求撰写不当的惩罚"。

而针对案例2，在专利复审委员会最新作出的第24591号无效宣告请求审查决定中，在考虑由通式化合物修改为具体化合物是否可接受时给出了如下考虑角度：是否在说明书中有明确记载，能否体现专利制度鼓励发明创造的立法本意，是否有助于专利确权程序在评判专利的技术贡献时聚焦发明实质，修改后是否会影响专利文件公示性方面的问题等，并最终认为上述修改方式并不违背《专利审查指南》对修改方式进行限制的初衷，应可以作为例外情形而被接受。应该说，专利复审委员会与最高人民法院在两个案例中考虑的初衷是契合的，并且案例2还进一步提出了操作性更强的审查思路。上述案例对于今后类似的无效宣告请求案件的审理具有借鉴意义。

（撰稿人：唐铁军　王晓东　审核人：李新芝　刘　雷）

第二章 关于专利文件修改的研究

第五节 关于具体放弃式修改

一、引言

在专利申请和审查过程中，常会涉及对申请说明书、权利要求或附图等申请文件的修改。具体放弃（Disclaimer）是修改权利要求的一种方式，常见于化学领域。一般而言，权利要求应该用肯定的技术特征来限定保护范围，不应采用否定的形式限定保护范围。但是，有些信息是申请人在递交专利申请时难以获知的（例如抵触申请的内容，或者一些来自较远的技术领域的信息）。对于这些信息，申请人在撰写申请文件时难以将其纳入考虑范围；而一旦其对权利要求的专利性造成影响并在专利审批程序中被审查员指出，申请人若不能克服由此导致的缺陷将使其发明创造无法得到专利法的保护。在此情况下，允许申请人以具体放弃的方式修改权利要求以实现重新确定保护范围、满足专利授权要求的目的，符合鼓励创新的专利法立法本义，对申请人来说更为公平。

由于具体放弃是一种比较特殊的修改方式，其判断原则和具体操作方式难免存在一些含糊不清之处，造成实践中存在不同的观点和做法。由于具体放弃式修改涉及的类型较多（例如对于不授权客体的排除[1]、对于不可能实施的技术方案的排除等），本文拟就与新颖性和创造性问题相关的具体放弃式修改做一些探讨，这也是实践中比较容易产生问题的修改类型。

就与新颖性和创造性问题相关的具体放弃式修改而言，现行《专利审查指南》的规定是针对涉及数值范围的情形作出的：鉴于对比文件公开的内容影响发明的新颖性和创造性，当申请人采用具体放弃原数值范围的一部分使得要求保护的技术方案从整体上看明显不包括该部分时，只有在修改后的技术方案具备新颖性和创造性的情况下，才被允许。当申请人对申请文件作出具体放弃式修改时，审查实践中对于《专利审查指南》上述规定的理解存在模糊认

---

[1] 《专利审查指南》第二部分第一章第4.3.2节规定，"对于既可能包含治疗目的，又可能包含非治疗目的的方法，应当明确说明该方法用于非治疗目的，否则不能被授予专利权"。在审查实践中，允许申请人采用具体放弃的方法，将"非治疗目的"这一否定性的限定引入到一项既可能包括治疗目的又可能包括非治疗目的的方法权利要求中。

识，特别是围绕审查员是否应将进行具体放弃式修改后的权利要求具备创造性作为接受其修改的前提条件的问题。本文结合案例对于具体放弃式修改中的一些相关问题展开探讨，希望起到抛砖引玉、愈辩愈明的效果。

二、典型案例

1 案情简介

1.1 案例索引与当事人

申请号：00126092.8

复审请求人：默克专利股份有限公司

1.2 案件背景和相关事实

发明申请的权利要求1要求保护通式 $[(R^1(CR^2R^3)_k)_yKt]^+ \ ^-N(CF_3)_2$ 所示的化合物，说明书中记载该化合物应用于锂离子电池的制备。实质审查部门以该申请不符合《专利法》第33条的规定为由驳回了该发明申请（下称本申请）。复审请求人随后提出复审请求。原审查部门在前置审查意见中以本申请仍存在之前发出的第三次审查意见通知书中已经告知过复审请求人的权利要求1相对于对比文件2不具备新颖性的缺陷为由坚持驳回决定。

专利复审委员会合议组发出第一次复审通知书，引用了对比文件2。该证据公开了具体化合物 $(C_2H_5)_4N^+(CF_3)_2N^-$，且该化合物落入了权利要求1的保护范围内（对比文件2的主题是探讨该类化合物的合成机理，关注点在于化合物的合成，而没有公开与化合物的用途和效果有关的任何技术信息）。合议组在通知书中指出：权利要求1相对于对比文件2公开的具体化合物 $(C_2H_5)_4N^+(CF_3)_2N^-$ 不具备新颖性，不符合《专利法》第22条第2款的规定。

2 案件审理

2.1 案件争议焦点

复审请求人提交了修改文本，在权利要求1中增加"条件是其中不包括化合物 $(C_2H_5)_4N^+(CF_3)_2N^-$"的限定，致使该案的审查焦点转为：复审请求人所作的上述修改是否属于《专利审查指南》所规定的具体放弃式修改，能否接受该修改。具体来说，在申请人删除该已知化合物使得权利要求具备了新颖性的情况下，是否应继续审查该修改后的技术方案是否具备创造性并以此作为接受该具体放弃式修改的前提条件，如果认为需要得出创造性的审查结论的话，有关创造性的审查应如何进行。

2.2 当事人诉辩

复审请求人认为，对比文件2只是通过光谱检测，证实了溶液中存在所述化合物$(C_2H_5)_4N^+(CF_3)_2N^-$，并没有分离得到纯的该化合物，其仅仅是作为副产物而被发现的。对比文件2提到该化合物"不能被分离出"，并未教导制备和分离该化合物，从整体上来讲，该化合物仅仅是偶然被发现的。复审请求人将上述偶然发现的具体化合物从权利要求1中排除后，应符合《专利法》第22条第2款有关新颖性的规定，且上述文本应被接受。

2.3 审理结果摘引

针对上述修改后的权利要求，合议组发出第二次复审通知书，首先指出，复审请求人的上述修改属于具体放弃式修改。进而，将对比文件2与本申请说明书关于背景技术的描述结合，通过"三步法"进行创造性审查判断，得出修改后的权利要求1不具备创造性的审查结论。最后，给出对于复审请求人所作修改的审查结论，认为本案的具体放弃不能使权利要求具备创造性的前提下，权利要求1的修改不符合《专利法》第33条的规定。❶

3 案件启示

复审请求人对权利要求书的上述修改使得该案的审查焦点转为，依据上述《专利审查指南》的规定，该修改是否属于具体放弃式修改；如果属于，则审查员能否接受该修改？具体来说，在申请人删除"偶然占先"的已知化合物使得权利要求具备新颖性的情况下，是否应继续评判该修改后技术方案是否具备创造性，并以经审查认定该技术方案具备创造性作为允许接受具体放弃式修改的前提条件？如果认为需要进一步得出创造性的审查结论才能接受这种修改的话，出于这种目的的创造性审查应如何进行？是否需要改变新颖性判断所使用的证据或者改变该证据的使用方式，甚至补充检索？

---

❶ 本文议题不涉及创造性评述以及合议组依职权审查的尺度是否得当，尽管案例1以一篇"偶然占先"的现有技术结合说明书背景技术来评价创造性，但审查实践中如以一篇"偶然占先"的现有技术结合另一份证据来评价创造性，可能引发类似问题。

三、分析与思考

1　历史研究

1.1　审查指南相关规定的历史研究

具体放弃（disclaimer）是修改权利要求书的一种方式。2001年版《审查指南》第一次规定了采用具体放弃修改数值范围的情形❶。2006年版《审查指南》将其从第二部分第八章第5.2.2节"允许的修改"中移至第5.2.3节"不允许的修改"中。在2010年版《专利审查指南》中，该部分内容没有变化，具体表述为："如果在原说明书和权利要求书中没有记载某特征的原数值范围的其他中间数值，而鉴于对比文件公开的内容影响发明的新颖性和创造性，或者鉴于当该特征取原数值范围的某部分时发明不可能实施，申请人采用具体放弃的方式，从上述原数值范围中排除该部分，使得要求保护的技术方案中的数值范围从整体上看来明显不包括该部分，由于这样的修改超出了原说明书和权利要求书记载的范围，因此除非申请人能够根据申请原始记载的内容证明该特征取被放弃的数值时，本发明不可能实施，或者该特征取经放弃后的数值时，本发明具有新颖性和创造性，否则这样的修改不能被允许。"❷

从上述规定可以看出，审查指南没有对具体放弃式修改给出定义，而是通过一个涉及数值范围的案例进行了说明❸。一般认为，具体放弃式修改是指排除原申请文件中没有公开的技术特征以限制权利要求的保护范围，通常是采用否定性词语或排除的方式来放弃权利要求的部分保护范围。关于具体放弃的适

---

❶　2001年版《审查指南》第二部分第八章第5.2.2.1节规定，"如果在原说明书和/或权利要求书中没有公开某特征的原数值范围的其他中间数值，而鉴于对比文件公开的内容或者鉴于当该特征取原数值范围的某部分时发明不可能实施，在该发明申请排除所述部分后具有新颖性和创造性的前提下，允许用具体'放弃'（Disclaimer）的方式，从一个数值范围较宽的权利要求中排除该部分，使权利要求从整体上看来，覆盖具有明显排除该部分的一个确定的保护范围"。

❷　参见2010年版《专利审查指南》第二部分第八章第5.2.3.3节"不允许的删除"。

❸　2010年版《专利审查指南》中给出如下示例，"例如，要求保护的技术方案中某一数值范围为 $X1=600\sim10000$，对比文件公开的技术内容与该技术方案的区别仅在于其所述的数值范围为 $X2=240\sim1500$，因为 $X1$ 与 $X2$ 部分重叠，故该权利要求无新颖性。申请人采用具体放弃的方式对 $X1$ 进行修改，排除 $X1$ 中与 $X2$ 相重叠的部分，即 $600\sim1500$，将要求保护的技术方案中该数值范围修改为 $X1>1500$ 至 $X1=10000$。如果申请人不能根据原始记载的内容和现有技术证明本发明在 $X1>1500$ 至 $X1=10000$ 的数值范围相对于对比文件公开的 $X2=240\sim1500$ 具有创造性，也不能证明 $X1$ 取 $600\sim1500$ 时，本发明不能实施，则这样的修改不能被允许"。

用范围，目前较有共识，即认可审查指南的规定所给出的是一种判断原则和审查思路，实践中应当不限于针对连续数值范围的修改，在审查指南对于其他情形下的具体放弃的审查未作出规定的情况下，应参照该规定进行审查，即该原则对其他情形（例如马库什化合物）也具有指导意义。

根据上述审查指南的规定，允许具体放弃式修改的前提是：申请人能够证明排除了现有技术已公开的内容之后的数值范围相对于现有技术已公开的内容明显具有新颖性、创造性；或被排除的部分为本发明不可能实施的数值范围。从"允许的修改"移至"不允许的修改"一节中的法律依据是《专利法》第33条，其更加着重强调了修改不能超出原始申请记载的内容，意味着具体放弃式修改更多的是属于不允许的修改，只有在特殊的情形下才能被允许；并且，只有在满足审查指南规定的上述判断原则的情况下，具体放弃式修改才属于上述能够允许的"特殊情形"。这意味着，具体放弃式修改是否符合《专利法》第33条的规定的判断焦点集中在其是否符合上述判断原则上，由此进一步引发了审查过程中对于该判断原则应如何正确解读的关注。

1.2 困惑与问题

（1）首先，针对审查指南中"鉴于对比文件公开的内容影响发明的新颖性和创造性"的申请人可以进行具体放弃式修改的前提，该前提是否包含对比文件公开的内容并非影响专利申请的新颖性，而影响的是创造性的情形？这种情形究竟有无可能通过具体放弃式修改克服不具备创造性的缺陷？

（2）进一步，针对具体放弃式修改能够被接受所应满足的要求，如果申请人对申请文件作具体放弃式修改，是否要求审查员将经过审查认定放弃式修改后的权利要求具备创造性作为接受其修改的条件？换句话说，如果不接受这样的修改，是否必须先论述修改后的技术方案不具备创造性才能得出其不符合《专利法》第33条的结论？

对于上述问题的不同理解导致审查实践中出现了如下几种不同的做法。

做法一：只有当审查员提出缺乏新颖性质疑的时候，申请人才有可能通过具体放弃对比文件中影响在后申请的技术方案的方式达到克服新颖性缺陷的目的。并且，该具体放弃被允许的前提条件是，以此方式对缺乏新颖性的缺陷予以克服，不会引发审查员进一步对创造性质疑。换言之，如果审查员还将依据同样的证据质疑修改后权利要求的创造性，则足以说明这种具体放弃式修改不应被接受，在此情形下，审查员应以不符合《专利法》第33条为由不接受该修改文本，而不必以修改后权利要求不具备创造性为由再次发出通知书。

如案例1中的情形，在放弃被对比文件2公开的"偶然占先"的化合物后权利要求已经具备新颖性，且由于该化合物在对比文件2的公开属于"偶然占先"性质，单纯基于该证据无需"三步法"评判即可知晓其不能影响修改后权利要求的创造性，则应接受该具体放弃式修改。如果审查员还将依据该证据与其他证据的结合或者依据补充检索的证据进一步评价其创造性，则均应在该修改文本的基础上继续审查其创造性，而不以其修改不能被接受为审查意见。

做法二：不论审查员提出新颖性的质疑还是创造性的质疑，申请人均可以通过具体放弃某些技术方案以达到克服缺陷的目的。该具体放弃被接受应符合的条件是：修改后的技术方案既不存在缺乏新颖性的缺陷，又同时克服了缺乏创造性的缺陷。否则，审查员应发出通知书对创造性进行评述，只有经申请人答复后审查员最终认定技术方案具备创造性，才应认为该具体放弃式修改符合《专利法》第33条的规定；反之，则如目前案例1中合议组的做法一样，在以"三步法"评判修改后权利要求相对于之前破坏新颖性的对比文件2与其他证据的结合不具备创造性的基础上，给出具体放弃式修改不符合《专利法》第33条的结论。

上述问题在下述案例2中也得以体现。

某发明申请的权利要求1保护一种常白型超扭曲向列液晶显示器装置，前光学叠层具有补偿膜（其余特征略），从属权利要求2进一步限定液晶层的延迟在500nm～750nm的范围内。第一次审查意见通知书指出，权利要求1相对于对比文件1不具备新颖性，对比文件2公开了液晶层的延迟在700nm～800nm的范围内，故权利要求2相对于对比文件1和2不具备创造性。申请人删除了权利要求1，在权利要求2的基础上将500nm～750nm修改为500nm～700nm。申请人认为这样的修改使得本申请的技术特征能够与对比文件1有所区别，且技术特征的数值也不会与对比文件2所记载的数值重叠，本申请因选择液晶层具有500nm～750nm的延迟（该延迟低于常规LCD的延迟间隔）而增加了信号稳定性，从而使得修改后的权利要求相对于现有技术具有创造性。第二次审查意见通知书认为上述对数值范围的修改超出了原说明书和权利要求书记载的范围，不符合《专利法》第33条的规定。申请人陈述认为由于对比文件2公开的数值范围与本案重叠，为了避免与之重叠而进行了具体放弃式修改，且修改后的权利要求 1 能达到对比文件 2 无法达到的功效，证明本申请是有创造性的。驳回决定认为，根据本申请原始记载的内容无法证明当液晶层的延迟范围在 500nm～700nm 时本申请具有创造性，因此这种具体放弃式修改不能允许，其修改不符合《专利法》第 33 条的规定。

研究此案会发现，本案驳回针对的权利要求包含的技术特征"前光学叠层具有补偿膜"并未在对比文件中公开，现有技术也没有给出将其运用在对比文件 1 公开的技术方案中，从而得到权利要求要求保护的技术方案以解决其实际解决的技术问题的启示，也就是说驳回决定所用的对比文件其实无法破坏修改后的权利要求 1 的创造性。那么是否可以认为其属于具体放弃式修改从而予以接受？即假定引发申请人进行具体放弃式修改的审查意见或驳回决定存在问题，采取具体放弃式修改之前的技术方案原本具有创造性，但是修改之后的技术方案确实也具有创造性，那么，该修改是否可能符合具体放弃式修改的判定标准而使审批程序得以继续，不致申请人的利益遭受更大的侵害？

可见，审查指南的表述方式为审查实践带来了一些困惑和操作上的不一致，需要我们对该问题产生的根源加以探究，梳理不同理念的价值取向，才有助于揭开这一问题的层层面纱。

2 比较法研究

具体放弃式修改在各国专利制度中都有涉及，例如欧洲专利局将其描述为"放弃式权利要求"（disclaimer），日本专利局有"否定限定"（negative limitation）的规定，PCT 国际检索和初步审查指南中描述为"排除"（"excluding claim""exclusion"）。这些均可以用于限制权利要求的范围，均可达到将用技术特征清楚限定的一个要素明确地排除在请求保护的范围之外的目的。

虽然欧洲专利局的专利法律框架和审查实践与我国不完全相同，但欧洲专利局的一些做法对我们来说具有一定的借鉴作用。欧洲专利局扩大上诉委员会 2004 年 4 月 8 日的决定 G1/03 对具体放弃问题做了非常详尽的分析和阐述。[1]

欧洲专利局扩大上诉委员会 G1/03 中对具体放弃给出了明确的定义：具体放弃是使用否定性的技术特征对权利要求进行修改，比较有代表性的是从全部特征中排除具体的实施方式或范围。

---

[1] 姜晖，王守彦，齐宏毅. 由欧局决定 G1/03 谈其具体放弃修改方式的原则 [J]. 学术观察，第 4 期.

决定 G1/03 明确指出，不能将从权利要求保护范围中具体放弃的内容或所排除的主题在原始申请文件中没有记载作为唯一理由，引用《欧洲专利条约》123（2）❶拒绝以具体放弃的形式修改权利要求。

当具体放弃的内容在原始申请文件中没有记载时，以如下标准来评价该具体放弃的修改是否允许。

（1）出于如下原因而采用具体放弃的形式进行修改是允许的。

按照《欧洲专利条约》54（3）和（4）针对现有技术重新确定权利要求保护范围，使该权利要求具有新颖性；及按照《欧洲专利条约》54（2）针对偶然占先（accidental anticipation）重新确定权利要求保护范围，使该权利要求具有新颖性。所谓"偶然占先"是指《欧洲专利条约》54（2）的现有技术内容与要求保护的发明不相关或距离非常远，本领域技术人员完成发明时不会考虑这些内容；及按照《欧洲专利条约》52 至 57，出于非技术原因排除不授权主题的具体放弃。

（2）具体放弃的内容不应超出使权利要求重新具有新颖性或出于非技术原因排除不授权主题的需要。

（3）与评价创造性或者充分公开相关的具体放弃增加的新的主题不符合《欧洲专利条约》123（2）的规定。

（4）包括了具体放弃内容的权利要求必须符合《欧洲专利条约》84 有关清楚和简明的规定。

从上述原则中可以看出，欧洲专利局有关具体放弃式修改的思路是：只有为了克服新颖性缺陷或出于非技术原因排除不授权主题，才允许对权利要求采用具体放弃的修改方式。具体放弃式修改并不是给申请人提供任意修改权利要求的机会，而是只能用来克服新颖性缺陷或出于非技术原因排除不授权主题。所述新颖性缺陷又仅限于由抵触申请和"偶然占先"原因造成的权利要求丧失新颖性。

3 法理分析

3.1 具体放弃式修改的设立初衷

申请人在申请专利时，为了得到较宽的保护范围往往在权利要求中对实际

---

❶《欧洲专利条约》123：修改（2）欧洲专利申请或欧洲专利的修改不应增加超出原始申请内容以外。

作出的发明创造进行合理的概括或外延,但这种概括或外延的范围并不是客观上已经作出的发明,而是主观推想的结果,因而这种概括或外延的不恰当有时会导致发明包括了现有技术已公开的内容,但由于申请所要求保护的大部分内容相对于现有技术而言作出了创造性的贡献,如果仅仅因为其保护范围内的部分甚至个别技术方案不能实施、缺乏新颖性等就否定整个权利要求也不利于给予发明创造以合理的保护。在此基础上,允许了具体放弃式这样一种对于权利要求的修改方式。

3.2 具体放弃的具体情形的价值考量

实践中允许具体放弃的两种情形[1](抵触申请或偶然占先)都是以该情形导致权利要求的新颖性被破坏为前提的。总体出发点在于,对于某些文献披露的技术信息,申请人在申请日时可能因难以获知该文献,而难以在撰写申请文件时将其在权利要求概括的保护范围中予以规避,因此,出于公平考虑,需要将具体放弃这种特殊修改方式作为补救的机会提供给申请人,达到保护其对社会作出的技术贡献的目的。但出于防止申请人谋取不正当先申请利益的原因,这种具体放弃式修改的被接受也会受到相应的严格限制。

排除抵触申请的具体放弃的目的应该是考虑到这样一个事实,即不同的申请就发明主题的不同方面都有获得专利权的资格,排除抵触申请内容后的部分,因为是在后申请的首次公开,应该获得相应的合理保护。由于抵触申请的内容并非现有技术,申请日前公众无法获得,不能用于评价专利申请的创造性,因此在专利申请采用具体放弃式修改排除抵触申请记载的内容后,相对该文献自然具有了新颖性、创造性。

至于偶然占先,欧洲专利局的决定 G1/03 对此作出了清楚的解释:偶然公开必须是如此地不相关和技术领域相差如此之远,以致所属领域的技术人员在实施发明时绝不会将其列为需要考虑的对象。偶然占先的对比文件由于所属领域、所解决的技术问题、发明构思,与本申请相差甚远,仅仅由于公开内容与本申请保护范围有重叠,能破坏本申请的新颖性,在申请人采用放弃式修改从要求保护的技术方案中排除该偶然占先的内容后,该文献已无法用来评价修改后权利要求的创造性。

---

[1] 如前文所述,本文仅讨论与新颖性和创造性问题相关的具体放弃式修改。

3.3 我国审查标准的修改本意

《审查指南修订导读2006》中指出,"具体放弃（Disclaimer）的修改方式允许从一个较宽的数值范围内排除现有技术已经公开的部分,这样的修改方式作为超范围修改的一种特例,应该予以限制,如果申请人不能证明排除了现有技术已公开的内容之后的数值范围相对于现有技术已公开的内容明显具有新颖性、创造性,或者被排除的部分为本发明不可能实施的数值范围,则这样的修改不能被允许,只有在对比文件为抵触申请文件,或者不同的发明目的的文件等时,才有可能证明修改后的权利要求具有创造性,但这种情况是极为罕见的,绝大多数的修改均不符合该条件,不能被允许,因此将此部分移至本章第5.2.3.3节不允许的删除"❶。

从上述修订说明中,可以解读出以下信息:

解读一,"排除现有技术已经公开的部分"表明从权利要求中以具体放弃的方式排除的是影响新颖性的技术内容。创造性对比文件所公开的应该是与专利申请权利要求技术方案有差别的技术。

解读二,将审查指南"具有新颖性和创造性"解读为"明显具有新颖性、创造性",并进一步解释"只有在对比文件为抵触申请文件,或者不同的发明目的的文件（即偶然占先的情况）等时,才有可能证明修改后的权利要求具有创造性",表明这两种对比文件均仅限于审查员对新颖性的质疑,这是申请人可以采取具体放弃式修改的前提,并且修改后的申请具备创造性的结论类似不证自明,不会引发创造性的质疑。

综上,2006年版《审查指南》将具体放弃部分内容从第5.2.2节"允许的修改"中移至第5.2.3节"不允许的修改",借鉴了欧洲专利审查的相关规定。由欧洲专利局的相关规定和2006版《审查指南》的修订说明均可以得出,采取"具备新颖性和创造性"这样的规定,其初衷在于明确允许具体放弃式修改应限于抵触申请和偶然占先的情形,同时避免实践中可能出现的申请人因为创造性（而非新颖性）原因采取具体放弃式修改的努力,如下文（4）所述,实际上这样的修改几无被接受的可能。审查指南修订就这一问题作出说明,其本意是为了规范审查员的操作并节约审查程序,避免当事人在此问题上

---

❶ 国家知识产权局. 审查指南修订导读2006 [M]. 北京：知识产权出版社, 2006：194.

产生不必要的纠葛。

3.4 结合实践的逆向思考

如果对审查指南作出与上述审查指南修订说明不同的理解，不妨可以结合下图进一步分析：

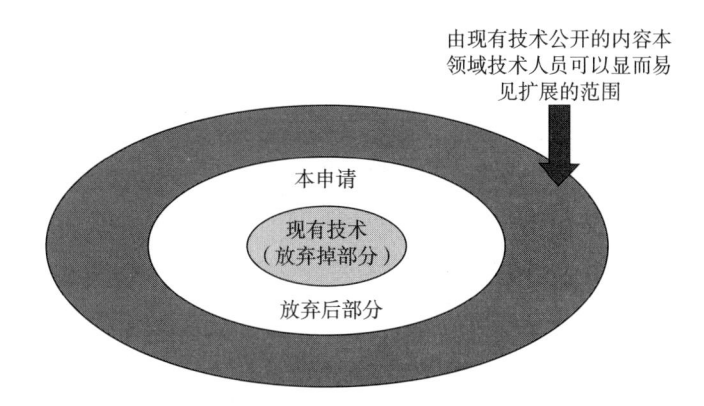

由现有技术公开的内容本领域技术人员可以显而易见扩展的范围

本申请

现有技术（放弃掉部分）

放弃后部分

如图所示，如果对比文件并非偶然占先的现有技术，此时无论其是破坏新颖性，还是仅破坏创造性，由于对比文件与本申请技术领域、解决的技术问题（发明目的）相同或相近，则具体放弃式修改后的技术方案尽管克服了新颖性问题，但具体放弃的内容和放弃后权利要求保护范围之间必然存在临近边界，该边界附近的技术方案与放弃的技术方案非常接近，应能够从对比文件中依据技术启示得到而不具备创造性，除非边界处的技术方案相对于现有技术产生了出人意料的技术效果。但是，即使区别特征为离散（非连续）变量，也几无可能证明具体放弃后的临界点（区域）有突变或跳跃性的技术效果。原因在于，如果该效果与技术特征的关系已经记载于原始申请文件（表格或图谱等）中，则足以为修改提供依据，而依据上述记载进行的修改显然已不属于具体放弃这种特殊的修改方式；如果没有相应记载，也就无法通过补充提交相关证据的方式予以克服。即，相对于非偶然占先的对比文件（基于相同发明目的、解决相同技术问题）的申请由于新颖性问题而作放弃式修改，理论和实践中均无法证明放弃后的技术方案具备创造性，几无被接受的可能，故允许其存在亦不具实际意义。实际上，审查指南修订说明已经从结论上阐明要满足明显具备新颖性和创造性的条件，允许放弃的只能是抵触申请文件和偶然占先这两种情况。

3.5 对于具体放弃式修改的审查定位

对于具体放弃式修改是否允许的审查属于文本审查，其目的在于为三性评判确立审查文本。确立正确的文本是为评判新颖性和创造性做准备的。一份专利申请是否能够被授予专利权,对于发明人所作出的智慧贡献的衡量是起到决定因素的。因此,判断具体放弃式修改是否符合《专利法》第33条的过程是不能替代对于一份专利申请是否具备新颖性和创造性的审查的。

根据文本审查与三性审查之间的关系可知,如果审查员将过多精力花费在通过审查修改后的权利要求究竟是否具备创造性来得出该文本是否可以接受的结论上,一方面会导致审序混乱、整体审查思路不清,另一方面会显示出审查重心的偏移,影响到对审查实质的把握,因为文本审查阶段提及的具备创造性也仅指要相对于所放弃的现有技术具备创造性,这往往与真正认定一项权利要求是否具备创造性的审查不能划上等号。

对于具体放弃是否允许的审查属于适用《专利法》第33条的审查,应遵照立法本意和判断标准,正确解读《专利法》第33条,并基于维护先申请原则以及公平原则之考虑,而非仅基于放弃后是否使权利要求"具有新颖性和创造性"。如果只要证明修改使得权利要求具备新颖性和创造性就接受这种修改,其实是在文本审查阶段偏离了《专利法》第33条的判断标准,这样还有可能导致不应被授予的权利范围被授权。

4 研究结论

经过以上分析,谨提出以下意见。

(1)如果申请日提交的说明书或权利要求中存在能够作为修改依据的相关的记载,申请人可以依据该记载对权利要求进行修改以克服相应的缺陷,则不应允许其进行具体放弃式修改,即具体放弃式修改应该是穷尽其他允许的修改方式之后不得已为之的最后方式。毕竟申请日提交的专利申请文件是划定申请人与第三方权益界限的基础,应当尽量避免申请人通过对专利申请文件的修改破坏这种权益界限,否则会使得申请人通过该修改不当获利,损害依赖于该原始申请文件的第三方的法律安全性。

(2)申请人对申请文件作具体放弃式修改,所放弃的内容应仅限于被现有技术(或抵触申请)公开的技术方案。具体来说,①允许排除抵触申请的相关内容以使权利要求具备新颖性。②允许排除当现有技术的技术领域与本发明相差很远,解决完全不同的技术问题,发明构思完全不同,现有技术对于发明的完成没有给出教导或启示的情况下的现有技术(偶然占先的情形),以使权利要求具备新颖性。上述两种情形在具体放弃式修改之后的技术方案具备新颖性后，无论是原来构成抵触申请的文件，还是偶然占先的文件都不能破坏其创造性（前者不构成现有技术，后者无技术启示的可期待性）。

（3）如果破坏新颖性的对比文件并非抵触申请或偶然占先（既属于现有技术，又属于相同领域、解决相同问题，对发明的完成有教导和启示），则所作具体放弃式修改不应被接受（因为其既不符合该修改规则的立法目的，也无法证明修改后的技术方案具备创造性）。同理可以推知，这样的现有技术如果破坏的不是新颖性而是创造性（即排除了偶然占先的情形），则这样的申请也不应允许其作具体放弃式修改。案例2正是此种情形，修改后的权利要求用对比文件1和2无法评价创造性，原因并非修改之后的权利要求具有了出人意料的技术效果，或者产生了新的足以使技术方案具备创造性的特征，而在于审查初始（放弃式修改之前）的创造性评述就有问题，是由于审查员忽略了权利要求中"前光学叠层具有补偿膜"这一技术特征，错误地认定权利要求相对于其引用的对比文件不具备新颖性或创造性而导致的。因此，案例2中申请人对权利要求的修改并非属于排除抵触申请或偶然占先的现有技术的情形，应当按照《专利法》第33条的规定，客观判断其修改是否超范围。

因此，对于上述破坏新颖性的对比文件并非抵触申请或偶然占先的情形（或者现有技术破坏的不是新颖性而是创造性），可直接以具体放弃式修改不符合《专利法》第33条提出审查意见。否则，如果审查员将过多的精力花费在修改后的权利要求究竟是否具备创造性上，可能导致审序混乱、整体审查思路不清。最后，如果只要证明修改使得权利要求具备新颖性和创造性就接受这种修改，也有可能导致不应被授予的权利范围被授权。

最后，本文案例1中，本申请要求保护的产品具有应用于锂离子电池制备领域的用途。虽然对比文件2公开了影响本申请新颖性的一种具体化合物，但对比文件2的主题是探讨该类化合物的合成机理，关注点在于化合物的合成本身，而没有公开化合物的任何用途，可以认为其属于"偶然占先"的情形。在此前提下，已经可以认定具体放弃式修改符合《专利法》第33条的规定，而不用再发出第二次复审通知书纠结审查文本问题。如果审查部门认为对比文件2结合其他证据后仍然导致权利要求没有创造性，则属于单纯的创造性问题，与有关具体放弃是否应允许的文本问题无关。

四、案例辐射

通过以上分析可以明确，一方面，为了公正合理地对发明创造给予鼓励和保护，使申请人能够应对在提出专利申请时难以预见的情况在专利审批过程中突然出现，具体放弃式修改的存在具备必要性。如果没有这种修改方式，使得申请人丧失在此情形下重新确定权利要求保护范围的可能性，对于发明得到合理适度的保护是不利的。另一方面，将允许具体放弃的情形限制为特殊情形兼顾了已有的对于专利申请权利要求的常规撰写方式和修改的要求，使得申请人重视原始申请文件的撰写。常规撰写方式的要求依然是，独立权利要求通过将需要对实际作出的发明创造进行合理的概括或外延得出的最大的保护范围，从属权利要求采用层层递进的方式给出优选、更优选的范围，使得申请文件中的发明如同洋葱皮，一层包一层，清楚其核心所在。并且通常应以正面、肯定的方式描述技术方案。这样对发明作多层次的撰写和保护是有利的，在申请人面对审查员指出的多数因新颖性和创造性问题而对于权利要求可授权范围造成影响的审查意见时，申请人的修改是从大的范围一步步退回优选、更优选，及至专利核心所在（无效程序亦然）。这样考虑的结果同样是，允许放弃的现有技术应该是极其特殊的情形，而非应对新颖性与创造性审查意见的常规修改方式。

需要说明的是，申请人如果对权利要求进行具体放弃式修改，从保护范围内"抠掉"现有技术（或抵触申请）公开的内容，则应该明了其相应带来的在侵权诉讼中产生的后果。《最高人民法院关于审理侵犯专利权纠纷案件应用法律若干问题的解释》第6条规定，专利申请人、专利权人在专利授权或者无效宣告程序中，通过对权利要求、说明书的修改或者意见陈述而放弃的技术方案，权利人在侵犯专利权纠纷案件中又将其纳入专利权保护范围的，人民法院不予支持。也就是说，申请人如果对权利要求进行了具体放弃式修改，则在专利侵权诉讼中不能将放弃的技术方案再纳入保护范围，即不能主张其属于等同侵权。该规定属于对等同侵权适用的限制，其出发点就是申请人不能在专利授权确权中通过修改或解释权利要求缩小保护范围而得到专利权，又在侵权诉讼中扩大解释权利要求的保护范围而两头得利。

（撰稿人：何炜 李越 蔡雷 审核人：李新芝）

第三章 关于公开与权利要求以说明书为依据

第一节 支持问题判断中技术问题与技术手段的确定

一、引言

在涉及权利要求的技术方案是否得到说明书支持的判断中，尽管《专利审查指南》第二部分第二章第3.2.1节给出了一些细化的原则，但仍然缺少一个通用的审查思路，同时各种情形下的举证责任也不明确，导致在实践中对于《专利法》第26条第4款的适用存在不同理解。

下面笔者试图结合案例，探讨如何在《专利法》第26条第4款的审查中更准确地确定技术问题与技术手段，提出更切中发明实质的审查意见，从而避免不同审查主体因自身的阅读能力、对现有技术的了解和掌握能力以及事实认定能力等方面存在个体差异而造成审查标准适用和审查结论上的差异；同时，也能够帮助申请人进行有针对性的答复和修改，避免即使缩小了保护范围，也可能因不满足要求而被直接驳回的情形。

二、典型案例

1 涉及"与发明目的直接相关的技术手段的判断"的案例简介

【案例1】

专利申请号：01822705.8

复审请求人：孟山都有限公司

在"提高植物产量和活力的方法"一案中，专利复审委员会认为，根据说明书的描述，权利要求1的通式化合物的共有特性是对危害谷类植物的小麦禾顶囊壳菌具有抑制作用，对危害豆类植物的病原菌没有活性，同时，根据实施例的内容，使用通式化合物中最优选的化合物硅噻菌胺之所以能够提高豆类植物的活力和/或产量，并不是基于其对病菌的控制，而是"意想不到"的其他原因。可见本申请要达到提高豆类植物活力和/或产量的效果，利用的并不是所述通式化合物的共性，因此，在说明书仅提供了一个具体化合物，即硅噻菌胺与种菌联合使用对大豆植株的活力和产量有改善作用的情形下，本领域技术人员难以预测权利要求1中概括的除该化合物外的其他化合物同样解决本申请的技术问题，并且达到上述技术效果。

请求人修改了权利要求书，将权利要求1中的通式化合物限定为硅噻菌胺。

2 涉及"权利要求中的技术特征不是用于实现发明目的的技术手段"的案例简介

【案例2】

专利申请号：01816515.X

复审请求人：索尔瓦药物有限公司

在"不受离子强度影响的持续释放的医药制剂"一案中，专利复审委员会认为，发明的背景技术以及实质审查过程中曾经引用的对比文件均记载，"使用诸如高、中、低粘度纤维素醚及其混合物作为亲水性凝胶基体用于药物的控制释放在现有技术中是已知的，本申请的发明点在于发现了一种由具有特定比例的特定组分所形成的新的亲水性凝胶生成性基体。由亲水性凝胶生成性基体制剂的作用机制可知，活性物质从亲水性凝胶生成性基体中的释放仅仅是通过物理作用而实现的，活性物质的释放取决于上述基体，而该基体的溶蚀性能也不受活性物质种类的影响。因此，活性物质从亲水性凝胶生成性基体中的释放仅仅是通过物理作用而实现的，活性物质的释放取决于上述基体，而该基体的溶蚀性能也不受活性物质种类的影响。在此基础上，在说明书中已经验证五种不同的活性物质在本申请的特定基体中均能达到不受溶解介质离子强度影响的技术效果的情况下，本领域技术人员不难得出"即使不对活性物质进行限定，权利要求1的技术方案也能解决本申请中释放不受离子强度影响的技术问题"的结论。

3 涉及"本领域技术人员对技术手段的掌握程度"的案例简介

【案例3】

专利申请号：98808095.8

复审请求人：尤尼利弗公司

在"个人护理用组合物"一案中，专利复审委员会认为，根据说明书的记载，市售的双胍类化合物为水溶性盐，这些水溶性盐和聚（六亚甲基双胍）（简称 PHMB）盐酸盐不适合提供一种溶于有机液中的聚合双胍溶液，且会引起严重的腐蚀作用。本申请旨在提供聚合双胍与有机酸组成的盐，此类盐具有高度的抗微生物活性，在有机介质中表现出溶解度增高。针对上述技术问题，本申请采用的技术方案是，将聚合双胍与含有 4～30 个碳原子的有机酸组成盐，此类盐与有机介质一起来配制个人护理用化妆品组合物。对于本领域技术人员来说，相对于盐酸盐在有机介质中的溶解性，聚合双胍有机酸盐在有机介质中的溶解性显然会增高，且随着有机酸盐碳原子的增加，有机酸盐的油溶性也会逐步增加。因此，在无相反证据的前提下，本领域技术人员根据本申请说明书记载的内容，可以推测出将聚合双胍与含有 4～30 个碳原子的有机酸组成盐，均能提供溶于有机介质的聚合双胍溶液，从而解决本发明的技术问题，因此，实施例记载的一个点（硬脂酸）可以支持权利要求 1 中 4～30 个碳原子范围的有机酸。

4 案件启示

4.1 审查《专利法》第 26 条第 4 款的考虑因素

根据《专利审查指南》的规定，判断一项权利要求是否能够得到说明书的支持，实质上就是要将权利要求的技术方案与说明书中充分公开的内容进行对比，判断从说明书充分公开的内容扩展到权利要求所概括的范围时是否包括了申请人推测的、其效果难以预先确定和评价的内容。也就是说，基于说明书充分公开的内容，本领域技术人员能否合理地预期到权利要求概括的所有技术方案均能解决发明要解决的技术问题，并达到预期的技术效果。

基于以上原则，在判断权利要求能否得到说明书的支持时，应当以本领域技术人员作为判断主体，综合考虑以下几个方面的因素：（1）发明要解决的技术问题；（2）权利要求的范围；（3）说明书充分公开的内容；（4）申请文件中记载的其他相关信息和现有技术，尤其是背景技术；（5）发明核心；（6）本领域技术人员的公知常识以及具有的分析推理能力。

明确发明要解决的技术问题是正确判断《专利法》第 26 条第 4 款的首要条件，该技术问题应当是申请人根据其对现有技术缺陷的了解，声称在本申请

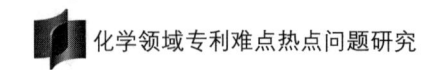

中要解决的技术问题。

通过阅读申请文件,明晰说明书充分公开的内容是确保《专利法》第 26 条第 4 款判断准确的关键。一方面,要对发明内容部分描述的技术方案以及具体实施方式部分验证了发明效果的具体实施例有一个清晰的轮廓;另一方面,还要将二者作为一个整体,不能仅关注具体实施例。

了解与发明相关的现有技术,尤其是背景技术的内容是保证《专利法》第 26 条第 4 款判断客观性的必不可少的因素,通过对相关现有技术的了解,将有助于理解发明的背景,准确掌握发明的核心所在,从而为客观判断权利要求的保护范围是否恰当提供依据。

4.2 《专利法》第 26 条第 4 款的判断过程

在综合考虑以上所述各种因素的基础上,可以遵循以下思路对权利要求是否符合《专利法》第 26 条第 4 款作出判断。

(1) 确定权利要求的范围(A)、说明书充分公开的范围(B);

(2) 判断两个范围之间的关系,

如果 A < B 或者 A = B,则权利要求能够得到说明书的支持;

如果 A > B,则权利要求不能得到说明书支持;

(3) 确定发明要解决的技术问题;

(4) 在综合考虑发明核心、现有技术的状况、本领域公知常识的基础上,判断由说明书充分公开的范围扩展到权利要求的范围时是否均能解决所述技术问题,即,是否包括了申请人推测的、其效果难以预先确定和评价的内容。

具体到本文涉及的案例,案例 1 中,在提高豆类植物的活力和/或产量这一发明目的之下,关键技术手段——通式化合物的性质与发明目的的关系成为判断该通式是否能够获得支持的焦点。而现有技术公认的通式化合物的共性是其杀真菌的性能,但是,说明书通过实验证明,使用硅噻菌胺提高豆类植物的活力和/或产量并不是基于硅噻菌胺的杀真菌性能,也就是说,在此情况下,硅噻菌胺能提高豆类植物的活力和/或产量并不意味着通式化合物中的每一个个体都能提高豆类植物的活力和/或产量,因此,将硅噻菌胺扩展到通式化合物包括了申请人推测的、无法合理预期的内容。

相反,假如申请人通过实验证明,硅噻菌胺能提高豆类植物的活力和/或产量是基于其能杀灭植物上的真菌,通过防止植物受到该真菌的影响而提高了植物的活力和/或产量，那么，由于通式化合物都已经被现有技术验证了具有相同的杀真菌性能，因此，即使仅有硅噻菌胺一个实施例，也能用于支持权利要求中的整个通式化合物。

与之形成对应的是，在案例2中，发明要解决的技术问题是克服现有技术中控释制剂受离子强度影响的不足，提供一种实质上不受离子强度影响的持续释放制剂，该目的是通过具有特定比例的特定组分所形成的新的亲水性凝胶生成性基体在水中溶蚀这一物理作用而实现的，活性物质的释放取决于基体，而该基体的溶蚀性能也不受活性物质种类的影响。因此，"活性化合物"的种类和性质与发明目的能否实现并无直接关系，本领域技术人员能够预见，即使不对活性物质进行限定，权利要求1的技术方案也能解决本申请中"释放不受离子强度影响"的技术问题。

在判断权利要求的技术特征哪些与发明目的直接相关，即属于实现发明目的的关键技术手段之后，本领域技术人员对这些技术手段的掌握程度，随即成为其能否获得说明书支持的判断因素。在案例3的审查中，引入了本领域技术人员所掌握的公知常识。在有机溶剂中，有机酸盐相对于无机酸盐溶解得更好，碳原子数越多，相应的在有机溶剂中的溶解度越高。因此，相对于现有技术使用的盐酸盐，聚合双胍的有机酸盐在有机介质中的溶解性显然会增高，且随着有机酸盐碳原子的增加，有机酸盐的油溶性也会逐步增加。在实施例记载了硬脂酸可以实现上述目的的基础上，本领域技术人员结合上述公知常识，能够判断出权利要求中4～30个碳原子的有机酸获得了充分支持。

三、分析与思考

1 《专利法》第26条第4款的立法宗旨

我国专利法及其实施细则和专利审查指南中均没有明确《专利法》第26条第4款的立法宗旨，但是，从权利要求书本身的作用来看，它是一种用来界定专利独占权的范围，使公众能够清楚地知道实施什么样的行为就会侵犯他人的专利权的一条特殊的法律条款。因此，权利要求的范围应当适当，不能过小也不能过大。如果范围过小，相当于申请人将其完成的一部分发明无偿地捐献给全人类，对申请人本人来说可能是不公平的；相反，如果范围过大，把属于公众的已知技术，或者其尚未完成而是有可能在将来由他人完成的发明囊括在其保护范围之内，将会损害公众的利益。

因此，《专利法》第 26 条第 4 款规定"权利要求书应当以说明书为依据"，其立法宗旨实质是指，权利要求的概括范围应当与说明书充分公开的范围相适应，该范围不应当宽到超出发明公开的范围，也不应当窄到有损于申请人因公开其发明而应当获得的权益。

2 《专利法》第 26 条第 4 款的判断原则

《专利审查指南》第二部分第二章第 3.2.1 节给出了"权利要求书应当以说明书为依据"的含义，是指权利要求应当得到说明书的支持。权利要求书中的每一项权利要求所要求保护的技术方案应当是所属技术领域的技术人员能够从说明书充分公开的内容中得到或概括得出的技术方案，并且不得超出说明书公开的范围。

接下来，《专利审查指南》给出了一般性的审查原则，即，权利要求的概括应当不超出说明书公开的范围。如果所属技术领域的技术人员可以合理预测说明书给出的实施方式的所有等同替代方式或明显变型方式都具备相同的性能或用途，则应当允许申请人将权利要求的保护范围概括至覆盖其所有的等同替代或明显变型的方式。对于权利要求概括的是否恰当，审查员应当参照与之相关的现有技术进行判断。开拓性发明可以比改进性发明有更宽的概括范围。

随后，《专利审查指南》划分了几种情形对上述审查原则进行了细化。

（1）如果权利要求的概括包含申请人推测的内容，而其效果又难于预先确定和评价，应当认为这种概括超出了说明书公开的范围。

（2）如果权利要求的概括使所属技术领域的技术人员有理由怀疑该上位概括或并列概括所包含的一种或多种下位概念或选择方式不能解决发明或者实用新型所要解决的技术问题，并达到相同的技术效果，则应当认为该权利要求没有得到说明书的支持。

（3）对于一个概括较宽又与整类产品或者整类机械有关的权利要求，如果说明书中有较好的支持，并且也没有理由怀疑发明或者实用新型在权利要求范围内不可以实施，那么，即使这个权利要求范围较宽也是可以接受的。

（4）当说明书中给出的信息不充分，所属技术领域的技术人员用常规的实验或者分析方法不足以把说明书记载的内容扩展到权利要求所述的保护范围时，审查员应当要求申请人作出解释，说明所属技术领域的技术人员在说明书给出的信息的基础上，能够容易地将发明或者实用新型扩展到权利要求的保护范围；否则，应当要求申请人限制权利要求的保护范围。

（5）在判断权利要求是否得到说明书的支持时，应当考虑说明书的全部内容，而不是仅限于具体实施方式部分的内容。如果说明书的其他部分也记载了有关具体实施方式或实施例的内容，从说明书的全部内容来看，能说明权利要求的概括是适当的，则应当认为权利要求得到了说明书的支持。

（6）对于包括独立权利要求和从属权利要求或者不同类型权利要求的权利要求书，需要逐一判断各项权利要求是否都得到了说明书的支持。独立权利要求得到说明书支持并不意味着从属权利要求也必然得到支持；方法权利要求得到说明书支持也并不意味着产品权利要求必然得到支持。

（7）当要求保护的技术方案的部分或全部内容在原始申请的权利要求书中已经记载而在说明书中没有记载时，允许申请人将其补入说明书。但是权利要求的技术方案在说明书中存在一致性的表述，并不意味着权利要求必然得到说明书的支持。只有当所属领域的技术人员能够从说明书充分公开的内容中得到或概括得出该项权利要求所要求保护的技术方案时，记载该技术方案的权利要求才被认为得到了说明书的支持。

在审查实践中，应当首先分析发明要解决的技术问题，以及实施例提供了何种解决方案，再判断权利要求概括的方案除实施例之外能否同样解决所述的技术问题，取得所述的技术效果。在此过程中，在正确判断发明要解决的技术问题的基础上，重点判断权利要求中哪些技术特征与该技术问题密切相关，哪些是无关的技术特征。防止不能以技术问题来区分技术特征的作用，对一些与发明要解决的技术问题无关的技术特征要求过严，甚至从实施例中找出一些细枝末节要求当事人写入权利要求中。

四、案例辐射

1 当前审查员与当事人关于《专利法》第26条第4款的主要争议

根据《专利审查指南》第二部分第二章第3.2.1节的内容，在判断权利要求的保护范围是否得到说明书的支持时，如果所属技术领域的技术人员可以合理预测说明书给出的实施方式的所有等同替代方式或明显变型方式都具备相同的性能或用途，则应当允许申请人将权利要求的保护范围概括至覆盖其所有的等同替代或明显变型的方式。只有审查员有合理理由怀疑权利要求所概括的技术方案不能解决发明所要解决的技术问题并达到相同的技术效果时，才能判定不符合《专利法》第26条第4款。如果在能否进行上述"合理预测"的认定上存在差异，则可能导致评价结果的截然相反。

笔者注意到，在涉及《专利法》第26条第4款的审查中，审查员与当事人的争议通常反映在实施例数量及其是否具有代表性上，审查员通常的审查意见为，"权利要求X概括的选择范围过宽，说明书（即使存在与权利要求相一致的记载）仅提供了其中个别选择方式的实施情况，以致所属领域技术人员无法预见在该范围均能合理实施并达到预期的效果，故不满足《专利法》第26条第4款的规定"，其理论依据大概源于《专利审查指南》中涉及撰写具体实施方式时，在权利要求中概括了较宽范围，特别是数值范围的情况下对实施例数量的规定。❶

实际上，《专利审查指南》对上述处理方式规定了明确的前提条件，尽管这些前提条件也出现在第二部分第二章第2.2.6节关于具体实施方式的撰写规定中。

"实施例的数量应当根据发明或者实用新型的性质、所属技术领域、现有技术状况以及要求保护的范围来确定。

当一个实施例足以支持权利要求所概括的技术方案时，说明书中可以只给出一个实施例。当权利要求（尤其是独立权利要求）覆盖的保护范围较宽，其概括不能从一个实施例中找到依据时，应当给出至少两个不同实施例，以支持要求保护的范围。当权利要求相对于背景技术的改进涉及数值范围时，通常应给出两端值附近（最好是两端值）的实施例，当数值范围较宽时，还应当给出至少一个中间值的实施例。

在发明或者实用新型技术方案比较简单的情况下，如果说明书涉及技术方案的部分已经就发明或者实用新型专利申请所要求保护的主题作出了清楚、完整的说明，说明书就不必在涉及具体实施方式部分再作重复说明。"

也就是说，尽管《专利审查指南》指出，两个以上的实施例可以代表较

---

❶ 参见《专利审查指南》第二部分第二章第2.2.6节，当权利要求相对于背景技术的改进涉及数值范围时，通常应给出两端值附近（最好是两端值）的实施例，当数值范围较宽时，还应当给出至少一个中间值的实施例。

宽的保护范围，以及（两个）端值和中间值的实施例并存能够更好地表达数值范围，但上述规定的前提条件是，当权利要求覆盖的较宽保护范围不能从一个实施例中找到概括的依据时，以及当权利要求相对于背景技术的改进是涉及数值范围时。因此，上述审查意见仅仅从范围大小的角度出发评述不支持的缺陷，明显背离了《专利审查指南》作出上述规定的初衷。

2 上述现状导致的问题

上述类型审查意见的欠缺主要在于意见的有效性上。"范围过宽"不一定"无法预料"，该意见缺少支撑结论的说理环节。从某种意义上讲，这样做是把初步的举证责任转向了当事人（这里所说的举证不限于引用证据文件，而是广义地理解为提供克服合理怀疑的任何依据）。"范围过宽"和"无法预见"属于"普遍适用"的理由，并没有针对技术方案提出令人信服的依据。

这样的意见往往也不容易被当事人认可，既然审查意见如此空泛，当事人的答复也可能不牵涉实质。通常的状态是，由于缺少明确的方向指引，当事人不知道修改至何种范围才可能被认可，一方面碍于通知书的压力，一方面又不可能甘于发明被限制为实施例，被迫选择一个中间状态来"讨价还价"。这样的修改不仅前景难以预料，而且还特别容易产生修改超范围的新问题，导致审查程序延长。

面对这样空泛的驳回决定，专利复审委员会相关合议组与当事人一样，也无法把握驳回决定的真实意图。在实审员没有提供上述怀疑的根据或相关证据的情况下，无论案件的结论是维持还是撤销驳回决定，复审合议组为了补充更为强有力的说理，只能从申请文件、背景技术乃至当事人提供的现有技术中重新寻找依据，进而在随后的行政诉讼程序中可能面临对举证、审查的范围等方面的质疑。

3 解决方法

3.1 加强对审查意见说理充分的要求

《专利审查指南》在谈及"支持"时指出，当审查员认为权利要求的包含范围不能得到说明书的充分支持时，审查员应当有合理的理由，也就是说，"有理由怀疑"不应当是上述类型没有根据的断言。合理的怀疑来自于对本领域现有技术的充分了解，这不仅要求审查员秉持更为审慎的工作态度，更要从管理的角度提高对审查意见说理程度的要求。

首先，应当明确审查员需要承担的初步举证责任。这里的"举证"并不局限于公开出版物证据，也可以是基于发明技术内容的理解和分析。其次，提高审查员对当事人意见陈述的重视程度。目前来看，相当一部分审查员更为关注修改文本是否克服了通知书中指出的缺陷，而忽视当事人的意见陈述和提交的材料，即使有相应回应，通常也是简单化处理。这也是当事人感觉与审查员难以沟通的重要原因。实际上，意见陈述书集中体现了当事人对其发明的阐述，特别有助于了解发明的核心内容。

总之，要求审查员摒弃以结论代替说理的方式，根据发明技术内容的原理或机理、发明目的和技术效果等，或者借助公知常识、背景技术、对比文件等进行评述，这对于提高审查质量和审查效率大有裨益。

3.2 制定更具有操作性的判断原则

通过对很多案例的分析不难发现，目前相当一部分案件的审查偏差集中在对于发明解决的技术问题无关的一些特征要求过严上，为此，应明确以下更易操作的判断原则。

在各种类型的权利要求中，如果本领域技术人员综合判断后获知部分技术特征属于与技术问题密切相关的手段，该部分技术特征的选择或改变会影响整个技术方案能否解决所需解决的技术问题，则在判断该技术方案能否得到说明书支持时应当从严要求；

反之，如果获知部分技术特征不属于与技术问题密切相关的技术手段，即该技术特征的选择或改变对整个技术方案的影响较小或可预测性较强时，则在判断该技术方案能否得到说明书支持时应当从宽要求，此时不应当仅仅基于说明书实施例中所公开的内容来质疑权利要求能否得到说明书的支持。

（撰稿人：侯　曜　审核人：何　炜）

第二节 关于必要技术特征的认定

一、引言

《专利法实施细则》第 20 条第 2 款[1]规定,"独立权利要求应当从整体上反映发明或者实用新型的技术方案,记载解决技术问题的必要技术特征"。必要技术特征[2]是指,发明或者实用新型为解决其技术问题所不可缺少的技术特征,其总和足以构成发明或者实用新型的技术方案,使之区别于背景技术中所述的其他技术方案。这一条款的目的在于保证独立权利要求技术方案在解决技术问题意义上的完整性。

发明或者实用新型应当是一种新的技术方案,这种技术方案是以权利要求的形式体现的,权利要求由技术特征构成,限定专利的保护范围。在专利审查、复审、无效以及侵权判定等过程中,技术特征都应当作为重点考察,特别是独立权利要求中的必要技术特征。

如何认定独立权利要求中的技术特征是必要技术特征还是非必要技术特征呢?《专利审查指南》指出,应当从所要解决的技术问题出发并考虑说明书描述的整体内容,不应简单地将实施例中的技术特征直接认定为必要技术特征。[3] 换言之,如果缺少该技术特征,独立权利要求就不能构成一个能达到发明目的并取得基本预期效果的完整的技术方案,则该技术特征就是必要技术特征,反之,该技术特征就是非必要技术特征;此外,判断独立权利要求是否缺少必要技术特征,应站在本领域技术人员的角度,结合其应具备的专业知识来加以判断,并且应当从所要解决的技术问题出发考虑说明书描述的整体内容。

---

[1] 该规定在 2001 年《专利法实施细则》中为第 21 条第 2 款。
[2][3] 参见《专利审查指南》第二部分第二章第 3.1.2 节。

二、典型案例

【案例1】

1 案情简介

1.1 案例索引与当事人

专利号：01805627.X

专利权人：伊莱利利公司

无效请求人：江苏豪森药业股份有限公司

决定号：第12146号无效宣告请求审查决定

1.2 案件背景和相关事实

该专利授权公告的权利要求1与7如下：

"1. 一种具有一定的X-射线衍射图谱的N-[4-[2-(2-氨基-4,7-二氢-4-氧代-3H-吡咯并[2,3-d]嘧啶-5-基)乙基]苯甲酰基]-L-谷氨酸二钠盐的七水合物晶形,该图谱具有下列对应于d间距的峰：7.78±0.04Å, 在22±2℃和环境%相对湿度下,使用铜射线源进行测定。

7. 一种制备权利要求1的N-[4-[2-(2-氨基-4,7-二氢-4-氧代-3H-吡咯并[2,3-d]嘧啶-5-基)乙基]苯甲酰基]-L-谷氨酸二钠盐的七水合物晶形的方法,包括使N-[4-[2-(2-氨基-4,7-二氢-4-氧代-3H-吡咯并[2,3-d]嘧啶-5-基)乙基]苯甲酰基]-L-谷氨酸二钠盐从包含N-[4-[2-(2-氨基-4,7-二氢-4-氧代-3H-吡咯并[2,3-d]嘧啶-5-基)乙基]苯甲酰基]-L-谷氨酸二钠盐、水和丙酮的溶液中结晶出来；然后用湿的氮气干燥N-[4-[2-(2-氨基-4,7-二氢-4-氧代-3H-吡咯并[2,3-d]嘧啶-5-基)乙基]苯甲酰基]-L-谷氨酸二钠盐结晶。"

2 案件审理

2.1 案件焦点

独立权利要求7中是否记载了权利要求1中七水合物制备方法的必要技术特征。

2.2 当事人诉辩

请求人认为,权利要求 7 包括结晶和在湿氮气中干燥两个步骤,但没有提供反应条件,如反应温度、溶液中各组分的比例等,而这些条件属于制备七水合物的必要技术特征。

专利权人认为,现有技术中未发现 N-[4-[2-(2-氨基-4,7-二氢-4-氧代-3H-吡咯并[2,3-d]嘧啶-5-基)乙基]苯甲酰基]-L-谷氨酸(以下简称 MTA)二钠盐七水合物晶形及其良好的稳定性,为得到二钠盐水合物晶形所用的水/乙醇方法中往往是先生产 7.0 醇化物,然后蒸去乙醇转变为 2.5 水合物,为了解决现有技术中存在的"不能从湿饼中成功除去乙醇或异丙醇而不失水"的技术问题,本专利采用丙酮/水方法,通过在湿氮气中干燥除去丙酮获得七水合物晶形,因此权利要求 7 不缺少必要技术特征。

2.3 审理结果摘引

合议组认为,根据专利说明书的记载,本专利解决的技术问题是提供一种较之现有技术具有更高稳定性的 MTA 二钠盐七水合物晶形,从而实现配制药理活性组分(以下简称 API)的最终制剂更容易、API 的存储期更长的目的,现有技术中没有发现该七水合物及其良好的稳定性。现有技术的水/乙醇方法先生产 7.0 乙醇化物,然后蒸去乙醇而转变为 2.5 水合物(参见说明书第 1 页第三段)。为了解决上述技术问题,在本专利中采用丙酮/水,并通过在湿氮气中干燥,可以除去挥发性的能与水混溶的溶剂——丙酮,同时保留原有的七水合物晶形。因此,本领域技术人员能够判断出为制得 MTA 二钠盐七水合物晶形,采用丙酮作为溶剂,并在湿氮气中进行干燥的步骤是解决上述技术问题的必要技术特征,且上述技术特征已经明确记载在权利要求 7 中。

此外,反应温度、溶液中组分的比例等属于权利要求 7 的制备方法技术方案的具体反应条件,对于具体反应条件的选择并非本专利所要解决的技术问题。相反,对于本领域技术人员而言,在明确反应的步骤后通常可以对具体反应条件进行选择和确定;并且请求人并未说明或者证明上述具体反应条件的记载对于解决本专利的技术问题是必不可少的,以及本领域技术人员对这些具体条件的选择超出了其能力范围,需要付出创造性劳动。因此,在没有反证的情况下,尚不能基于权利要求 7 中没有限定这些具体条件而认为其中记载的技术方案不能解决其所要解决的技术问题。

3 案件启示

本案审查决定对权利要求是否缺乏必要技术特征进行了充分论述，呈现了对权利要求是否缺乏必要技术特征问题进行判断的完整的审理思路和逻辑。具体如下：对于必要技术特征的认定，第一，根据说明书的记载，从本专利所要解决的技术问题出发（提供一种较之现有技术具有更高稳定性的 MTA 二钠盐七水合物晶形）；第二，考虑说明书描述的整体内容，判断是否能实现发明目的、解决所要解决的技术问题（参见说明书第 1 页第三段）；第三，从本领域技术人员的角度进行判断，进行解决其技术问题（制得 MTA 二钠盐七水合物晶形）的必要技术特征的认定（采用丙酮作为溶剂，并在湿氮气中进行干燥的步骤）；第四，上述技术特征是否已经明确记载在权利要求中。上述审查过程较为完整地完成了必要技术特征认定的过程。

【案例 2】

1 案情简介

1.1 案例索引与当事人

专利号：98116048.4

专利权人：菲利浦石油公司

无效请求人：英力士欧洲有限公司

决定号：第 13544 号无效宣告请求审查决定

1.2 案件背景和相关事实

争议专利授权公告的权利要求书如下：

"1. 一种聚合方法包括：

在环管反应区使至少一种烯烃单体在液态稀释剂中进行聚合，以制备一种包含液态稀释剂和固态烯烃聚合物微粒的液态淤浆；

在所述反应区中，所述固态烯烃聚合物微粒在所述淤浆中固含量保持在高于 40 重量%，以所述聚合物微粒和所述液体稀释剂重量计；

连续地提取包含被提取的液态稀释剂和固态聚合物微粒的所述淤浆，该淤浆是所述方法的中间产物。

……

5. 根据权利要求 1 的方法，其中为了循环所述淤浆通过所述反应区，在推动区至少保持0.138MPa（18磅/英寸2）表压的压差。

6. 根据权利要求5的方法，其中在推动区保持每0.3米长的反应器物流通道大于0.021米淤浆高度的压差。

7. 根据权利要求6的方法，其中所述压差为每0.3米长的所述反应器物流通道为0.021~0.045米淤浆高度的压差。

……"

请求人主张，本专利所要解决的技术问题是确保反应器可以在固含量高于40重量%下运行，而且本专利已经指出循环速度是影响反应器中实际最高固含量的因素（参见专利说明书第2页第2段），实施例中的数据也表明通过使用强度更大的泵可以得到高于40重量%的固含量。此外，证据7（欧洲专利EP0432555A2，公开日为1991年6月19日）也表明仅采用连续排除淤浆产物是不能获得高达40重量%的固含量的（参见证据7第3页第17~19行），因此"循环强度更大的泵"是解决本发明技术问题的必要技术特征，除权利要求5-7之外的权利要求均缺少必要技术特征。

专利权人主张，关于必要技术特征问题，本专利说明书清楚地说明了仅操作CTO（连续提取）而不用更强度的循环能够在反应器内产生明显更高的固含量，因此不改变泵或不增加泵的尺寸能够实现比40重量%高得多的固含量，权利要求1-4和权利要求8-25是完整的，没有缺少必要技术特征。此外，证据7没有教导请求人主张的具体特征，例如本专利权利要求5-7所述泵压头的具体值，其主张是错误的。

2 案件审理

2.1 案件争议焦点

从说明书实施例和证据的内容角度，判断权利要求1是否缺少必要技术特征。具体而言，认定"循环强度更大的泵"是否是解决本发明技术问题的必要技术特征。

2.2 当事人诉辩

请求人不服该无效决定，向一审法院提起诉讼称：没有理由或者证据来支持有关"连续提取能够使环管反应器中的固定含量在本专利背景部分所提及的37~40重量%的基础上提高至40重量%以上"的论断。证据7也指出"能够可靠地以悬浮液形式保持在环状反应器中的固体的量取决于循环速度，因此受到可获得的循环泵功率的限制"。循环强度更大的泵是解决本发明技术问题的必要技术特征,应当限定在权利要求1中。

2.3 无效决定摘引

合议组认为,虽然如请求人所述,本专利所要解决的技术问题是确保环管反应器在固含量高于40重量%下运行,但在本专利说明书第4页第3段中已明确说明,"已经出乎意料地发现,在惰性稀释剂存在下于环管反应器中进行烯烃聚合时,连续地排出淤浆产物可使反应器在固含量高得多的情况下进行作业",在说明书第4页第5段提到,"还出乎意料地发现,可采用更激烈的循环(伴随而来有较高的固含量)。实际上更加激烈的循环与连续排料相结合,通过连续排料方式,可从反应器提取到高于50重量%固含量的产物"。由此可见,"更加激烈的循环"与"连续排料"结合在本专利中是作为一个能使固含量得到更大程度地提高的优选方案出现的。尽管本专利说明书实施例中例示出了循环泵与连续排料结合使用的情形,但从其中给出的数据可以看出,在循环泵压差和反应器淤浆流率大致相当的情况下,通过CTO(连续提取)与泵的联合使用,可使环管反应器中的平均固含量由45重量%提高至53重量%,其一方面说明,通过连续提取可明显提高反应器中的固含量,另一方面也说明,"循环泵"与"连续排料"相结合也确为本专利的一个优选方案,本领域技术人员在此基础上能够确信通过连续提取可使环管反应器中的固含量在本专利背景部分所提及的37~40重量%的基础上提高至40重量%以上,从而解决本发明所要解决的技术问题,因此,在权利要求1已明确记载"连续提取"的相关特征的情况下,权利要求1符合《专利法实施细则》第21条第2款的规定。由于请求人所述的"循环强度更大的泵"仅仅是影响环管反应器中固含量的一个因素(参见本专利说明书第2页第2段),本专利说明书实施例的数据也仅仅表明通过提高循环速率可以提高固含量,并不能证明必须使用循环强度更大的泵才能使环管反应器中的固含量保持在40重量%以上。因此,不能仅因为实施例记载了使用"循环强度更大的泵"就认为其为实施权利要求1技术方案的必要技术特征。

另外,从请求人所提交的证据7的中文译文部分看出,其并未涉及与本专利相同的连续提取工艺,其与本专利的聚合方法不同,不能用来证明本专利权利要求1-4和权利要求8-25缺乏必要技术特征。

2.4 审理结果摘引

一审法院认为，本专利所要解决的技术问题是确保环管反应器可以在固含量高于40重量%下运行，本专利说明书明确说明，"已经出乎意料地发现，在惰性稀释剂存在下于环管反应器中进行烯烃聚合时，连续地排除淤浆产物可使反应器在固含量高得多的情况下进行作业"以及"还出乎意料地发现，可采用更激烈的循环（伴随而来有较高的固含量）。实际上更加激烈的循环与连续排料相结合，通过连续排料方式，可从反应器提取到高于50（重量)%固含量的产物"。可见，在权利要求1已明确记载"连续提取"的相关特征的情况下，权利要求1符合2001年《专利法实施细则》第21条第2款的规定。

英力士公司所述"循环强度更大的泵"仅仅是影响环管反应器中固含量的一个因素，本专利说明书实施例的数据也仅仅表明通过提高循环速率可以提高固含量，并不能够证明必须使用循环强度更大的泵才能使环管反应器中的固含量保持在40重量%以上。因此，不能仅因为实施例记载了使用"循环强度更大的泵"就认为其为实施权利要求1技术方案的必要技术特征。

二审法院维持了一审判决。

三、分析与思考

1　比较法研究

我国《专利法实施细则》第20条第2款主要审查独立权利要求是否缺少必要技术特征，从而判断独立权利要求技术方案是否完整。而针对权利要求是否缺少必要技术特征的审查方式，在欧洲和美国则有不尽相同的表述。

《欧洲专利条约》第84条规定，权利要求应当定义要保护的主题，它们应当清楚、简明并且得到说明书的支持。《欧洲专利条约》第69条规定，权利要求的保护程度通过权利要求的措辞来确定。《欧洲专利条约实施细则》第29条涉及权利要求的形式和内容（具体内容略）。《欧洲专利审查指南》第二部分第三章第4.4节规定，独立权利要求应当具体明确用来定义发明的全部必要技术特征，除非这些特征以通用术语表述，如关于"自行车"的权利要求无需提及车轮的存在。如果权利要求的发明在于制作产品的方法，权利要求方法的运行应是所属领域技术人员看来是合理的，含有必要的作为最终结果的具体产物；否则，因存在自身的矛盾而造成权利要求不清楚。对于产品权利要求，如果产品属公知种类且发明在于变换产品的某特定方面，权利要求能清楚确认该产品并具体描述改进变换所在以及所采用的方式就足够了。类似的做法适用于装置权利要求。当可专利性取决于技术效果时，权利要求的撰写应当包括对产生该技术效果是必需的全部技术特征。

USPTO专利审查指南MPEP2164.08（c）中规定，如果说明书中指出该特征是必要技术特征，但是权利要求中并未包括时，可以根据35 U.S.C. 112以不能实施驳回该权利要求。在确定一个未在权利要求中包括的技术特征是否是必要技术特征时，应当在整个公开的基础上考虑。仅仅是优选的技术特征不认为是必要的技术特征。

在没有限定性的现有技术的情况下要求申请人在权利要求中限定到优选的内容并不能实现法律促进科学技术进步的目的，因此，以权利要求缺乏必要技术特征为理由的驳回只有在说明书中明确说明该特征是实现所述功能所必要的技术特征的情况下方可。如果在主要公开的内容包括摘要中，发现省略了所称的必要技术特征，可以利用这一点反驳上述反对意见。

权利要求缺少如说明书所述或者案卷记录的声明所述的必要技术特征时，可以依据35 U.S.C. 112第2款以不能实施驳回权利要求。所述的必要技术特征可以是要素、步骤或者申请人所述的实施发明所必须结构之间的必要的联系。

此外，如果权利要求缺乏与申请人在说明书中所述发明的相互联系，可以依据35 U.S.C. 112第2款以没有清楚地指出和说明要求保护的发明而驳回权利要求。

《专利合作条约》（PCT）中有两项规定与权利要求的撰写相关，一项是PCT第6条，该条规定，"权利要求应确定要求保护的内容。权利要求应清楚和简明，并以说明书作为充分依据"。另一项是《PCT实施细则》第6条，该条款涉及权利要求的撰写方式，其中规定"请求保护的主题应以发明的技术特征来确定"。相比之下不难看出，PCT这两项条款的内容基本上是与我国《专利法》第26条第4款和《专利法实施细则》第20条第1款相对应的。而对于写入"必要技术特征"的问题，无论在PCT的条约中还是在其实施细则中均未作任何规定。

涉及"必要技术特征"的内容仅出现于PCT初步审查指南中。《PCT初步审查指南》第5.33节规定，"独立权利要求应当清楚地说明限定发明所需的全部必要技术特征"。从其内容的编排上可以看出，该规定属于对 PCT 第 6 条的具体解释。也就是说，在权利要求中写入"必要技术特征"是为了保证权利要求的"清楚"和"支持"。如果一项权利要求中缺少必要技术特征，其法律后果应当归结于违反 PCT 第 6 条的规定（即"不清楚"或"不支持"）。

由上述欧洲以及美国等审查指南对这一问题的规定可以得出这样的结论，关于是否缺少必要技术特征的审查并未作为各国可专利性的主要评判标准，也未直接明确地纳入其审查范围，对于技术方案的完整性，其审查主要以权利要求是否清楚，或得到说明书支持等条款进行判断。

2 历史研究

我国专利法关于必要技术特征条款若干次变动的历史发展轨迹可以从该条款的历次修改及审查指南的相关内容体现出来。

（1）1984 年制定的《专利法实施细则》：独立权利要求应当从整体上反映发明或者实用新型的技术内容，记载构成发明或实用新型必要的技术特征。

可见，专利法立法伊始，从引导申请人正确撰写权利要求书的角度，《专利法实施细则》中即已明确了必要技术特征的概念。

（2）1992 年修改的《专利法实施细则》：独立权利要求应当从整体上反映发明或者实用新型的技术方案，记载为达到发明或实用新型目的的必要技术特征。

在此次《专利法实施细则》的修改中，不再单纯强调作为专利制度核心内容的专利权，其权利要求的保护范围是由技术特征的总和决定的，并且从达到发明或实用新型目的的角度明确了必要技术特征的概念。

此外，2001 年修改前的专利法及其实施细则中缺少必要技术特征不能作为提出无效宣告请求的理由，对于授权专利的独立权利要求中缺少必要技术特征的问题，请求人可以依据《专利法》第 26 条第 4 款提出无效宣告请求，在实际审查中通常也是可行的。

（3）2001 年修改的《专利法实施细则》：独立权利要求应当从整体上反映发明或者实用新型的技术方案，记载解决技术问题的必要技术特征。

可见，2001 年的《专利法实施细则》中对必要技术特征增加了"解决技术问题"的限定，强调依据技术问题确定哪些特征是发明的技术方案为解决其技术问题所不可或缺的。

此外，2001版《审查指南》第二部分第二章第3.1.2节规定了必要技术特征的定义，"必要技术特征是指，发明或者实用新型为解决其技术问题所不可缺少的技术特征，其总和足以构成发明或者实用新型的技术方案，使之区别于背景技术中所述的其他技术方案"。

关于如何判断一个技术特征为必要技术特征，2001版《审查指南》中没有明确给出指引，审查实践中存在不分析实施例中技术特征与要解决的技术问题的关系，而将实施例中的所有特征均认定为必要技术特征的问题，因此在2006版《审查指南》修订中明确了这一问题，增加了如下的内容，"判断某一技术特征是否为必要技术特征，应当从所要解决的技术问题出发并考虑说明书描述的整体内容，不应简单地将实施例中的技术特征直接认定为必要技术特征"。

2010年修改的《专利法实施细则》：独立权利要求应当从整体上反映发明或者实用新型的技术方案，记载解决技术问题的必要技术特征。

在此次《专利法实施细则》修改和2010版《专利审查指南》修订过程中，并未对与必要技术特征相关的内容进行修改。可知，对该条款法规层面的规定，已日臻成熟、完善。

由上述改法历程可见，随着专利法实施细则中该条款的修改，逐渐明确了该条款的重点在于技术方案与所解决技术问题的对应一致性，即前文所述，在独立权利要求中要求保护的技术方案与说明书中公开的能够解决其基本技术问题的技术方案的对应一致。

3 审查标准研究

关于根据最接近的现有技术确定发明或实用新型要解决的技术问题来认定发明或实用新型必要技术特征的具体规定，在中国的审查标准掌握中也发生过一些变化。

在早期关于必要技术特征的审查过程中，审查员可能通过检索发现作为最接近的现有技术的对比文件，在检索得到的这篇最接近的现有技术的基础上要求申请人对独立权利要求重新进行划界，在这种评述方式中，有时候会指出独立权利要求缺少必要技术特征。

随着近年来以三性评判为主线的审查理念的逐步深化，最接近的现有技术一般用于在评判创造性时使用"三步法"的第一步中，并且随后可以确定区别技术特征，并在此基础上重新确定发明实际要解决的技术问题。而发明实际要解决的技术问题，并不一定是说明书中描述的技术问题，也不能是区别技术特征本身。

可以看出，创造性"三步法"中使用最接近的现有技术来最终确认的发明实际要解决的技术问题，并不一定是《专利法实施细则》第20条第2款中所提到的发明要解决的技术问题，因为说明书中描述的背景技术不一定就是审查员检索发现的最接近的现有技术。

在目前的审查实践中，在审查独立权利要求是否缺少必要技术特征时，对于发明要解决的技术问题的认定，一般直接取自说明书中对技术问题的记载。如果说明书中没有明确记载，则根据说明书背景技术的缺陷结合技术效果进行判断。如果从说明书完全不能确认发明要解决的技术问题（实践中这种情况极少发生），才通过检索最接近的现有技术进行判断。

同时，在确认最接近的现有技术方面，美国专利商标局的审查规定与我国国家知识产权局有很大不同。美国专利商标局的审查员既可以直接将说明书背景技术中的技术方案作为最接近的现有技术，也可以通过检索获得更为接近的对比文件来作为最接近的现有技术。这样的好处是审查员无需对申请人自认的现有技术进行举证，既提高了审查效率，同时也有利于在确定发明要解决的技术问题和发明实际要解决的技术问题时获得较为一致的结论。

四、案例辐射

专利申请文件中，权利要求书是一份最为重要的法律文件。在撰写权利要求书时要字斟句酌。尤其在撰写独立权利要求时，需要对写入其中的每一个技术特征进行认真筛选。如果将一些非必要的技术特征写入独立权利要求中，势必会导致其保护范围的缩小，给专利权人带来损失；反之，如果在一项权利要求中漏写了重要的技术特征——"必要技术特征"，则有可能使该权利要求不能"解决其技术问题"。《专利法实施细则》第20条第2款关于必要技术特征的规定，其立法目的在于保证独立权利要求技术方案在解决技术问题意义上的完整性。

整体而言，在判断一个特征是否属于必要技术特征时，首先需要重点把握必要技术特征的"判断主体"。关于判断主体，专利制度的构建离不开"所属技术领域的技术人员"这个概念，它不但是撰写专利文件时所采用的基准，也是专利审查中对于新颖性、创造性、公开不充分、权利要求是否清楚、是否缺少必要技术特征等法条适用所采用的判断主体，可以说它是整个专利制度的基础概念之一。虽然这个概念定义在审查指南的创造性部分，但是毋庸置疑，对必要技术特征的判断仍应以"所属技术领域的技术人员"作为判断主体。

其次，在判断一个特征是否属于必要技术特征时，还需要关注现有技术证据，使审查结论更为客观。关于现有技术与必要技术特征的关系，由上文可知，对于和最接近的现有技术共有的必要技术特征而言，独立权利要求仅需记载和发明或实用新型技术方案密切相关的即可，而不必记载所有的现有技术。如一项关于"自行车"的权利要求，不需要提到轮子的存在。也即在与该技术主题有关的技术特征中，那些"已知特征"或者隐含在"一般术语"中的特征可以不写入其权利要求中。

在专利审查和确权的过程中，为了充分说明现有技术与必要技术特征的关系，最有效的方式就是提供最接近的现有技术。如上文所述，案例2中请求人提供了证据7作为"连续提取"无法解决本专利技术问题的证据，然而证据7并未涉及与本专利相同的连续提取工艺，其与本专利的聚合方法不同，最终未能用以证明本专利权利要求1缺乏必要技术特征。

因此，在专利申请的实质审查程序中，最接近的现有技术证据将影响必要技术特征的认定，也使得审查结论更具有客观性，从而在以三性评判为主线的主导思想下，实现通过客观证据进行"非直接的三性审查"。而在无效审查程序中，充分的现有技术证据将直接提供客观依据，决定专利的有效性，使得专利复审委员会合议组、人民法院在确权判断中所认定的法律事实更符合客观事实。

（撰稿人：娄　宁　审核人：李新芝）

第四章 特殊类型发明相关问题研究

第一节 关于马库什化合物权利要求的创造性判断

一、引言

1 马库什化合物权利要求的定义及马库什化合物权利要求的历史来源

1924年，美国化学家尤金·A. 马库什（Eugene A. Markush）向美国专利商标局申请了一件名称为"吡唑啉酮染料"的专利（US1506316），在申请文件中采用通式来表示。虽然有人对US1506316是否为世界上第一件马库什形式的专利申请存疑，但毫无疑问的是，在US1506316后，美国专利商标局允许在专利的权利要求中使用"从含有……的基团中选择"这类短语，从而确立了一般结构式在权利要求中使用的合法性。我国《专利审查指南》规定，如果一项申请在一个权利要求中限定多个并列的可选择要素，则构成马库什权利要求。马库什权利要求是一类具有特殊撰写形式的权利要求，也是化学领域特有的一类权利要求。[1]

2 马库什化合物权利要求在化合物专利申请中被广泛使用及其存在的问题

马库什权利要求在世界各国被广泛使用，包括美、日、欧、中等绝大多数国家，在化学领域（C07-C09、有机化学、有机高分子化合物、染料等技术领域）中尤其占有相当的比例（有人统计高达30%），在涉及化合物的结构中几乎都采用"马库什"结构式这样的一种表述方式。由于通常认为同一基团定义下的各个选项在性质上近似，马库什结构中的各个化合物被认为具有相同

---

[1] 周胡斌，等. 浅议马库什化合物权利要求的修改 [J]. 审查业务通讯，第17卷第3期.

或近似的生物活性，化合物的同系物可以显示出可预测的生物活性。因此，宽范围的马库什权项中的化合物将阻止别人在显而易见的基础上，对已有活性化合物做出较小改进而取得新的专利，并因此不正当地剥夺原专利权人的权益，除非这一小的改进表现出意想不到的活性。马库什结构和马库什权项扩展了发明人和申请人的保护范围，使他们的专利权得以强化。

申请人非常喜欢使用这种权利要求形式，原因就在于这种表达方式可以尽可能宽地概括申请人所要求保护的范围。

但马库什权利要求形式目前存在滥用的现象。有人做过计算，EP0535152的马库什权利要求其保护范围包括的化合物数量达 1 后面带有 60 个零之多。正如 V. I. Richard 所述，"职业专利工作者对于马库什权利要求形式的利用程度显示这种专利申请已经远远偏离了其原始初衷。它就像一片火焰失去控制而蔓延。马库什权利要求形式已经变成一种工具，通过它可以在一种类属概念的掩盖下将一些完全不相干的物质组合在一起申请"[1]。对于这种权利要求形式的滥用，给专利审查部门的审查和法院解释权利要求的保护范围都带来了很大的麻烦，为此，许多国家都尝试对马库什权利要求的保护范围进行不同程度的限制。

二、典型案例

如上所述，在专利申请及审查中，马库什化合物权利要求是化学领域一类非常重要的形式。虽然专利审查指南对如何判断涉及马库什化合物权利要求的技术方案的创造性给出了一些规定，但在具体案件的审查过程中，如何准确把握此类权利要求的创造性仍存在诸多问题。专利复审委员会第 31883 号复审请求审查决定对于如何判断不同类型的取代基的近似程度及如何考虑对比文件的整体教导给出了清晰的思路，第 48746 号复审请求审查决定对于如何认定对比文件中马库什通式定义中基团给出的教导以及如何分析对比文件众多实施例化合物给出的构效关系趋势给出了自己的判断思路。为此，本文结合以下两个案例对上述问题进行研究和探讨，以供读者借鉴。

---

[1] V. I. Riehard, Claims under the Markush Formula, 17J. Pat. see, y179, 190（1935）.

【案例1】

1 案情简介

1.1 案例索引与当事人

申请号：200580008189.8

复审请求人：AB 科学公司

1.2 案件背景和相关事实

权利要求1请求保护通式Ⅰ的化合物

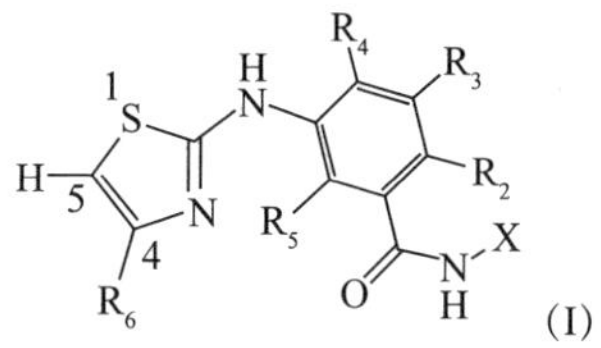

其中 X 是 R 或 NRR′，

R 和 R′独立地选自 H、芳基、杂芳基、烷基，或环烷基，其任选地由至少一个杂原子，例如选自 F、I、Cl 或 Br 的卤素取代和任选地带有侧碱性氮官能团；或由芳基、杂芳基、烷基或环烷基取代的芳基、杂芳基、烷基或环烷基，其中取代基芳基、杂芳基、烷基或环烷基任选地由至少一个杂原子，例如选自 F、I、Cl 或 Br 的卤素取代和任选地带有侧碱性氮官能团，

R^2 - R^5 分别是氢、卤素或包含 1～10 个碳原子的线性或支化烷基、三氟甲基或烷氧基；

R^6 是如下之一：

（i）在任何一个环位置带有一个或多个取代基的任意组合的芳基如苯基或其取代变体，其中取代基如卤素，包含 1～10 个碳原子的烷基、三氟甲基和烷氧基；

（ii）杂芳基如2，3，或4-吡啶基，它可另外带有一个或多个取代基如卤素、包含 1～10 个碳原子的烷基、三氟甲基和烷氧基的任意组合；

（iii）五元环芳族杂环基团例如2-噻吩基、3-噻吩基、2-噻唑基、4-噻唑基、5-噻唑基，它可另外带有一个或多个取代基如卤素、包含 1～10 个碳原子的烷基、三氟甲基和烷氧基的任意组合。本申请的化合物用于调节和/或抑制蛋白激酶。

驳回决定认为，对比文件1（WO 03/004467A2）公开了与通式Ⅰ结构类似、用途相同的马库什通式化合物，其中的实施例F的具体化合物与权利要求1化合物的结构非常接近。将本申请权利要求1的马库什通式Ⅰ化合物与对比文件1实施例F的具体化合物相比，二者均具有2-（3-取代芳基）氨基-噻唑的母核结构，区别仅在于：权利要求1的马库什通式Ⅰ化合物的噻唑上的R^6基团定义为芳基、杂芳基、五元环芳族杂环基团的更宽泛范围，而对比文件1中的相应位置为$-NH_2$。

权利要求1的技术方案相对于对比文件1实际解决的技术问题是提供一些可替代的具有2-芳基氨基-噻唑结构的可调节和/或抑制蛋白激酶特性的化合物。

对比文件1提供了2-（3-酰胺基芳基）氨基-4-含N基团-噻唑类的母核结构是具有相应生物活性的主要药效基团的教导，而在这类母核的基础上，对化合物母核结构做局部变换或修饰，是本领域结构优化的惯用手段，在对比文件1的教导下，本领域技术人员结合惯用的实验技术和手段得到权利要求1的技术方案是显而易见的，因此权利要求1的马库什化合物不具备创造性。

申请人认为，本申请大部分化合物抑制c-试剂盒WT的IC_{50}低于$0.1\mu M$，显著低于对比文件1第111页化合物F的IC_{50}值$1.8\mu M$。对此，驳回决定认为，对比文件1所提供的化合物F的IC_{50}值$1.8\mu M$与本申请化合物的IC_{50}针对的并非同一受体，二者的数据没有可比性，故不接受申请人的意见。

2 案件审理

2.1 案件争议焦点

活性相同、母核结构相同但取代基及取代基位点不同的化合物是否具有创造性。

2.2 当事人诉辩

复审请求人向专利复审委员会提出复审请求，其认为：本申请要求保护的马库什通式化合物 与对比文件1的实施例F的具体化合物 的区别在于：在噻唑基团的位置5的基团是氢原子而非酮基（COR^3），在噻唑基团的位置4的基团R^6是芳基、杂芳基而非氨基（NH_2），而氢原子与酮基、氨基与芳基或杂芳基的理化性质完全不同，本领域技术人员不会想到用氢原子替换酮基（COR^3），并用芳基或杂芳基替换氨基（NH_2）。

此外，现有技术文献WO9921845（附件1）公开了与对比文件1化合物类似的化合物，并确定酮基的取代基（R^3）优选为大基团，最优选为邻位取代的环，而对比文件1中的所有实施例化合物都包含邻位取代的芳基或杂芳基作为R^3取代基，除了化合物A58，其为金刚烷基。因此，本领域技术人员不会想到用氢原子替换大基团COR^3。

2.3 审理结果摘引

第31883号复审请求审查决定认为，如果一项发明所要求保护的化合物与现有技术的化合物活性相同但结构不同，而该结构的不同并不能通过本领域的常规基团替换得到，且现有技术中没有给出技术启示使得本领域技术人员有动机对现有技术的化合物进行相应的结构改造，则认为该发明具备创造性。

对比文件1公开了一类噻唑苯甲酰胺衍生物 该类化合物具有抗增殖和蛋白激酶抑制活性，可用于治疗与蛋白激酶调节相关的疾病例如癌症，其中R^3定义为取代或未取代的芳基、杂芳基、烷基和环烷基，优选为取代的苯基，说明书中所公开的数十个验证了活性的具体化合物中

均具有 [结构图：苯胺基噻唑-NH₂-C=O] 这一部分结构，其中除了实施例 A58 的酮基取代基为金刚烷基，其余化合物的酮基取代基均为 [结构图：F-苯基-F]，实施例 F

为 [结构图：(CH₃)₂N-CH₂CH₂-NH-C(=O)-苯基-NH-噻唑(NH₂)-C(=O)-F苯基F]

权利要求 1 的化合物与对比文件 1 实施例 F 的化合物相比，区别在于：在噻唑基的位置 4，权利要求 1 定义为取代或未取代的芳基、杂芳基和五元芳族杂环，而对比文件 1 定义的是氨基（NH₂）；在噻唑基的位置 5，权利要求 1 定义为氢原子，而对比文件 1 定义的是 COR³，R³ 为 [结构图：F-苯基-F]。

合议组认为：（1）根据说明书的记载，本申请化合物具有蛋白激酶抑制活性，可用于治疗包括但不限于肿瘤性疾病例如肥大细胞增生病在内的疾病，因此本申请化合物和对比文件 1 的化合物具有相同活性。（2）对于前述区别特征，首先，在本领域中，取代或未取代的芳基、杂芳基和五元芳族杂环与氨基，氢原子与酮基（COR³，其中 R³ 为 [结构图：F-苯基-F] 或其他大基团）的结构相差较大，其理化性质存在较大差异，对化合物构效关系的影响也可能存在较大差异，因此本领域技术人员难以预测化合物在进行这样的基团替换之后能够保持原有活性，即，权利要求 1 的化合物并不能由对比文件 1 的化合物通过本领域的常规基团替换得到。其次，对比文件 1 所公开的马库什通式化合物

[结构图：R¹R²N-C(=O)-苯基(Y)-NH-噻唑(NH₂)-C(=O)-R⁵]，其中取代基变量为 R¹、R²、R³ 和 Y，而噻唑环上四位取代为氨基、五位取代为酮基是通式中明确定义的非变量，且说明书中所有验证了活性的实施例化合物均是噻唑环上四位取代为氨基，五位取代为酮基的情况。基于此，合议组认为，噻唑环上四位取代为氨基，五位取代为酮基是使得化合物具有所述活性的重要结构特征，而其他取代位点如 R¹、R²、

R^3 和 Y 对化合物的活性影响较小，即，本领域技术人员基于对比文件 1 给出的信息，得到的启示是要保持或改善化合物的活性，对化合物进行基团改造应保持噻唑环上四位取代为氨基，五位取代为酮基的结构，而将注意力集中到其他可变基团的改造上。最后，如复审请求人在复审请求书中所述，在附件 1 公开的与对比文件 1 化合物活性相同的化合物中，确定酮基的取代基（即对应对比文件 1 的 R^3）优选为大基团，最优选为邻位取代的环，基于该教导，本领域技术人员在对现有技术的化合物进行基团改造时，不会想到将五位取代的酮基大基团变换为氢原子。

综上，本申请权利要求 1 相对于对比文件 1 实际解决的技术问题是提供了一类活性相同而结构不同的化合物，本领域技术人员根据对比文件 1 公开的信息结合现有技术的教导，不会想到将噻唑环上四位取代的氨基变换为取代或未取代的芳基、杂芳基和五元芳族杂环，将五位取代的酮基变换为氢原子，从而得到本申请权利要求 1 的技术方案，权利要求 1 相对于对比文件 1 具有非显而易见性，因此具备创造性，符合《专利法》第 22 条第 2 款的规定。

3 案件启示

对于马库什权利要求的创造性，《专利审查指南》规定，结构上与已知化合物不接近的、有新颖性的化合物，并有一定用途或者效果，可以认为它有创造性而不必要求其具有预料不到的用途或者效果。那么如何考虑两种化合物在结构上是否接近？《专利审查指南》规定，两种化合物结构上是否接近，与所在的领域有关，审查员应当对不同的领域采用不同的判断标准。在专利审查的实务中，判断请求保护的化合物与现有技术已知化合物在结构上是否接近时，不仅应当考虑二者结构本身的相似性，还应当考虑化合物构效关系的密切程度。构效关系是指化学结构与生物活性之间的关系，化合物构效关系的密切程度与请求保护的化合物涉及的技术领域有关，对化合物构效关系密切程度的判断应当考虑现有技术的教导。结构接近的化合物必须具有相同的基本核心部分或者基本的环结构，但具有相同的基本核心部分或者基本的环结构，则不一定被认为结构接近的化合物。

从上面的描述不难看出，分析两种化合物在结构上是否接近不仅需要考虑化合物结构本身的相似性，还需要考虑化合物所涉及的技术领域、化合物构效关系的密切程度以及现有技术的教导等因素。具体到化合物中的各个基团而言,需要考虑取代基的位点、取代基的大小、取代基的数量、取代基本身的结构及取代基的性质,例如空间位阻等因素。既要考虑取代基之间是否接近,还要考虑包括所有取代基的化合物整体上是否接近,因此,判断两种化合物结构是否接近有时是一个系统工程,需要考虑方方面面的因素,并非易事。

案例1涉及马库什权利要求的创造性评价,属于活性相同但结构不近似具有创造性的情形,更具体地说,案例1属于活性相同、母核结构相同但取代基及取代基位点不同具有创造性的情形。首先,决定理由部分对本申请所要求保护的马库什化合物和对比文件1化合物的结构和用途进行了分析、对比,由此确定实际解决的技术问题是提供一类活性相同而结构不同的化合物。其次,基于对造成二者结构不同的取代基本身的差异、对比文件1中所公开的马库什化合物中的非变量基团以及实施例所验证的具体化合物的具体分析,决定还具体考虑了复审请求人所提交的作为现有技术的附件中涉及这类通式化合物基团改造的情形,由此得出本申请所要求保护的技术方案相比对比文件1具有创造性的结论。

案例1请求保护的化合物与现有技术已知的化合物活性相同、母核结构相同,区别仅在于某两个取代基及位点不同。案例1从以下角度进行考虑:(1)本申请中取代基的变化不属于所属领域常规基团的变换;(2)通过对现有技术化合物进行分析,发现存在上述不同的取代位点正是使得化合物具有所述活性的重要结构特征,该位点属于结构应予以保持而非变化的位点;(3)其他现有技术给出了偏离本申请的取代方式的教导。基于上述理由,决定中认可了本申请的创造性。对于如何判定仅是取代基定义有所不同的马库什权利要求的创造性,本案有一定的借鉴意义。

对于取代基的变化是否属于所属领域常规基团的变换,通常要考虑取代基的大小及其空间效应、取代基结构的差别以及取代基的性质,例如是否属于生物电子等排体等。虽然在许多专利申请的马库什权利要求中,对于某一基团的定义,也存在简单基团的取代基例如氢原子、氨基等与结构较为复杂的取代基,例如取代或未取代的芳基、杂芳基等芳环或杂芳环的作为并列选项列在一起的情形,但是这通常是专利申请人的一种策略,目的是希望得到更大保护范围的马库什权利要求。除非申请人能够通过说理或实施例表明这样的列举是本领域技术人员能够得出或者概括得出的,否则实质审查部门通常会要求申请人对这种取代基的列举进行限缩。对于本领域技术人员来说,除非这样的并列选项在现有技术中能够得到实施例的实质支持,否则本领域技术人员通常不会认为用结构较为复杂的取代基，例如取代或未取代的芳基、杂芳基等芳环或杂芳环去修饰替换简单基团的取代基例如氢原子、氨基等还能预期所述化合物保持原有活性，因此这样的基团变换通常不会认为属于常规基团的变换。

复审请求人可以通过提交其他现有技术证据来证明现有技术对某一基团存在某种教导，从而改变前审实质审查部门或专利复审委员会合议组的看法。案例1中，附件1与对比文件1同属于一个申请人，为对比文件1的现有技术。通常可以这样认为，申请人首先发明了附件1的内容，然后再发明了对比文件1的内容，最后发明了本申请的技术方案。附件1教导了在噻唑环的五位上为COR^3，其中R^3优选为大基团；对比文件1在噻唑环的五位上同样为CO，其中R^3为取代或未取代的芳基、杂芳基、烷基和环烷基，优选为取代的苯基；因此，基于附件1及对比文件1给出的上述教导，对于噻唑环的五位上的基团，其CO应是保持不变的且R^3是一个较大的基团，在对其化合物结构进行修饰时，并不容易想到用作为小基团的氢原子来替换它，因此，其他现有技术实际上给出了偏离本申请的取代方式的教导。

【案例2】

1 案情简介

1.1 案例索引与当事人情况

申请号：200580028091.9

复审请求人：辉瑞有限公司

1.2 案件背景和相关事实

本申请权利要求1要求保护式（Ⅰ）的化合物

其中R^2是$-(CR^6R^7)_n$（5-6元杂环），其中所述5-6元杂环任选被至少一个R^4基团取代；

R^3是$-(CR^6R^7)_t$（C_6-C_{10}芳基）或$-(CR^6R^7)_t$（4-10元杂环），其中所述C_6-C_{10}芳基和4-10元杂环部分各自任选被至少一个R^5基团取代；

各个 R^4 独立地选自卤素、$-OR^6$、氧代、$-NR^6R^7$、$-CF_3$、$-CN$、$-C(O)R^6$、$-C(O)OR^6$、$-OC(O)R^6$、$-NR^6C(O)R^7$、$-NR^6C(O)OR^7$、$-NR^6C(O)NR^6R^7$、$-C(O)NR^6R^7$、$-SO_2NR^6R^7$、$-NR^6SO_2R^7$、C_1-C_6烷基、C_2-C_6烯基，和C_2-C_6炔基，其中所述C_1-C_6烷基、C_2-C_6烯基和C_2-C_6炔基基团任选被至少一个R^5取代；

各个 R^5 独立地选自 C_1-C_6 烷基、卤素、$-OR^6$、$-CF_3$，和 $-CN$；

各个 R^6 和 R^7 独立地选自氢和 C_1-C_6 烷基；

n 是 0、1、2、3、4 或 5；并且

t 是 0、1、2、3、4 或 5。

驳回决定认为，对比文件1（WO 03/095441A1）公开了一种抑制C型肝炎病毒（HCV）聚合酶活性的化合物，当其权利要求1中的 R^2 选自环戊基，R^1 选自杂芳基、环杂烷基，R^3 选自 $-(CH_2)-$芳基、环杂烷基、杂芳基，且 R^1 和 R^3 被一个或多个选自卤素、苯基、环烷基、$-O-$、$-OH$ 和 CH_3 的基团取代，$X-W$ 是 $C=C$，R^4 是 $-OR^5$，R^5 是 H 时，本申请权利要求1与对比文件1的主结构相同，取代基类型相同，主要区别在于本申请权利要求1中具体限定了 R^2 的杂环为 5-6 元，R^3 的芳基为 C_6-C_{10}，杂环为 4-10 元，以及 R^4 还可以为 $-NR^6R^7$、$-CF_3$、$-CN$ 等。本申请权利要求1的技术方案实际解决的技术问题是提供结构相近的抗HCV化合物。由于对比文件1的实施例中具体给出了R为苯基，R^3 为苯基、萘基、噁唑基、三唑基、吡啶基、吡唑并嘧啶基的教导，实施例中给出了5-10元的芳基或杂环，根据对比文件1实施例的内容，本领域技术人员可以进行上位概念的合理概括，对芳基或杂环的数目进行具体限定。而对比文件1中给出的取代基卤素、苯基、环烷基、$-O-$、$-OH$ 和 CH_3，与本申请权利要求1中限定的 $R^4-NR^6R^7$、$-CF_3$、$-CN$ 等结构与性质相近。结构与性质相近的取代基在化合物中可相互替代，所得到的化合物具有同样的药理活性，因此本领域技术人员容易想到将对比文件的取代基以相近结构和性质的基团如 $-NR^6R^7$、$-CF_3$、$-CN$ 等进行替代，并且这种替代通过本领域常规技术手段即可进行，并可预期所得化合物的药理活性，因此，本申请权利要求1不具备创造性，不符合

《专利法》第22条第3款的规定。

复审请求人不服,向专利复审委员会提出复审请求,未对申请文件进行修改,但提交了如下附件:

附件1:"Allosteric Inhibitors of Hepatitis C Polymerase: Discovery of Potent and Orally Bioavailable Carbon – Linked Dihydropyrones",Hui Li 等,*Journal of Medicinal Chemistry*,第50卷,第17期,第3969 – 3972页以及出版信息页,复印件共5页,网络出版日为2007年7月21日;

附件2:C/S桥及其对EC_{50}的影响的参考实验数据,复印件共1页。

复审请求人认为:将 – S – 桥替换为 – CH_2 – 桥在半数有效剂量(即EC_{50})、口服生物利用度和其他药代动力学参数方面均具有重要和不可预测的影响,附件1和附件2证实了其结构变化具有上述意料不到的技术效果,即以 – CH_2 – 桥替代 – S – 桥导致EC_{50}的显著减少以及口服生物利用度及某些重要的药代动力学参数的改进,相对于IC_{50}来说,EC_{50}对于化合物在体内的功效更具预示性,这种替换能够带来的剂量减少是完全不能预测的。对比文件中充斥着明显很小的结构变化会导致活性显著改变的实施例,本领域技术人员能够注意到简单结构变化之后化合物活性的可变性,因此将会在以下假设下工作:即不改变对比文件化合物(即使是很小的变化)能导致得到新型活性化合物的合理的成功可能性,而且本领域技术人员也不能接受在分子的左侧(即本申请的取代基R^2,对比文件中取代基R_1 – (CH_2)r –)上使用杂环。

2 案件审理

2.1 案件争议焦点

如何考虑对比文件马库什权利要求基团定义中泛泛披露的信息及从众多实施例化合物给出的构效关系趋势。

2.2 当事人诉辩

合议组发出复审通知书,指出:(1)对比文件1公开了一类用作HCV聚合酶抑制剂的式(Ⅰ)化合物,并披露了具体化合物

（下称化合物178），将权利要求1的马库什通式化合物与对比文件1的化合物178对比可知，二者区别仅在于：权利要求1中取代基R^2为$-(CR^6R^7)_n$（5-6元杂环），而对比文件化合物178中相应取代基为$-(CH_2)_2-[2-(3-氯-4-甲氧基苯基)]$。

权利要求1的技术方案相对于对比文件1实际解决的技术问题仅是提供一类化合物结构与现有技术略有差异并且同样作为HCV聚合酶抑制剂的新化合物。然而对比文件1一方面教导了6-环戊基-4-羟基-5,6-二氢吡喃-2-酮/6-环戊基-5,6-二氢吡喃-2,4-二酮（二者为互变异构体）结构可以作为使化合物产生抑制HCV聚合酶的母核结构，另一方面也给出了在该结构母核的基础上采用各种取代基对化合物进行结构改造以及R^2末端为5-6元杂环取代基的技术启示。本领域技术人员在此基础上通过对R^2末端取代基进行变化从而得到权利要求1的化合物是显而易见的，因此，权利要求1不具备创造性。

复审请求人提交的用于证明本申请化合物具有意料不到的用途或者使用效果的证据，其必须针对在原申请文件中明确记载并且给出了相应实验数据的技术效果。本申请说明书中并未明确记载并且给出相应实验数据以证实其化合物在半数有效剂量、口服生物利用度和其他药代动力学参数方面的技术效果，因此对于附件1和附件2以及复审请求人所述的意料不到的技术效果，合议组不予接受。

针对上述复审通知书，复审请求人提交了意见陈述书并将权利要求1修改为一种具体化合物：6-环戊基-6-[2-(2,6-二乙基吡啶-4-基)乙基]-3-[(5,7-二甲基[1,2,4]三唑并[1,5-a]嘧啶-2-基)甲基]-4-羟基-5,6-二氢-2H-吡喃-2-酮。

复审请求人认为，对比文件表1中含有187个实施例，本领域技术人员会集中努力研发其中具有最佳活性的化合物，并注意到大多数这类化合物中具有

S-Het结构，因此，从对比文件得到的信息是对于大部分化合物而言，S-Het取代方式导致最佳活性，本领域技术人员将会认识到，如果要制备具有改进活性的其他抗HCV化合物，S-桥的存在是不可避免的，而本申请涉及不包含S-桥的化合物，因此本领域技术人员不能显而易见地做出这样的结构修改。另外，本申请要求保护的化合物相对于对比文件化合物178具有更好的活性，对比文件没有启示进行结构改造得到活性改进近40倍的HCV抑制剂。

2.3 审理结果摘引

专利复审委员会在第48746号复审请求审查决定中认为，权利要求1要求保护具体化合物。

对比文件1公开了一类用作HCV聚合酶抑制剂的式（Ⅰ）化合物及具体化合物3-苄基-6-[2-(3-氯-4-甲氧基苯基）乙基]-6-环戊基-二氢吡喃-2,4-二酮（化合物178）。根据本申请说明书记载，本申请化合物可呈数种互变异构形式存在，当以一个特定的形式（例如形式（A））绘图时，所有的互变异构形式（例如形式（B）和（C））也包括在内，

将权利要求1的化合物与对比文件1的化合物178相比，二者具有相同的母核结构，其区别在于取代基不同：（1）权利要求1化合物吡喃酮3位取代基为-CH$_2$-(5,7-二甲基[1,2,4]三唑并[1,5-a]嘧啶-2-基)，而化合物178中相应取代基为-CH$_2$-苯基；（2）权利要求1化合物吡喃酮六位乙基的末端取代基为2,6-二乙基吡啶-4-基，而化合物178中相应取代基为3-氯-4-甲氧基苯基。

本申请说明书记载了测试化合物抗病毒活性的试验方案，表1提供了通过

该试验得到的部分具体化合物对 HCV 聚合酶的 IC_{50} 值数据，其中权利要求 1 化合物的 IC_{50} 值为 $0.016\mu M$。对比文件 1 披露了其化合物同样可以用作 HCV 聚合酶抑制剂，其说明书记载了与本申请相同的测试化合物抗病毒活性的试验方案，由该方案测得的化合物的 IC_{50} 值被划分为 A、B、C、D 四个等级，分别为小于约 $1.0\mu M$、约 $1.0\mu M$～约 $10\mu M$、约 $10\mu M$～约 $50\mu M$ 和大于 $50\mu M$，化合物 178 的 IC_{50} 值为 $0.6\mu M$，即 A 等级。

由上文可见，对比文件 1 与本申请均为 HCV 聚合酶的抑制剂，二者 IC_{50} 值差别达 37 倍，可见权利要求 1 的化合物在抑制 HCV 聚合酶方面具有更强的药效。因此，本申请权利要求 1 的技术方案实际解决的技术问题是提供一种具有更加优异的 HCV 聚合酶抑制作用的化合物。由此，判断权利要求 1 是否具备创造性，其关键在于判断现有技术中是否存在对上述取代基进行结构改造以及是否存在通过对上述取代基进行结构改造来提高化合物 HCV 聚合酶抑制作用的技术启示。

对于区别特征（1），在权利要求 1 化合物的结构中，吡喃酮 3 位通过 -CH_2- 与二甲基取代的三唑并 [1, 5-a] 嘧啶基相连，三唑并 [1, 5-a] 嘧啶基为杂环基团，对比文件 1 虽然公开了同样具有 HCV 聚合酶抑制作用且具有相同母核结构的化合物，但其没有公开吡喃酮 3 位被 -CH_2- 杂环基取代的情形，因此，对比文件 1 没有给出对上述取代基进行如本申请的结构改造的技术启示。对于区别特征（2），虽然对比文件 1 泛泛披露了其 R_1 基团（即吡喃酮 6 位乙基的末端取代基）可以为被一个或多个烷基取代的杂芳基，并且烷基可以为乙基，杂芳基可以为吡啶基（参见对比文件的权利要求 1），但是纵观对比文件 1 全文，其仅在实施例 8 中制备并测试了 R_1 为甲氧基取代的吡啶基的化合物，但该化合物结构中吡喃酮的 3 位没有任何取代基，并且其活性 IC_{50} 值处于 C 等级，与本申请权利要求 1 化合物以及对比文件 1 化合物 178 相比，在化合物的结构尤其是抑制 C 型肝炎病毒聚合酶的活性方面都存在较大的差距，因此，虽然对比文件 1 对区别特征（2）给出了泛泛的教导，但本领域技术人员在对比文件 1 公开内容的基础上，尤其是在对比文件 1 公开的实施例 8 的化合物的 IC_{50} 值处于 C 等级的情况下，无法预见在吡喃酮 6 位乙基的末端取代基中使用吡啶基能够提高 HCV 聚合酶的抑制活性。

综上，对比文件 1 客观上没有给出通过将各个取代基限定为权利要求 1 所要求保护的具体化合物形式能够产生更加优异的 HCV 聚合酶抑制作用的教导，本领域技术人员在对比文件 1 化合物 178 的基础上，在寻找具有更加优异的 HCV 聚合酶抑制作用的化合物时，难以从对比文件 1 中获得技术启示而获得权利要求 1 的化合物。因此，本申请权利要求 1 符合创造性的规定。

此外，合议组通过阅读对比文件 1，获知其还公开了与本申请要求保护的化合物结构比较接近的化合物（下称化合物 2）。

化合物 2 与本申请权利要求 1 的化合物具有相同的母核结构，二者的区别在于：(1) 权利要求 1 化合物吡喃酮的 3 位通过 $-CH_2-$ 与三唑并 [1，5 - a] 嘧啶基相连，而化合物 2 中通过 $-S-$ 进行连接；(2) 权利要求 1 化合物吡喃酮的 6 位乙基的末端取代基为 2，6 - 二乙基吡啶 - 4 - 基，而化合物 2 中相应取代基为 4 - 甲氧基苯基。

本申请与对比文件 1 均采用相同的抗病毒活性试验对其化合物进行测试，本申请权利要求 1 化合物的 IC_{50} 值为 $0.016\mu M$，对比文件 1 化合物 2 的 IC_{50} 值属于 A 等级，即小于约 $1.0\mu M$，未给出具体的数值。合议组考察对比文件 1 中是否存在对上述基团进行修饰的启示。

对于区别特征（1），首先，如前文所述，对比文件 1 虽然公开了同样具有 HCV 聚合酶抑制作用且具有相同母核结构的化合物，但其没有公开吡喃酮 3 位被 $-CH_2-$ 杂环基取代的情形，亦即对比文件 1 没有公开吡喃酮 3 位通过 $-CH_2-$ 与三唑并 [1，5 - a] 嘧啶基相连的技术方案；其次，考察对比文件 1 表 1 所记载的活性实施例可知，在表 1 记载的 50 多种活性最优且被列为 A 等级的实施例化合物结构中，当吡喃酮 3 位取代基的末端为杂环基时，杂环基与吡喃酮 3 位的连接基团均为 $-S-$，本领域技术人员由此得到的信息是在吡喃酮 3 位取代基的末端为杂环基时，通过 $-S-$ 的连接方式是保证化合物活性能够处于 A 等级的重要因素之一；再次，对比文件 1 表 1 中披露了 4 种结构中吡喃酮 3 位通过 $-CH_2-$ 与取代基相连的化合物，分别为化合物 88、162、177、178，这些化合物的 IC_{50} 值大部分处于 B 或 C 等级，活性最优的化合物 178 的 IC_{50} 值也高达 $0.6\mu M$，与权利要求 1 的化合物相差达 37 倍，一定程度上表明与 $-CH_2-$ 相比，通过 $-S-$ 连接的化合物的活性易于达到 A 等级，而且相比所列的大量通过 $-S-$ 连接的化合物，对比文件 1 也没有更多地关注通过 $-CH_2-$

连接的化合物。因此，综上，根据对比文件1披露的内容，为了保持化合物的药理活性，本领域技术人员没有动机去尝试改变吡喃酮3位通过-S-与杂环基的连接方式。

对于区别特征（2），虽然对比文件1在技术方案部分披露了其R_1基团（即吡喃酮6位乙基的末端取代基）可以为被一个或多个烷基取代的杂芳基，并且烷基可以为乙基，杂芳基可以为吡啶基，但除此之外，对比文件1仅在实施例8中制备并测试了R_1为甲氧基取代的吡啶基的化合物，该实施例8的化合物的结构中吡喃酮的3位没有任何取代基，并且其活性IC_{50}值处于数值范围为约10μM～约50μM的C等级，与本申请权利要求1的化合物以及对比文件1的化合物2相比，在抑制HCV聚合酶的活性方面都存在较大的差距。因此，虽然对比文件1就区别特征（2）给出了泛泛的教导，但本领域技术人员根据对比文件1披露的内容从整体来看，尤其是在对比文件1公开的实施例8的化合物的IC_{50}值处于C等级的情况下，给出的教导是杂芳基为吡啶的情形对活性并非是最优的，因此，难以得到在吡喃酮6位乙基的末端取代基中使用吡啶基可以获得HCV聚合酶抑制活性的IC_{50}值达到0.016μM的技术启示。

综上，在现有证据的基础上，尚不足以得出权利要求1的化合物相对于对比文件1公开的化合物不具备创造性的结论。

3 案件启示

对比文件虽在马库什化合物的通式定义中披露其R_1基团可以为被一个或多个烷基取代的杂芳基，并且烷基可以为乙基，杂芳基可以为吡啶基，但除此之外，对比文件同样给出了R_1基团可以为其他众多类型的取代基，且所述取代基同样可以被众多类型的基团进一步取代的教导，在面对对比文件时，本领域技术人员并无法知晓R_1基团选取被一个或多个乙基取代的吡啶基时是优选的。其次，对比文件仅在实施例8中制备并测试了R_1为甲氧基取代的吡啶基的化合物，其活性处于C等级，对比文件公开了许多活性处于A等级且R_1基团不为烷基取代的杂芳基的化合物（参见对比文件的实施例），在此基础上，本领域技术人员不会优先去选择将R_1基团可以为被一个或多个烷基取代的杂芳基作为优化对象。因此，对于R_1基团这一部分的基团修饰而言，本领域技术人员不容易从对比文件1获得技术启示以得到2，6－二乙基吡啶－4－基这一特定的取代基。

在案例2中，驳回决定采用的是以通式结合实施例的方式来评述马库什权利要求的创造性。专利复审委员会合议组在确定本申请化合物与对比文件公开化合物的区别特征时，未采用以对比文件的通式化合物作为最接近的技术方案的评价方式，而采用了对比文件中公开的一种具体化合物作为比较对象。在评述马库什权利要求的创造性时，如果对比文件也涉及含多个取代基变量且各取代基变量具有多个并列选择项的马库什化合物，则在认定区别特征时，除非该对比文件的马库什化合物因得到说明书具体公开的化合物的充分支持而具有代表性，否则不宜基于对比文件通式定义范围的取代基变量中涉及某个具体选择项而直接认定要求保护的马库什权利要求的相应取代基变量中的该特定选择项被公开，但可认为该对比文件给出了所要求保护的马库什权利要求的某个取代基变量可为某个特定选择项的教导或启示。

对于马库什权利要求而言，预料不到的技术效果是判断发明具有创造性的充分条件。复审请求人可以通过预料不到的技术效果来证明马库什权利要求的创造性。对于复审请求人陈述的技术效果，专利复审委员会合议组通常会结合现有技术及说明书的实施例来判断该技术效果是否属于预料不到的技术效果，以及该技术效果是否系由马库什化合物本身所带来。复审请求人还可以提供现有技术证据，例如本领域的普通技术知识证明请求保护的马库什化合物的用途或效果是预料不到的，但更多地是通过提供对比实验数据的方式来证明保护的主题的用途或效果是预料不到的[1]。马库什权利要求的创造性评判中为什么如此强调对比实验数据问题？有观点认为，在一些情况中，虽然药物分子结构上小的改变可以导致活性上大的差异，但需要指出的是，这种活性上的改变并不总是表现为活性的提高。在许多情况下，取代基的改变仅使相应化合物的活性产生细微变化，甚至变劣乃至消失。这也是对与已知化合物结构接近的药物化合物的创造性审查中需要申请人提交对比实验数据的原因所在[2]。

申请人或复审请求人提交对比实验数据的法律依据是《专利审查指南》

---

[1] 石必胜. 专利创造性判断研究［M］. 北京：知识产权出版社，2012：220.
[2] 国家知识产权局专利复审委员会. 专利复审委员会案例诠释——创造性［M］. 北京：知识产权出版社，2006：499.

第二部分第十章第 6.1 节（2），该条规定，"结构上与已知化合物接近的化合物，必须要有预料不到的用途或者效果，才有可能具备创造性。此预料不到的用途或者效果可以是与该已知化合物的已知用途不同的用途；或者是对已知化合物的某一已知效果有实质性的改进或提高；或者是在公知常识中没有明确的或不能由常识推论得到的用途或效果"。预料不到的技术效果需要对比实验数据来证明。如果申请人或复审请求人未能提出充分可信的实验数据证明本申请要求保护的马库什通式化合物与最接近的现有技术中公开的化合物相比能够带来预料不到的技术效果，则不能认定本申请的马库什通式化合物具有创造性。

申请人在提交对比实验数据时应注意对比实验的实验对象、对比实验数据的多寡、对比实验的实验方法等问题。

对于对比实验数据，其必须与请求保护的化合物的范围相对应，且对比实验证据必须针对在原申请文件中明确记载且给出了相应实验数据的技术效果，否则该对比实验数据不予考虑；通常，对比试验中所用的化合物应当是请求保护的化合物中与对比文件公开的已知化合物结构最接近的化合物，以及所述对比文件中的相应已知化合物。对比试验应该在请求保护的发明与最接近的现有技术之间进行。

当请求保护的是马库什通式化合物时，如果复审请求人提供的数据只能证明权利要求中的部分或个别化合物的活性相对于现有技术有明显的提高，那么只能证明这些化合物具有创造性，复审请求人必须缩小该权利要求的范围，放弃那些相对于现有技术不具备创造性的化合物❶。对于马库什权利要求来说，申请人或复审请求人提供的对比实验数据应尽可能地覆盖整个权利要求的保护范围，否则实质审查部门或专利复审委员会将以其提交的对比实验数据仅能证明马库什权利要求中的部分化合物具有创造性为由，作出驳回决定或维持驳回决定。

在一些实际案例中，在提交对比实验数据时，申请人选择将本申请请求保护的化合物与现有技术中已经上市的结构类似的具体化合物进行比较，但没有选择审查意见通知书中给出的对比文件的最接近化合物作为试验对象，对此情形，该对比实验数据能否被认可？

---

❶ 国家知识产权局专利复审委员会. 专利复审委员会案例诠释——创造性 [M]. 北京：知识产权出版社，2006：499.

在案例 2 中，复审请求人提交了对比实验数据（附件 1 和附件 2）以期证明本申请的化合物具有创造性。但是对比实验数据必须针对在原申请文件中明确记载且给出了相应实验数据的技术效果。如果原说明书中没有效果实验证明发明某个方面或某种程度的技术效果，则即使说明书中对该技术效果给出了结论性或断言性的描述，也不应当接受申请人在申请日后或答复审查意见时提供的实验数据或效果实施例以证明上述技术效果。专利复审委员会没有接受附件 1 和附件 2 的理由是本申请说明书未明确记载并且给出相应实验数据证实其在 EC_{50}、口服生物利用度和其他药代动力学参数方面的技术效果。由于附件 1 和附件 2 本身的公开时间在本申请申请日之后，且附件 1 和附件 2 中记载的效果数据并未体现在说明书中，故无法表明该效果是本申请在申请日已被证实的。可参考的是，欧洲专利局在《欧洲专利审查指南》Part C 第 Ⅵ 章第 5.3.5 节关于证据中规定，"在某些情况下，尽管不允许加入到申请中，审查员仍然可以将后提交的实施例（later filed examples）或新效果（new effects）作为支持要求保护的发明专利性的证据。例如，在原申请中给出了相应信息的基础上，可以接受增加的实施例作为证据证明发明能容易地应用于整个要求保护的范围内。类似的，假如所述新的效果在原申请中隐含或至少与原申请公开的效果有关，则该新的效果可以作为支持创造性的证据"。

此外，在某些案例中，针对实质审查部门或专利复审委员会的质疑，复审请求人试图尝试去说服实质审查部门或专利复审委员会，其对化合物活性这一事实认定不正确，本申请化合物的活性与对比文件化合物的活性不同，无需提供进一步的对比实验数据，从而认为本申请的化合物具有预料不到的技术效果而具备创造性[1]。

在某些案例中，对于马库什权利要求创造性的争辩，复审请求人试图从对比文件公开的方法不能用来合成本申请的化合物这一角度，将本申请化合物制备的难易作为本申请化合物具备创造性的理由之一提出[2]。此时，合议组需要从本申请化合物制备方法与对比文件公开的制备方法是否均属于现有、已知的方法，二者制备方法的近似程度以及二者制备方法的区别是否属于常规技术手

---

[1] 参见国家知识产权局专利复审委员会第 2245 号复审请求审查决定及北京市第一中级人民法院（2001）一中行初字第 363 号行政判决书。

[2] 参见国家知识产权局专利复审委员会第 2881 号复审请求审查决定。

段等角度进行考量❶。对于未包含方法特征的马库什化合物权利要求来说，由于其方法特征未体现在权利要求中，其马库什化合物权利要求的制备方法并不仅仅限于说明书中公开的制备方法，说明书中制备该化合物所采用的方法也不对该权利要求的保护范围产生影响。对于小分子马库什药物化合物而言，在目前的合成技术手段下，在给出化合物结构式的情况下，通常都能够合成该化合物，但是在某些情况中，复审请求人仍可以通过本申请化合物的合成方法不同于对比文件的合成方法来影响审查员或合议组对二者化合物结构是否接近的判断。美国专利审查指南也认为，现有技术中缺乏制造发明申请中的化合物的方法对于初步显而易见的认定有帮助。

三、案件辐射

1 美国专利商标局的相关规定

美国专利审查指南专节规定了化合物结构相似情况下的创造性判断[MPEP2144.09]，主要包括以下几个方面：（1）基于结构相似而认定显而易见是建立在相似结构具有相似属性的预期上；（2）类似物和同质异构物的创造性判断必须与其他相关事实一并考虑；（3）同族和同质异构物的关系的作用；（4）现有技术中缺乏制造发明申请中的化合物的方法对于初步显而易见的认定有帮助；（5）结构相似但不能合理推测属性相同的情况下不能认定显而易见；（6）如果现有技术中的化合物没有用途，或者用途只是媒介，则发明申请中结构相似的化合物相对于现有技术不构成初步显而易见；（7）初步显而易见可以被更优的或预料不到的技术效果反驳❷。

2 欧洲专利局的相关规定

欧洲专利局 *Case Law*（2006版）第Ⅰ部分E第9.8节关于对比试验的规定是，"根据已建立的案例法，对比实验证明的令人惊奇的技术效果可以作为创造性的指示。如果基于改进的效果选择对比实验来证明创造性，与最接近现有技术进行对比时，所述效果必须是令人信服地来源于发明的区别技术特征。在判断发明要解决的技术问题时，不考虑声称的但缺乏相应支持的有益效果"。

---

❶ 国家知识产权局专利复审委员会. 专利复审委员会案例诠释——创造性[M]. 北京：知识产权出版社，2006：292.

❷ 石必胜. 专利创造性判断研究[M]. 北京：知识产权出版社，2012：93.

在 T35/85 中，申诉委员会认为，申请人或专利权人可以通过自愿提交对比实验进行举证，该对比实验是与新制备的最接近现有技术的替代物进行对比，该替代物的部分特征与发明中的普通技术特征是相同的，目的是得到更接近发明的替代物，以便清晰地证明因区别技术特征导致的有益效果（T40/89，T191/97，T496/02）。

在 T197/86 中，申诉委员会对之前的 T181/82 判决中确立的原则进行了补充。根据 T181/82，当提交对比实验作为意想不到的技术效果的证据，必须是有可能的、最接近的结构近似物，而可与要求保护的发明比较。

在 T197/86 中，申请人通过自动提供对比实验增强了对其权利要求的支持，其中对比实验的对比物不明确属于现有技术，与要求保护的主题的差别仅仅在于发明的区别技术特征。申诉委员会认为当选择对比实验来证明创造性，证明在要求保护的范围内具有改进的效果，而与最接近的现有技术进行比较时，所述效果必须令人信服的源自发明的区别技术特征。为此目的，有必要调整比较的基础，以使其差别仅在于区别技术特征（T292/92，T412/94，T819/96，T133/01，T369/02，T668/02）。

（撰稿人：吴红权　审核人：侯　曜）

第二节 关于马库什化合物权利要求是否以说明书为依据

一、引言

《专利法》第 26 条第 4 款规定，权利要求书应当以说明书为依据，清楚、简要地限定要求专利保护的范围。"权利要求书应当以说明书为依据"是指，权利要求的概括范围应当与说明书公开的范围相适应，该范围不应当宽到超出发明公开的范围，也不应当窄到有损于申请人因公开其发明而应当获得的权益。

《专利审查指南》第二部分第二章第 3.2.1 节对这一规定进行了进一步的规范，其总体要求是，权利要求书中的每一项权利要求所要求保护的技术方案应当是所属技术领域的技术人员能够从说明书充分公开的内容中得到或概括得出的技术方案，并且不得超出说明书公开的范围。

马库什化合物权利要求通常是由说明书记载的一个或多个具体实施例概括而成的。马库什化合物的支持问题一直是化学领域的一个审查难点，尤其是在说明书中同时记载了若干具体化合物的制备实施例和效果实施例以及马库什化合物存在多个取代基变量的情况下，判断的基础是制备例还是效果例，对于不同取代基如何把握尺度，都是在判断过程中容易出现的困惑。本文结合两个复审案例对专利申请文件中马库什化合物的支持问题作进一步的深入探讨，以供借鉴。

二、典型案例

1 涉及判断基础是制备例还是效果例的案例

1.1 案情简介

1.1.1 案例索引与当事人

申请号：200380108898.4

复审请求人：加拉佩格斯有限公司

1.1.2 案件背景和相关事实

本申请的目的之一是提供一类新的通式（Ⅰ）化合物，其为玻璃体结合蛋白受体的拮抗剂和细胞粘着抑制剂，能够抑制通过破骨细胞作为媒介的骨吸收，可用于例如骨质疏松引起的疾病的治疗和预防。背景技术记载了一系列公开了玻璃体结合蛋白受体拮抗剂的现有技术，如 WO-A-94/12181、WO-A-94/08577、EP-A-528586、EP-A-528587、WO-A-95/32710、WO-A-96/00574、WO-A-96/00730、WO9800395、WO99/32457、WO99/37621 和 EP0820991。说明书第 14~17 页公开了该化合物的一般制备方法，并在实施例 1~41 中制备了 41 个具体化合物；说明书第 18~20 页一般性地描述了化合物对玻璃体结合蛋白受体的拮抗活性和针对的适应症；说明书第 108~110 页的药理学试验部分公开了实施例 1~4 的具体化合物应用于蝮蛇毒素/玻璃体结合蛋白受体（αγβ3）ELISA 试验的相关数据。

权利要求 1 如下：

式（Ⅰ）的化合物或其生理可接受的加成盐（如下式所示）：

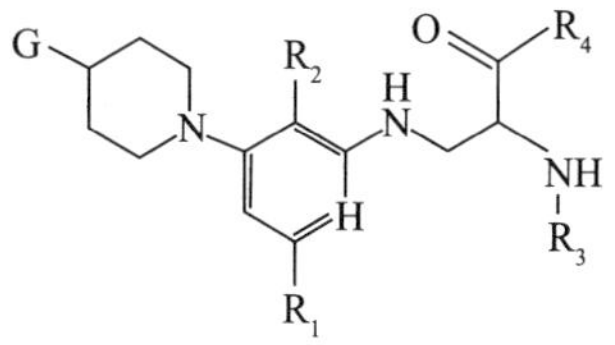

其中，G 代表

Het-NH-CO-，

Het-NH-CH$_2$-，

Het-，

Het 代表单环或多环体系，每一个环由 4-10 芳族或非芳族成员构成：

……

-R^1 代表氢原子；

-R^2 代表卤原子；含 1~4 个碳原子的烷基基团；非取代或通过烷基基团和/或包含 1~4 个碳原子的酰基基团单取代或双取代的氨基基团；或-(CH$_2$)$_{0-2}$-OR^5 基团；

-R^3 代表

-氢原子，

-CO$_2$R^5 基团，

—SO_2R^5 基团或

R^3 是：

—选自以下的杂环，

……

—R^5 代表（C_1-C_8）—烷基；（C_5-C_{14}）—芳基；（C_5-C_{14}）—芳基—（C_1-C_4）—烷基—；（C_3-C_{12}）—环烷基或（C_3-C_{12}）—环烷基—（C_1-C_4）—烷基—；二环烷基—（C_1-C_4）—烷基—；三环烷基—（C_1-C_4）—烷基—；所说的芳基，烷基，环烷基，二环烷基和三环烷基是非取代的或通过一个或多个选择的 R^9 的基团取代；

—R^9 代表卤素；氨基；硝基；羟基；（C_1-C_4）—烷氧基—；（C_1-C_4）—烷基硫—；羧基；（C_1-C_4）—烷氧基—羰基—；非取代的或被一个或多个卤原子取代的（C_1-C_8）—烷基，（C_5-C_{14}）—芳基，（C_5-C_{14}）—芳基—（C_1-C_4）—烷基—；

……

1.2 案件审理

1.2.1 案件争议焦点

对于马库什化合物的支持问题，应当以制备例还是效果例为基础进行判断。

1.2.2 审理结果摘引

第21583号复审请求审查决定认为，合议组在考察说明书的内容时发现，背景技术部分所记载的与本申请最接近的现有技术为 WO-A-94/12181、WO-A-94/08577、EP-A-528586、EP-A-528587、WO-A-95/32710、WO-A-96/00574、WO-A-96/00730、WO9800395、WO99/32457、WO99/37621 和 EP0820991，但经过考察后发现，这些现有技术文件均涉及具有以下结构的化合物：X-Y-Z-Aryl-A-B，其中 Aryl 为苯基、噻吩等，典型的结构如下：

由此可见，现有技术公开的化合物与本申请的化合物结构并不相同，甚至主结构也相差甚远。因此本申请提供的是一种全新结构的具有玻璃体结合蛋白受体拮抗活性的通式化合物。对于这种全新结构的通式化合物，由于所属技术领域的现有技术没有启示和教导，同时鉴于药物化学领域中药物构效关系的复杂性，由结构推知活性的可预测性非常低，因此通式中每个取代基都可能与化合物的活性密切相关。在此情况下，判断通式化合物的权利要求是否得到说明书的支持，应当重点考虑申请文件中足以证明化合物活性的效果例 1-4 而非所有制备例。

实施例 1-4 涉及的具体化合物结构如表 4 所示。

表 4　实施例 1-4 所涉及的具体化合物结构

EX	G	R¹	R²	R³	R⁴	R⁵	Het
1	Het –	氢原子	乙基	$-CO_2R^5$	OH	苄基	
2	Het – NH – CO –	氢原子	乙基	$-CO_2R^5$	OH	苄基	
3	Het –	氢原子	甲基	$-CO_2R^5$	OH	苄基	
4	Het – NH – CO –	氢原子	甲基	$-CO_2R^5$	OH	苄基	

将其与权利要求 1 要求保护的具有式（Ⅰ）化合物对比可见，权利要求 1 对基团 -G、Het、-R²、-R³、-R⁵ 和 -R⁹ 的定义都远远超出了根据实施例 1-4 公开或能够合理推导概括的范围，例如 Het 在实施例 1-4 中为未取代的四氢二氮杂萘或六氢嘧啶，而在权利要求 1 中的定义为数目众多的单环或多环

（其中不乏在环结构、环原子数、环上杂原子数等方面与四氢二氮杂萘及六氢嘧啶相差甚远的基团），且可被 R^9 所定义的多种取代基取代，如前所述，通式（Ⅰ）化合物中每个取代基都可能与化合物的活性密切相关，而不同的杂环因其成环原子数、杂原子数、成环体系、饱和度、芳香性、取代基等诸多因素的不同，都可能通过构效关系对化合物的活性产生不同影响，这些影响是本领域技术人员无法预测的，因此根据说明书公开的内容本领域技术人员无法确定权利要求1中 Het 定义如此众多的取代基方案都能使得化合物具有说明书中声称的药理活性和用途，即，权利要求1对 Het 的定义得不到说明书的支持。同理，权利要求1对 $-G$、$-R^2$、$-R^3$、$-R^5$ 和 $-R^9$ 的定义也得不到说明书的支持，因此权利要求1不符合《专利法》第26条第4款的规定。

2 涉及不同取代基判断尺度的案例

2.1 案情简介

2.1.1 案例索引与当事人情况

申请号：01811654.X

复审请求人：艾科斯有限公司

2.1.2 案件背景和相关事实

本申请涉及一类新的选择性抑制磷脂酰肌醇3-激酶δ（PI3Kδ）而对其他的 PI3K 同工型具有相对低的抑制效力的化合物。说明书第72~87页公开了该类化合物的通用制备方法，并在实施例中制备了编号为 D1-D33，D53-D118 的具体化合物。说明书中一般性描述了化合物选择性抑制磷脂酰肌醇3-激酶δ（PI3Kδ）的活性和针对的适应症，说明书第152~160页的生化试验部分公开了测试具体化合物 D1-D31，D34-D52，D121 对 PI3Kδ 的抑制活性和效力，对 PI3Kδ 和其他 I 型 PI3K 同工酶的相对选择性的相关数据，上述具体化合物都表现出对 PI3Kδ 的选择性抑制活性。此外，说明书背景技术部分所记载的与本申请最接近的现有技术为 US5858753，US5822910，US5985589，WO9746688，WO9625488，上述现有技术中公开的化合物与本申请的化合物结构差异较大。

权利要求1如下：

一种化合物及其药学上可接受的盐，所述化合物具有以下结构通式：

第四章 特殊类型发明相关问题研究

其中 A 选自咪唑基、1，2，4-三唑基、嘧啶基、1，3，5-三嗪基或嘌呤基，所述 A 未取代或被 1-3 个选自以下的取代基取代：NH_2、$NH(CH_3)$、$N(CH_3)_2$、$NHCH_2C_6H_5$、$NH(C_2H_5)$、Cl、F、CH_3、SCH_3、OH 和

X 为 CHR^b；

Y 不存在或选自 S、NH 和 $NHC(=O)CH_2S$；

R^1 和 R^2 独立选自氢、OR^a、卤基、C_{1-6}烷基、CF_3、NO_2、$N(R^a)_2$、NR^aC_{1-3}亚烷基$N(R^a)_2$ 和 OC_{1-3}亚烷基OR^a；

R^3 选自氢、取代或未取代的 C_{1-6}烷基、C_{3-8}环烷基、C_{3-8}杂环烷基、C_{1-4}亚烷基环烷基、C_{2-6}链烯基、C_{1-3}亚烷基芳基、芳基C_{1-3}烷基、$C(=O)R^a$、芳基、$C(=O)OR^a$、$C(=O)N(R^a)_2$、$C(=O)C_{1-4}$亚烷基芳基、C_{1-4}亚烷基杂环基、C_{1-4}亚烷基$C(=O)N(R^a)_2$、C_{1-4}亚烷基OR^a、C_{1-4}亚烷基$NR^aC(=O)R^a$、C_{1-4}亚烷基OC_{1-4}亚烷基OR^a、C_{1-4}亚烷基$N(R^a)_2$、C_{1-4}亚烷基$C(=O)OR^a$ 和 C_{1-4}亚烷基OC_{1-4}亚烷基$C(=O)OR^a$；其中 R^3 的取代基选自：Cl、F、CH_3、$CH(CH_3)_2$、OCH_3、C_6H_5、NO_2、NH_2、$NHC(=O)CH_3$、CO_2H 和 $N(CH_3)CH_2CH_2N(CH_3)_2$；

R^a 选自氢和 C_{1-6}烷基；

R^b 选自氢和 C_{1-6}烷基；

其中芳基为苯基或萘基；

其中杂环烷基选自 1，3-二氧戊环、2-吡唑啉、吡唑烷、吡咯烷、哌嗪、吡咯啉、2H-吡喃、4H-吡喃、吗啉、硫代吗啉、哌啶、1，4-二噻烷和 1，4-二噁烷；

……

复审通知书指出，首先，本申请提供的是一种全新结构的选择性抑制磷脂

酰肌醇 3 - 激酶 δ 的通式化合物，判断通式化合物的权利要求是否得到说明书的支持，应当重点考虑申请文件中足以证明化合物活性的效果实施例。其次，通过考察效果实施例发现，本申请化合物的 A 取代位点对化合物的活性影响很大，属于化合物构效关系的关键位点，而其他取代位点对化合物的活性影响较小，在此基础上，判断本申请通式化合物的权利要求是否得到说明书的支持，应当重点考虑对 A 取代基的定义是否得到说明书的支持。进而，效果实施例涉及的具体化合物 D1 - D31，D34 - D52，D121 的 A 取代基都是 NH_2 取代或未取代的嘌呤基，而权利要求 1 中 A 定义为多种杂环（其中不乏在环结构、环原子数、环上杂原子数等方面较之 1H - 吡唑并［3,4 - d］嘧啶 - 4 - 基与嘌呤基的差别更大的基团），且可被除了 NH_2 以外的其他多种取代基取代，由于 A 取代位点对化合物的活性影响很大，并且 A 基团上的取代基也可能对化合物的活性产生影响，在请求人未提供充分理由或证据证明权利要求 1 中 A 上的取代基都能实现本申请目的的情况下，本领域技术人员无法确定权利要求 1 中 A 定义的除未取代或被 NH_2 取代的嘌呤基的其他取代方案都能使得化合物具有说明书中声称的活性和用途。因此权利要求 1 得不到说明书的支持，不符合《专利法》第 26 条第 4 款的规定。相应的，权利要求 4、7、10、12 ~ 14、16 也不符合《专利法》第 26 条第 4 款的规定。

复审请求人提交了权利要求书修改文本，将权利要求 1 的 A 限定为未取代或被 NH_2 取代的嘌呤基。在此基础上，专利复审委员会撤销了该驳回决定。

2.2 案件审理

第 22217 号复审请求审查决定认为：（1）通过考察本申请经测试的活性化合物发现（参见说明书第 152 ~ 160 页的生化试验部分公开的测试具体化合物 D1 - D31、D34 - D52、D121 对 PI3Kδ 的抑制活性和效力），取代基 R^1 和 R^2 包括了卤素、低级烷基、卤代烷基、烷基胺基和烷氧基等多种取代形式，取代基 R^3 包括了取代或未取代的多种烷基和芳基，而取代基 A 都是取代或未取代的嘌呤基，即相比 A 取代基而言其他取代基的变化较大；（2）在生化试验部分使用的对比化合物 D999 具有与本申请化合物相同的母核结构，其区别仅在于对比化合物 D999 的取代基 A 为 1H - 吡唑并［3,4 - d］嘧啶 - 4 - 基；（3）在不同浓度下测试 D999 对 PI3Kδ 和其他 I 型 PI3K 同工酶的相对选择性 PI3Kα/PI3Kδ 分别为 2.2 和 2，PI3Kβ/PI3Kδ 分别为 2.1 和 2，根据说明书第

15 页对"选择性 PI3Kδ 抑制剂"的定义，对 PI3Kδ 的 IC50 与其他 I 型 PI3K 的 IC50 值比较应低至少 10 倍（参见说明书第 15 页第 17~19 行），化合物 D999 显然达不到这一标准，不能视为具有选择性抑制 PI3Kδ 的活性，即，化合物 D999 不具有本申请声称的活性。由此可以看出，本申请化合物在除了 A 取代基的其他取代位点的变化对化合物活性影响极小，而 A 取代基仅仅是从嘌呤基变为 1H-吡唑并［3,4-d］嘧啶-4-基就导致化合物活性的不同，实现不了本申请的发明目的。基于此，合议组认为，本申请化合物的 A 取代位点对化合物的活性影响很大，属于化合物构效关系的关键位点，而其他取代位点对化合物的活性影响较小。在此基础上，判断本申请通式化合物的权利要求是否得到说明书的支持，应当重点考虑对 A 取代基的定义是否得到说明书的支持。

在复审审查文本中，基团 A 被限定为未取代的或被 NH_2 取代的嘌呤基，基团 X 被限定为 CHR^b，其中 R^b 选自氢或 C_{1-6} 烷基。说明书实施例 D-077、D-080 和 D-081 中公开了 X 为 $CH(CH_3)$ 的情形，其他许多实施例中 X 为 CH_2，故本领域技术人员根据说明书记载的信息能够推测出基团 X 被限定为 CHR^b，其中 R^b 选自氢或 C_{1-6} 烷基能够得到说明书的支持，其他基团 Y、R^1、R^2 和 R^3 也都被限定在一个合理的范围内，在此基础上，应当认为权利要求中的取代基定义已经被限定在一个合理的范围内，其能够得到说明书的支持，符合《专利法》第 26 条第 4 款的规定。

3 案件启示

3.1 支持问题的判断应基于其立法本意

对于马库什权利要求，尤其是马库什化合物权利要求来说，判断其是否符合《专利法》第 26 条第 4 款的规定是以效果例为基础，还是以制备例为基础，长期以来一直争论不休，有观点认为对于提供全新结构化合物的发明，申请人做出了较大的贡献，应予以较宽的保护范围，也有观点认为鉴于现有技术没有教导，其技术方案可预测程度较低，对于这类发明应从严把握尺度。争论的最后往往将焦点集中在"政策的倾向性"上。

以效果例还是制备例为基础来判断马库什化合物的支持问题，应从《专利法》第 26 条第 4 款的立法本意出发。从权利要求书本身的作用来看，它是用来界定专利独占权的范围、使公众能够清楚地知道实施什么样的行为就会侵犯他人的专利权的一种特殊的法律文件,因此,权利要求的范围应当适当,不能过小也不能过大。如果范围过小,相当于申请人将其完成的一部分发明无偿地捐献给全人类,对申请人本人来说可能是不公平的;相反,如果范围过大,把属于公众的已知技术,或者其尚未完成而是有可能在将来由他人完成的发明囊括在其保护范围之内,将会损害公众的利益。因此,《专利法》第26条第4款规定"权利要求书应当以说明书为依据",其立法宗旨的实质是:权利要求的概括范围应当与说明书公开的范围相适应,该范围不应当宽到超出发明公开的范围,也不应当窄到有损于申请人因公开其发明而应当获得的权益。在此基础上,一个总的判断原则是,基于说明书充分公开的内容并结合现有技术,本领域技术人员能否合理地预期到权利要求概括的所有技术方案均能解决发明要解决的技术方案,并达到预期的技术效果,考虑的因素包括发明所要解决的技术问题,权利要求请求保护的范围,说明书的全部内容,以及所属技术领域中现有技术的状况等。

案例1中,合议组通过考察现有技术的状态发现,本申请涉及一种全新结构的化合物,现有技术中对于该化合物结构上哪个或哪些取代位置属于构效关系密切的位置没有任何教导,这种情况下,本领域技术人员无法根据现有技术预期所述通式化合物哪一位置上取代基的变化会影响化合物的活性。因此,如果某些制备例的取代基类型与效果例的取代基类型相差较大,本领域技术人员基于该效果例可能尚不足以预期到所述制备例的化合物会具有相同的活性,从而也就只能依据效果例来判断权利要求的范围是否概括恰当。

基于上述判断原则和思路,如果某一申请化合物的主结构在现有技术中是已知的,其上的某些取代位置被现有技术证明并不是构效关系密切的位置,或者现有技术对于该位置上的取代基选择类型已经有诸多的教导,那么,即使在申请中仅验证了该取代基中的一个具体例子,也有可能将其扩展到该位置的其他不同的、现有技术中已经有教导的取代基,而非仅限于本申请中记载的效果例和制备例。

3.2 不同取代位置的判断尺度

对于全新结构的化合物,由于根据现有技术无法预期通式化合物结构中哪一个位置的取代基变化会影响其活性,同时鉴于药物化学领域中药物构效关系的复杂性,由结构推知活性的可预测性非常低,通常会认为通式化合物结构中的每一个取代位置都可能与化合物的活性密切相关,并将该观点体现在对化合物支持问题的判断中。但这并不意味着每个取代基的范围都必须是效果例所记载的,而应当结合效果例的数量、取代基的变化分布以及对化合物活性的影响来综合考量。

例如在案例2中,合议组通过对效果例的分析发现,该通式化合物中不同取代位置的取代基变化对化合物活性的影响是不同的。具体而言,在生化试验部分使用的对比化合物具有与本申请化合物相似的母核结构,其区别仅在于对比化合物的取代基A为1H-吡唑并[3,4-d]嘧啶-4-基,而本申请化合物相应位点为NH_2取代或未取代的嘌呤基,测试结果显示对比化合物不具有本申请声称的活性,即,对于所述通式化合物而言,A取代基仅仅是从嘌呤基变为1H-吡唑并[3,4-d]嘧啶-4-基(这两个取代基结构相似)就导致化合物活性变化;而经测试的本申请其他具体化合物在除了A取代基以外的其他取代基发生较大变化时仍具有所述活性,可见其他取代位点的取代基变化对化合物的活性影响较小。合议组由此确定该类化合物的A取代位点对化合物活性影响较大,从而将支持问题的判断重点聚焦在关键位点的取代基定义(即取代基A)是否得到说明书支持上。

由案例2可以看出,在对于马库什化合物权利要求是否得到说明书支持的判断中,并不是机械地要求每一个取代基的定义都要得到效果例中具体基团的支持,根据说明书给出的技术信息,考察效果例中各取代基变化对化合物活性影响的大小对于客观准确地作出判断是至关重要的。

三、分析与思考

1 欧洲专利局(EPO)

《EPO审查指南》第84条规定,权利要求应当定义要保护的主题,它们应当清楚、简明并且得到说明书的支持。

《EPO审查指南》将"充分公开"与"得到说明书支持"分别在说明书和权利要求书部分进行了规定。对于得到说明书支持的概念,《EPO审查指南》的规定包括了两层含义。

一是给出以说明书为依据法律条款的解释。

权利要求应当得到说明书的支持。这是指在说明书中对每一权利要求的主题内容应当有依据，且权利要求的范围不应当比说明书和附图给出的合理程度以及比对已有技术的贡献更宽。

二是对权利要求概括程度的限定。

多数权利要求是由一个或多个具体实施例概括而成。对每一申请，审查员应当结合相关已有技术来判断概括程度是否被允许。一项全新技术领域的开拓性发明比起已知技术领域的改进发明，允许有更宽的概括范围。一项概括恰当的权利要求既不应宽到超出发明本身，也不应窄到损害申请人公开其发明而应获得的正当权益。应当允许申请人覆盖其所述说明书公开内容的所有明显变型、等同变换、及其使用。特别是，如果可以合理预测被权利要求覆盖的所有变型具备申请人在说明书中赋予的性能或用途，那么应当允许这样概括权利要求。

2 日本专利局（JPO）

《日本专利法》第36条第6款第1项规定，权利要求所请求保护的发明应当在发明的说明书中进行详细的说明。

《日本专利法》没有权利要求要以说明书为依据的专门条款，因此《日本专利审查指南》中没有专门的章节讨论以说明书为依据的内容，但是在涉及说明书充分公开时，讨论了权利要求与说明书公开的关系。讨论的内容包括：

"对要求保护的发明应当公开至少一种实施方式，并非要求保护的发明中所有的方案如何实施均必须在说明书中有描述。"

"但是，如果本领域普通技术人员有充分理由确信，从说明书公开的具体实施方案无法扩展到要求保护发明的整个范围时，审查员可以判断发明没有清楚、完整公开发明使得所属技术领域的技术人员能够实现。"

"例如，要求保护上位概念，说明书公开具体下位概念，如果所属技术领域的技术人员有具体理由确信，依据说明书公开的具体实施方式并不能获得所述上位概念涵盖的另一个具体下位概念，审查员可以判断发明没有清楚、完整公开发明使得所属技术领域的技术人员能够实现……"

此外，《日本专利审查指南》讨论了权利要求不能得到实施方式支持的几种情况：

（1）权利要求要求保护上位概念，说明书仅仅公开具体下位概念可以实施，如果所属技术领域的技术人员有具体理由确信，即使考虑公知技术，依据说明书公开的具体实施方式并不能获得所述上位概念涵盖的另一个具体下位概念；

（2）权利要求采用马库什通式可选技术方案的形式进行定义，但是在说明书只公开了某些技术方案可以实施，如果所属技术领域的技术人员有具体理由认为，即使参考公知常识，也不能由某些特定的方案扩展到所有要求保护的方案，审查员可以判断发明没有清楚、完整公开发明使得所属技术领域的技术人员能够实现；

（3）在说明书公开的实施方式是能够实施的，但是，在要求保护的发明的范围内，某一特定的实施方式是特殊的，以致所属技术领域的技术人员有充分理由认为，即使参考公知常识，也不能由某些优选方案扩展到所有其他要求保护的方案，审查员可以判断发明没有清楚、完整地公开使得所属技术领域的技术人员能够实现；

（4）如果权利要求包括用所要达到的效果进行限定的产品，说明书中只公开了具体实施方式，因此所属技术领域的技术人员有充分理由认为，即使参考公知常识，也不能由某一特定的方案扩展到所有要求保护的方案。

由此可见，日本专利审查指南是将充分公开与权利要求保护范围作为一个问题的两个方面一起讨论的，没有将说明书充分公开与权利要求书以说明书为依据进行区分。

3 美国专利商标局（USPTO）

《美国专利法》35.U.S.C 112 第 1 款规定，说明书应当完整、清楚、简明和准确地描述如何制造和如何使用所述发明，使得本领域普通技术人员能够制造和使用，并且要求申请人应当提出实施发明的最佳方式。

美国专利法没有关于权利要求要以说明书为依据的专门条款，因此美国专利审查指南中没有专门的章节讨论以说明书为依据的内容。

美国专利审查指南对权利要求的保护范围和能够实施的关系作了如下解释："权利要求的范围与能够实施的关系，唯一关系在于：根据说明书公开本领域技术人员能够实施的范围是否与权利要求要求保护的范围相对应。"

当考虑权利要求的保护范围是否与能够实施的范围相对应时，USPTO 审查指南规定，"在依据权利要求的范围相对于公开能够实施范围做出合适的驳回决定时，应当实行两步法：1）确定权利要求的范围相对于公开能够实施范围的关系——考虑整个权利要求；2）确定本领域技术人员是否不需要'过度试验'就可以实施要求保护范围内的所有发明"。关于"过度试验"应当按照"USPTO审查指南中'能够实现'的判断方法与考虑因素"。

4 专利合作条约（PCT）

与欧洲专利公约相似，专利合作条约中也将充分公开与得到说明书支持分别在说明书和权利要求书部分各自进行了规定。对于以说明书为依据的概念，PCT国际检索和初步审查指南的规定也包括两层含义：

一是给出以说明书为依据的法律条款的解释：权利要求"应当得到说明书充分支持"。这是指每一项权利要求的主题在说明书中必须有依据，而且权利要求的范围必须不得宽于说明书和附图可以支持的范围。

二是对权利要求概括程度的限定：多数权利要求是由一个或多个具体的实施例概括而成的。对每一具体的申请案，审查员都应当参照相关的现有技术，判断权利要求概括的范围是否恰当。一项概括恰当的权利要求，其范围应当既不过宽致使超出发明的范围，也不过窄致使剥夺了申请人公开发明而应获得的回报。不应当对申请人已经说明的显而易见的改变、用途和等同物提出疑问。尤其是如果可以合理地预期到权利要求覆盖的所有变化都具有申请人在说明书中为其描述的特性和用途，则申请人相应概括的权利要求是恰当的。

由以上各国或公约对于"权利要求应当得到说明书的支持"的相关规定可以看出，其主导思想与我国《专利法》第26条第4款的立法宗旨是一致的，即，权利要求的概括范围应当与说明书公开的范围相适应，该范围不应当宽到超出发明公开的范围，也不应当窄到有损于申请人因公开其发明而应当获得的权益。本文所引用的复审案例较好地体现了该法条的立法本意：对于全新结构的马库什化合物的支持问题基于效果例进行判断以及对于马库什化合物影响活性的关键取代位置严格把握尺度，对非关键取代位置并不拘泥于效果例而允许其有一定范围的概括。

四、案例辐射

我国《专利法》第26条第4款的判断相对于新颖性、创造性来说是比较复杂的，通过对发明要解决的技术问题、权利要求的范围、说明书充分公开的内容、申请文件中记载的其他相关信息和现有技术，尤其是背景技术、发明核心的考察，结合本领域技术人员的公知常识以及具有的分析推理能力，才能够对这一主观性较强的条款作出更加客观、令人信服的判断。

（撰稿人：蔡　雷　审核人：侯　曜）

第三节 关于马库什化合物权利要求的单一性审查

一、引言

根据《专利审查指南》的规定,如果一项申请在一个权利要求中限定多个并列的可选择要素,则构成马库什权利要求。当马库什要素是化合物时,如果满足下列标准,应当认为它们具有类似的性质,该马库什权利要求具有单一性:

(1) 所有可选择化合物具有共同的性能或作用;和

(2) 所有可选择化合物具有共同的结构,该共同结构能够构成它与现有技术的区别特征,并对通式化合物的共同性能或作用是必不可少的;或者在不能有共同结构的情况下,所有的可选择要素应属于该发明所属领域中公认的同一化合物类别。[1]

在化学、生物医药领域,这种马库什权利要求非常常见。关于马库什权利要求单一性的认定,《专利审查指南》给出了其判断的基本原则。然而,具体如何判断,实践中依然存在认识不统一的问题,特别是当马库什要素是化合物时,对于《专利审查指南》中所涉及的"共同的结构"以及"所属领域中公认的同一化合物类别"的认定,实践中尚存在诸多令人困惑的地方,值得进一步探讨。

二、典型案例

【案例1】

1 案情简介

1.1 案例索引与当事人

决定号:第 13836 号

申请号:01806261.X

---

[1] 参见《专利审查指南》第二部分第十章第 8.1.1 节。

复审请求人：武田药品工业株式会社

1.2 案件背景和相关事实

2005年8月12日，国家知识产权局以权利要求1、2、25、27不具备单一性，不符合《专利法》第31条第1款的规定为由驳回了本申请。其中，权利要求1如下：

"1. 一种乳液组合物，其包含下式所示的化合物（I）及其盐或前药：

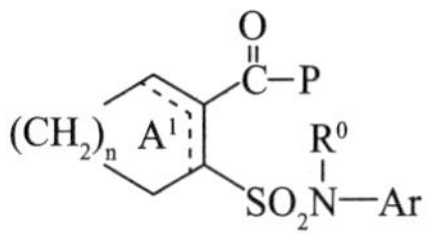

$$(CH_2)_n\ A^1 \begin{matrix} \overset{O}{C}-P \\ R^0 \\ SO_2N-Ar \end{matrix} \quad (I)$$

其中R为任选具有取代基的脂肪烃基，任选具有取代基的芳烃基，任选具有取代基的杂环基，式 – OR¹所示的基团，其中R¹为氢原子或任选具有取代基的脂肪烃基，或下式所示的基团：

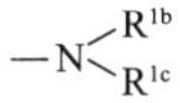

$$-N\begin{matrix}R^{1b}\\R^{1c}\end{matrix}$$

其中R¹ᵇ为氢原子或任选具有取代基的脂肪烃基，R¹ᶜ与R¹ᵇ相同或相异并且为氢原子或任选具有取代基的脂肪烃基，R⁰为氢原子或脂肪烃基，环A¹为任选被1~4个取代基取代的环烯，所述取代基选自（1）任选具有取代基的脂肪烃基，（2）任选具有取代基的芳烃基，（3）式 – OR¹所示的基团，其中R¹的定义同上，及（4）卤原子，Ar为任选具有取代基的芳烃基，下式所示的基团：

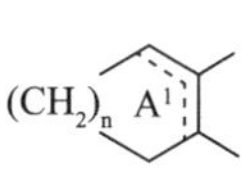

$$(CH_2)_n\ A^1$$

代表下式所示的基团：

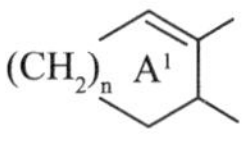

$$(CH_2)_n\ A^1$$

或

$$(CH_2)_n\ A^1$$

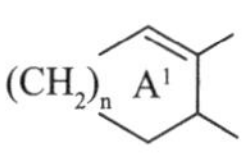

且n为1~4的整数，其中所述组合物的pH被调节为不大于6。"

复审请求人向专利复审委员会提出复审请求。在审查过程中，合议组发出了复审通知书，同样指出相关权利要求不符合《专利法》第 31 条第 1 款的规定。针对该复审通知书，复审请求人对通式化合物进行了进一步限定，专利复审委员会在修改后的权利要求书的基础上撤销了驳回决定。修改后的权利要求 1 如下：

"1. 一种乳液组合物，其包含下式所示的化合物（Ⅰ）或其盐或前药：

其中 R 为式 – OR¹ 所示的基团，其中 R¹ 为直链或支链的 C_{1-20} 烷基，

R⁰ 为氢原子，

Ar 为任选具有 1~5 个取代基的 C_{6-14} 芳烃基，所述取代基选自卤原子，C_{1-4} 烷基，

下式所示的基团：

代表下式所示的基团：

且 n 为 2，其中所述组合物的 pH 被调节为不大于 6。"

2 案件审理

2.1 案件争议焦点一

权利要求中的式（Ⅰ）化合物是否满足"所有可选择化合物具有共同的结构，该共同结构能够构成它与现有技术的区别特征，并对通式化合物的共同性能或作用是必不可少的"的要求。

2.1.1 当事人诉辩

复审请求人认为，权利要求中涉及的化合物存在着共有的结构单元：

本发明中正是因为存在着这样的共有部分,而使得所有本发明范围内的化合物都具有共同的性质和作用,因此上述结构是占化合物大部分、起主要作用的共有结构。

2.1.2 审理结果摘引

复审决定中指出,如本申请说明书背景技术部分以及复审请求人的意见陈述中所述,本申请权利要求 1 中的式(Ⅰ)化合物、其盐、其前药及其药理作用和制药用途都是已知的,都公开于现有技术 WO99/46242 A1(公开日为 1999 年 9 月 16 日)中,权利要求 1 的式(Ⅰ)化合物中的共同结构没有构成它与现有技术的区别特征,因此不满足《专利审查指南》上述第(2)项中有关"所有可选择化合物具有共同的结构,该共同结构能够构成它与现有技术的区别特征,并对通式化合物的共同性能或作用是必不可少的"这一标准。

2.2 案件争议焦点二

权利要求中的式(Ⅰ)化合物是否满足"在不能有共同结构的情况下,所有的可选择要素应属于该发明所属领域中公认的同一化合物类别"的要求。

2.2.1 当事人诉辩

针对驳回决定所针对的权利要求中的式(Ⅰ)化合物,复审请求人认为,本领域普通技术人员很清楚,上述结构左半部分的单环的环烯化合物在本领域中是被认为属于一类化合物的。

针对答复复审通知书时修改的权利要求中的式(Ⅰ)化合物,复审请求人认为,首先,修改后的权利要求 1 涉及的式(Ⅰ)化合物都是"6-(N-氨基磺酰基)-1-环己烯-1-羧酸酯",属于一类化合物,式(Ⅰ)化合物是已知的化合物,都公开在 WO99/46242 中,也证实了这一点。其次,本发明的目的在于通过调节本发明组合物的 pH 至不大于 6,以提高包含式(Ⅰ)化合物的组合物的稳定性,本发明公开的内容证实了权利要求 1 的技术方案能够实现上述目的,因此权利要求 1 涉及的技术方案满足《专利法》第 31 条有关单一性的规定。

2.2.2 审理结果摘引

针对驳回决定所针对的权利要求中的式(Ⅰ)化合物,合议组认为,根据说明书第 36 页的描述,本发明化合物或其盐和前药具有抑制氧化氮(NO)产生的作用以及抑制炎性细胞因子如 TNF-α、IL-1、IL-6 等产生的作用,包含本发明化合物或其盐或前药的组合物可以用作治疗和/或预防哺乳动物的下列疾病：心脏病，自身免疫性疾病，炎性疾病，中枢神经系统疾病，传染病，脓毒病，脓毒性休克等，根据说明书第3页第2段的描述，本发明人发现调节包括上述化合物的乳液组合物的pH至不大于6，意想不到地提高了上述化合物和组合物的稳定性，并实现了优异的药效表达，而权利要求1中除上述C（=O）和 SO_2N 连接在环戊烯结构上以外，其他取代基相差很大，本领域技术人员在将包含通式（Ⅰ）化合物的组合物用于制备治疗和预防上述疾病的药物时，可以通过常规的实验手段确定合适的pH，但是并不能预期当pH不大于6时所有上述化合物和组合物的稳定性都能提高，并实现优异的药效表达。也就是说，本领域技术人员根据本领域的知识不能预期到，通式（Ⅰ）的所有化合物成员对要求保护的发明来说其表现是相同的一类化合物，即不能预期每个化合物成员可以相互替代，而且所要达到的效果是相同的。

针对答复复审通知书时修改的权利要求中的式（Ⅰ）化合物，合议组认为，《专利审查指南》中"或者在不能有共同结构的情况下，所有的可选择要素应属于该发明所属领域中公认的同一化合物类别"的含义，应当根据《专利法》第31条第1款和《专利审查指南》中有关单一性规定的精神，从《专利审查指南》的上述第（2）项的整体上来进行理解。首先，对于上述第（2）项的前半部分，"该共同结构能够构成它与现有技术的区别特征，并对通式化合物的共同性能或作用是必不可少的"，应当视为是对此处所述"共同的结构"的解释，也就是说，这里所述的"共同结构"，就是指能够构成它与现有技术的区别特征，并对通式化合物的共同性能或作用是必不可少的共同结构。基于这种理解，《专利审查指南》中的"或者在不能有共同结构的情况下，所有的可选择要素应属于该发明所属领域中公认的同一化合物类别"，实际上就是指，或者在不能有"能够构成它与现有技术的区别特征，并对通式化合物的共同性能或作用是必不可少"的共同结构的情况下，所有的可选择要素应属于该发明所属领域中公认的同一化合物类别"。

基于这种理解，对于本申请的权利要求1而言，如果作为乳液组合物组分的所有式（Ⅰ）化合物均具有共同的性能或作用，并且所有式（Ⅰ）化合物属于本领域中公认的同一化合物类别，则权利要求1具备单一性。

就本申请权利要求1是否满足《专利审查指南》上述第（2）项中有关"或者在不能有共同结构的情况下，所有的可选择要素应属于该发明所属领域中公认的同一化合物类别"这一标准而言，权利要求1中的式（Ⅰ）化合物均具有"6-（氨基磺酰基）-环己-1-烯-1-羧酸酯"这一共同的母体结构，其不同部分在于 R^1 代表的 C_{1-20} 烷基和 Ar 代表的任选被卤原子、C_{1-4} 烷基取代的 C_{6-14} 芳烃基。从发明构思的角度讲，当本领域技术人员得知式（Ⅰ）化合物中的某一化合物可以用于治疗和预防上述疾病，并且，当pH不大于6时包含该化合物的乳液组合物以及该化合物的稳定性会提高并可实现优异的药效表达时，其可以预期式（Ⅰ）化合物中的其他化合物也能够用于治疗和预防上述疾病，并且当pH不大于6时包含该其他化合物的乳液组合物以及该其他化合物的稳定性也会提高并可实现优异的药效表达，也就是说，本领域技术人员根据本领域的知识能够预期到式（Ⅰ）化合物中的所有化合物成员对要求保护的发明来说其表现是相同的一类化合物，即能够预期每个化合物成员可以相互替代，而且所要达到的效果是相同的，因此，应当认为本申请权利要求1中式（Ⅰ）化合物属于本领域中公认的同一化合物类别。

【案例2】

1 案情简介

1.1 案例索引与当事人

决定号：第22425号

申请号：03820076.7

复审请求人：贝林格尔英格海姆法玛两合公司

1.2 案件背景和相关事实

本申请权利要求1等请求保护通式Ⅰ的羧酰胺化合物

$$R^1-\underset{R^2}{N}-X-Y-Z-\underset{R^3}{N}-\overset{O}{\overset{\|}{C}}-A\text{\textlbrackdbl}W\text{\textrbrackdbl}_k B \quad (Ⅰ)$$

（取代基的定义略）。

国家知识产权局以权利要求1等不符合《专利法》第31条第1款为由驳回了该申请。驳回决定指出，权利要求1式Ⅰ化合物中含胺基 R^1R^2N- 和酰胺基团 $-NR^3-(CO)-$，其中胺基通过 $-X-Y-Z-$ 连接至酰胺基团。在整个结构式中 R^1、R^2 除了可以代表H、C_{1-6} 烷基等基团外，还可以形成诸如吡咯、哌啶、吗啉等杂环；X 除代表亚甲基等短链烷基外，还可连接 R^1 以及 N 原子形成杂环；同样，基团 Y 也可连接基团 R^1 形成苯并氮杂环，并且该化合物还包括基团 A，可代表苯基和亚环己基、哌啶等杂环；该结构中还包括可表示多种杂环的基团 A 和 B、Z，上述多个变量使得通式 I 化合物主结构不确定，即不具有共同的结构，因此不具备单一性。申请人在复审请求中对权利要求书进行了修改，原实质审查部门认为修改后的权利要求 1 等仍不具有共同的结构，也不属于本领域公认的同一化合物类别，不具备单一性。

2 案件审理

2.1 案件争议焦点

权利要求的通式 I 化合物是否具有共同的结构。

2.2 当事人诉辩

复审请求人认为，限定后的权利要求 1 具有"胺 + 亚甲基（X）+ 对位取代的 6 - 元芳环（即 1，4 - 亚苯基或 2，5 - 亚吡啶基）（Y）+ 亚乙基（Z）+ 胺（被 R3 取代）+ 羰基 + 6 - 元环 + 桥基 + 6 - 元碳环"的共同结构。

2.3 审理结果摘引

合议组认为，权利要求 1 请求保护通式 I 的羧酰胺化合物，通式 I 中的 X 仅限定为"亚甲基，其中 C 原子可经一个或两个甲基取代"；Y 仅限定为可被单取代的 1，4 - 亚苯基和 2，5 - 亚吡啶基；B 环限定为环己基或苯基，Z 限定为 $-CH_2-CH_2-$ 等具体的亚烷基。虽然 R^1R^2N- 所表示的结构可以为成环或不成环两种情形，但是，从通式 I 的整体结构来看，R^1R^2N- 是分子一侧的端基，其并不占整个分子的主要部分，并且，无论是否成环，R^1R^2N- 都是胺，其应当表现出类似性质；同样，虽然环 Y、A、B 都存在并列选项，但是它们各自的选项都由环原子数相同且本领域一般认为在通式中表现性质相似的六元芳环、杂芳环（均为 1 个或 2 个 N 原子作为杂原子）或环烷基组成。因此，根据权利要求 1 通式 I 的定义，其已经具有"胺（R^1R^2N）- 亚甲基（X）- 对位取代的 6 - 元芳或杂芳环（Y）- 亚烷基连接基团（Z）- N（R^3）(O) - 6 - 元环（A）- 连接基团（W）- 6 - 元碳环（B）"这样一个确定的共同结构，也就是说，通式 I 化合物包含了相同或相应的技术特征。在没有证据表明上述共同结构是本领域实现本发明目的（提供 MCH 受体拮抗活性）的常规结构的情形下，马库什权利要求1并非属于明显不具有单一性的情形。判断权利要求1是否符合单一性的规定，需要进行检索，并依据检索到的现有技术来判断上述共同结构是否能够构成对现有技术作出贡献的特定技术特征。在缺乏现有技术佐证的基础上，已无法得出权利要求1明显不具备单一性的结论。

【案例3】

1　案情简介

1.1　案例索引与当事人

决定号：第12687号

申请号：98802133.1

复审请求人：纳幕尔杜邦公司

1.2　案件背景和相关事实

权利要求1要求保护一种杀真菌组合物，包含（1）至少选自通式Ⅰ的喹唑啉酮、N-氧化物，及其农业上适用的盐中的一种化合物；（2）至少选自作用于真菌线粒体呼吸电子传递位点中bc1复合体的化合物；以及任意的（3）至少一种表面活性剂、一种固体稀释剂，或一种液体稀释剂；其中组分（1）和组分（2）以有效剂量存在，获得的杀真菌效果大于相同剂量的组分（1）和组分（2）单独使用时杀真菌效果的总和。

驳回决定中指出，权利要求1的可选择要素（2）不能同时满足马库什权利要求对单一性的要求：（1）所有可选择要素具有共同的性能和作用；和（2）所有可选择要素具有共同的结构，或者被认为属于一类化合物。因此，该权利要求不符合《专利法》第31条第1款的规定。

2　案件审理

2.1　案件争议焦点

马库什化合物均为作用于真菌线粒体呼吸电子传递位点中bc1复合体的化合物，能否认为属于该发明所属领域中公认的同一化合物类别。

2.2　当事人诉辩

复审请求人认为，"被认为是属于一类化合物"的含义是各马库什化合物之间相互代替后都能得到相同的结果。在本发明中，组分（2）的化合物都是作用于真菌线粒体呼吸电子传递位点中bc1复合体的化合物，并且它们与组分

(1）化合物配合后也具有说明书所述的效果。因此，该权利要求具有单一性。

2.3 审理结果摘引

专利复审委员会在第12687号复审决定中认为，首先，对于本领域技术人员来说，作用于真菌线粒体呼吸电子传递位点中bc1复合体的化合物可能包括多种化合物，一种能够阻止细胞色素b和C1间的电子传递，抑制真菌线粒体的呼吸作用，另一种则是促进电子传递，加快ATP的生成，还有的化合物只对bc1复合体起作用，但对bc1复合体的电子传递没有影响。由此可见，作用于真菌线粒体呼吸电子传递位点中bc1复合体并不等于该类化合物均具有杀菌效果，也就是说，上述的可选择要素组分（2）并不一定具有共同的性能或作用。

其次，权利要求1中的组分（2）选自作用于真菌线粒体呼吸电子传递位点中bc1复合体的化合物，该类化合物包含了众多结构类型的化合物，权利要求1中组分（2）必然涉及不具有共同结构的化合物。

并且，根据本领域的知识，本领域技术人员也不能预期到可选择要素组分（2）的化合物对于要求保护的发明来说其表现是相同的。其一，判断组分（2）的化合物对于要求保护的发明其表现是否相同，应当基于本领域的现有技术来预期，而非以本申请或者本申请之后获悉的"新"技术信息作为依据，否则就不需要"预期"，而直接用该申请说明书中的实验数据验证即可。并且，就本申请而言，也没有任何现有技术的证据表明可选择要素组分（2）在本申请所述杀真菌组合物中可以相互替代并且得到相同的结果。其二，如本申请的组分（2）一样单纯以杀菌剂的作用机理作为判断依据则会存在下述问题：①对于某一种杀菌剂，已经发现的作用机理不一定是起主导作用的，或者说起主导作用的作用机理尚未被发现，该杀菌剂的杀菌效果也有可能是几种杀菌机理共同作用的结果，而有的杀菌剂其杀菌机理至今仍不明确；②本领域技术人员公知，具有共同作用机理的杀菌剂通常包括众多结构类型的化合物，而这些化合物由于母体机构、活性基团、理化性质的不同或存在另外的杀菌机理其杀菌效果往往是不同的，甚至会产生较大差异，进而导致其在发明中的表现也不尽相同。因此，即使复审请求人限定了组分（2）选自作用于真菌线粒体呼吸电子传递位点中bc1复合体的化合物，在没有证据表明本申请所述杀真菌组合物的协同作用与可选择要素组分（2）作用于真菌线粒体呼吸电子传递位点中 bc1 复合体相关的情况下，所属领域技术人员仍然不能认为组分（2）可选择的化合物对本申请来说是表现相同的一类化合物。

三、分析与思考

1 关于"共同的结构"的认定

对于上述案例 2 中的"胺（R^1R^2N）- 亚甲基（X）- 对位取代的 6 - 元芳或杂芳环（Y）- 亚烷基连接基团（Z）- N（R^3）（O）- 6 - 元环（A）- 连接基团（W）- 6 - 元碳环（B）"，由于其中存在很多变量，其是否能够作为确定的共同结构，可能存在争议。本案合议组根据具体案件情况，认定上述具有多个变量的结构为共同的结构，有一定的合理性。对于共同结构，虽然通常倾向于认为其应当是确定的结构，但也不宜过于机械地适用这种标准。如果过于严苛的理解该标准，而对某些单一性问题不是很严重的案件发出审查意见通知书，要求申请人分案，不但对申请人来说不合理，而且有可能会增加审查员的审查负担，有悖于单一性条款的立法初衷。因此，在不过于增加审查员检索和审查负担的情况下，对于共同结构的认定，可根据具体案情灵活掌握。

另外，根据《专利审查指南》的规定，为满足"具有共同的结构"的要件，该共同结构需要构成它与现有技术的区别特征，并对通式化合物的共同性能或作用是必不可少的。在上述案例 1 中，由于该申请权利要求 1 中的式（Ⅰ）化合物、其盐、其前药及其药理作用和制药用途都是已知的，权利要求 1 的式（Ⅰ）化合物中的共同结构没有构成它与现有技术的区别特征，因此式（Ⅰ）化合物不满足"具有共同的结构"要求。在案例 2 中，合议组则基于没有证据表明采用具有"胺（R^1R^2N）- 亚甲基（X）- 对位取代的 6 - 元芳或杂芳环（Y）- 亚烷基连接基团（Z）- N（R^3）（O）- 6 - 元环（A）- 连接基团（W）- 6 - 元碳环（B）"这一共同结构的通式Ⅰ化合物实现本发明目的（提供 MCH 受体拮抗活性）属于现有技术，而认为不能认定通式Ⅰ化合物没有共同的结构，即不能认定其不具备单一性。

对于马库什化合物中存在不具备新颖性的化合物，或者马库什化合物的共有结构已经被现有技术公开的情形，不认可其"具有共同的结构"是否合理？对此，我们可以先看一下其他国家和地区的做法。

PCT 国际阶段、欧洲专利局、日本专利局在对马库什化合物单一性的评价中，同样涉及马库什化合物是否具有共同的性质或效果以及马库什化合物是否具有共同的结构或属于所属领域中化合物的公认类别的认定问题❶。PCT 国际检索和初步审查指南、日本专利审查指南，如果能够证明至少有一种马库什可选择要素相对于现有技术不具备新颖性，则应当重新考虑发明的单一性。并且，PCT 国际检索和初步审查指南中还明确规定，重新考虑并非必然意味着提出缺乏单一性的异议。在欧洲专利局上诉委员会作出的异议决定中，以国际检索单位仅指出权利要求的化合物属于现有技术，而没有评价发明的技术效果是否被该现有技术公开为由，判定国际检索单位返还附加检索费和异议费。

欧洲专利审查指南规定，对于具有重要意义的结构单元，无需要求其具有绝对意义上的新颖性（即本身具有新颖性）。相反，这一表述的含义是，与共同的性质或活性相关联，必须有共同的化学结构部分能够使请求保护的化合物与具有相同性质或活性的已知化合物相区别。然而，如果马库什权利要求的至少一个化合物的结构与所涉及的性质或技术效果均为已知的，这可表明其他化合物不具备单一性。在欧洲专利局上诉委员会决定中，同样以原审查部门在考虑结构特征时没有同时评价要求保护的化合物的效果是否被现有技术公开为由，而撤销了欧洲专利局的驳回决定。❷

就审查结果而言，上述评价标准是合理的。然而，这种"区别特征"的认定方法，与我国传统的"区别特征"认定方法显然不同，可能会带来困惑，甚至难以令人接受。并且，现行《专利审查指南》中关于马库什单一性的规定是基于 2001 年版《审查指南》的相关规定修改而来的。对 2001 年版《审查指南》这部分内容进行修改的初衷，就是为了使马库什权利要求的单一性判断基准与通用原则相统一，而规定共同的结构必须构成马库什化合物与现有技术的区别技术特征（即特定技术特征）❸，从这一角度考虑，在我国当前的法律框架下，也不能采用这种特殊的"区别特征"的认定方法。

作为变通的方法，可以考虑将这种马库什化合物归为"所属领域中公认的同一化合物类别"而认可其单一性。

---

❶ 分别参见《PCT 国际检索》和《PCT 初步审查指南》第Ⅲ部分第 10 章 10.17 节、Guidelines for Examination in the European Patent Office. F 部第 5 章第 5 以及《日本特許·実用新案審査基準》第Ⅰ部分第 2 章 3.3 节。

❷ 参见欧洲专利局上诉委员会决定 T0169/96。

❸ 国家知识产权局. 审查指南修订导读 2006 [M]. 北京：知识产权出版社，2006：219.

2 关于"所属领域中公认的同一化合物类别"的认定

（1）关于在什么情况下需要考虑马库什化合物是否属于"所属领域中公认的同一化合物类别"。

要讨论如何认定马库什化合物是否属于"所属领域中公认的同一化合物类别"的问题，首先要确定的是在什么情况下需要进行这种认定。对于《专利审查指南》中规定的"在不能有共同结构的情况下，所有的可选择要素应属于该发明所属领域中公认的同一化合物类别"中的"共同结构"，可能有不同的理解。一种理解为通常意义上的"共同结构"，另一种理解为"构成与现有技术的区别技术特征的共同结构"。按照第一种理解，只要马库什化合物具有共同结构（包括没有构成与现有技术的区别技术特征的共同结构），就不必考虑马库什化合物是否属于"所属领域中公认的同一化合物类别"的问题。只有在马库什化合物不具有"共同结构"（不管是否构成与现有技术的区别技术特征）的情况下，才需要考虑。按照第二种理解，只要马库什化合物不具有构成与现有技术的区别技术特征的共同结构，就需要考虑马库什化合物是否属于"所属领域中公认的同一化合物类别"的问题。

如上所述，对于现有技术中公开了申请的马库什化合物中的某些化合物的共有结构，而没有公开申请的化合物的性能、作用、用途、效果等情形，认可该马库什化合物的单一性比较合理。有必要考虑将其纳入"所属领域中公认的同一化合物类别"的范畴。

另外，实践中还存在这种做法，对于不具备单一性的马库什化合物权利要求，如果马库什化合物的共同结构占整个通式结构的大部分，对该通式化合物进行全面检索和审查不需要审查员付出过多额外的劳动，并且无法对马库什化合物进行合理的分组，则审查员可以进行全面检索和审查，而不必提出马库什化合物不具有单一性的审查意见。也可以考虑将这种情况纳入"所属领域中公认的同一化合物类别"。

若将《专利审查指南》中的上述"共同结构"按照第一种理解进行解释，则上述两种情况无法以"所有的可选择要素应属于该发明所属领域中公认的同一化合物类别"作为认定马库什化合物具备单一性的依据。

案例1中合议组对该"共同结构"的含义进行了详细的阐述。其中指出，按照上述第一种理解将出现以下结果：不具有共同结构的可选择化合物，有可能因为其属于所属领域中公认的同一化合物类别而具备单一性，而具有共同结构，但该共同结构没有构成它与现有技术的区别特征的可选择化合物，则不可能具备单一性。这显然与《专利法》第31条第1款的立法精神以及《专利审查指南》有关马库什权利要求单一性判断标准的初衷相违背，不利于保护发明创造专利权、鼓励发明创造以及发明创造的推广应用。合议组最终认定，这里所述的"共同结构"，就是指能够构成它与现有技术的区别特征，并对通式化合物的共同性能或作用是必不可少的共同结构。基于这种理解，《专利审查指南》中的"或者在不能有共同结构的情况下，所有的可选择要素应属于该发明所属领域中公认的同一化合物类别"，实际上就是指，或者在不能有"能够构成它与现有技术的区别特征，并对通式化合物的共同性能或作用是必不可少"的共同结构的情况下，所有的可选择要素应属于该发明所属领域中公认的同一化合物类别。

（2）关于如何认定马库什化合物属于"所属领域中公认的同一化合物类别"。

《专利审查指南》规定，"公认的同一化合物类别"是指根据本领域的知识可以预期到该类的成员对于要求保护的发明来说其表现是相同的一类化合物。也就是说，每个成员都可以互相替代，而且可以预期所要达到的效果是相同的。

如上述案例3中所述，在判断马库什化合物对于要求保护的发明来说其表现是否相同时，应当基于本领域的现有技术来预期，而非以申请或者本申请之后获悉的"新"技术信息作为依据。

需要说明的是，这里要求考察的是，基于现有技术是否能够预期马库什化合物"表现相同"，而不是考察基于现有技术能否预期发明的技术效果。换句话说，基于现有技术来预期，并不表示完全不能参考发明的内容。如上述案例1中所述，其可以以本领域技术人员得知马库什化合物中的某一化合物在发明中的用途和效果为前提，在此基础上，基于现有技术的内容，考察是否可以预期其他化合物具有发明所述的用途和效果。

另外，实践中有人认为，对"公认的同一化合物类别"的证明应当能够达到发明所属技术领域中"公认"的程度，即应当是所属技术领域中被普遍认可的。

这一观点与上述案例3中的意见（基于现有技术预期）不完全吻合。笔者认为，关于"公认的同一化合物类别"，应当根据《专利审查指南》的定义进行判断，不宜过于强调被认可的"普遍性"。《专利审查指南》中"本领域的知识"并不一定是指普通知识或公知常识，可以理解为包括现有技术[1]，特别是发明的背景技术。

另外需要注意的是，这里所述的"表现是相同的一类化合物"，是相对于要求保护的发明来说的，而不是笼统地、简单地考察马库什化合物是否属于本领域中按照某种规则而划分的类别。例如，在上述案例3中，不能仅基于马库什化合物均为作用于真菌线粒体呼吸电子传递位点中bc1复合体的化合物而认为其属于"所属领域中公认的同一化合物类别"，对于这类化合物同样需要按照《专利审查指南》的规定进行具体的判断。

四、案例辐射

基于以上内容，笔者认为，在马库什化合物单一性的评价中，对于《专利审查指南》第二部分第十章第8.1.1节中规定的第（2）要件，应当首先判断所有的可选择化合物是否具有"能够构成它与现有技术的区别特征，并对通式化合物的共同性能或作用是必不可少的共同结构"，对于不满足该要件的所有情形，均还需考虑所有的可选择要素是否"属于该发明所属领域中公认的同一化合物类别"。

对于"共同的结构"，不必严格要求为确定的结构，可根据案情灵活掌握。

关于"共同的结构"的认定中所涉及的区别技术特征，无需按照欧洲专利局的特殊标准，将共同的结构与化合物的性能、作用等一起考虑，以避免由这种特殊的区别技术特征的认定方法所造成的混乱。对于马库什化合物的共同结构被公开而化合物的作用、效果没有被公开的情形，可以考虑是否需要将其纳入"所属领域中公认的同一化合物类别"的范畴。这样有利于对"共同的结构"和"所属领域中公认的同一化合物类别"的认定进行明确分工。

关于"所属领域中公认的同一化合物类别"的认定，需要引起注意的是，其中"表现是相同的一类化合物"，是相对于要求保护的发明来说的，而不是笼统地、简单地考察马库什化合物是否属于本领域中按照某种规则而划分的类

---

[1] 国家知识产权局. 审查指南修订导读 [M]. 北京：知识产权出版社，2006：219.

别，例如烃类、脂肪酸类等。另外，"根据本领域的知识可以预期"，既不应理解为以申请日或者申请日之后获悉的技术信息作为预期的基础，也不能解释为以本领域的公知常识，甚至普通的技术知识作为预期的基础，而应当理解为基于本领域的现有技术来预期。而且，所预期的是马库什化合物"表现相同"，而不是基于现有技术预期所请求保护的马库什化合物具有发明所述的技术效果。

对于马库什化合物的共同结构占整个通式结构的大部分，对该通式化合物进行全面检索和审查不需要审查员付出过多额外的劳动，并且无法对马库什化合物进行合理的分组的情形，可以考虑将这类马库什化合物纳入"所属领域中公认的同一化合物类别"的范畴，从而为认可其单一性提供法律依据。

按照上述标准对马库什化合物单一性进行评价，能够增加单一性评价结果的确定性和可预测性，对于指导申请人撰写适当范围的权利要求，以及使审查标准趋于统一，有着积极的意义。

（撰稿人：汪送来　审核人：李新芝）

第四节　关于药物晶体专利公开的判断

一、引言

公开制度是整个专利体系的基石，其立法本意是使专利申请人在国家公权力的许可之下，在一定时间内对其发明享有独占排他权。作为对价，申请人必须向社会公开其发明的内容，并且，公开的程度要使得所属技术领域的技术人员能够实现，从而达到个人利益与公众利益的平衡。

为了满足专利法对说明书公开的要求，对于要求保护的发明为化学产品本身的，说明书中应当记载化学产品的确认、制备及其用途。涉及晶体化合物发明公开的判断，由于其产品确认、制备的特殊性及广泛的药用价值而备受关注。第96195564.3号发明专利权确权案就是其中的典型案例之一。2007年6月至2008年5月，北京嘉林药业股份有限公司以及张楚先后三次就第96195564.3号发明专利权向专利复审委员会提出无效宣告请求。因该专利权具有巨大的经济价值，且属于最早被提出无效宣告请求的晶体案件之一，对于日后晶体专利的确权标准具有风向标意义，故自无效宣告请求提出即引人瞩目。

专利复审委员会经审理后作出第13582号无效宣告请求决定，以该专利不符合《专利法》第26条第3款有关说明书公开的规定为由，宣告第96195564.3号发明专利权全部无效。该无效宣告决定切入错综复杂的技术问题，从所属技术领域的技术人员的角度对水合晶体的公开给出了有价值的判断思路，且该案属于说明书撰写貌似清楚、完整，但实际上却无法实现的情形，能引发所属技术领域技术人员的思考，对于更好地理解《专利法》第26条第3款的审查标准具有启发作用。

二、典型案例

1　案情简介

1.1　案例索引与当事人

申请号：96195564.3

无效请求人：北京嘉林药业股份有限公司、张楚

专利权人：沃尼尔·朗伯公司

1.2 案件背景

辉瑞公司的降脂药立普妥（阿托伐他汀）是全球销售排名第一的超级重磅炸弹型药物，年销售额超过100亿美元。阿托伐他汀的化合物专利在全球过期后，辉瑞公司仍拥有20余个阿托伐他汀衍生物晶体的专利，这些晶体中最重要的即为阿托伐他汀钙Ⅰ型晶体（立普妥中的活性成分）专利，该晶体在中国的专利权（96195564.3）为沃尼尔·朗伯公司（辉瑞公司的子公司）所拥有。

据不完全统计，本案专利在欧洲、日本和美国都有同族专利，且被授权。本案专利的欧洲同族专利 EP848705B 被 Teva Pharmaceutical Industries Ltd. 和 LEK Pharmaceutical and Chemical Company 两个公司提出异议，最终于2009年2月25日被撤销了专利权。本案专利的日本同族专利 JP3296564B2 也在2002年7月2日授权后被请求宣告无效，最终于2012年2月15日被宣告无效（2010-800235号）。在美国本土，其美国同族专利 US5969156A 从1999年被授权一直纷争不断，直到2012年2月6日还有关于该专利的起诉，并且曾被 Sandoz Inc. 请求宣告无效，但是没有成功。

1.3 案件相关事实

本专利包括24项权利要求，其中，权利要求1-2保护一种含1~8摩尔水的Ⅰ型结晶阿托伐他汀水合物，通过两种表征方式对所述结晶水合物进行了定义：(1) 化学组成，即，含1~8摩尔水的阿托伐他汀水合物；和 (2) 表征其微观结构的X射线粉末衍射峰（下称XRPD）或固态^{13}C核磁共振峰（下称^{13}C NMR）。权利要求3将该Ⅰ型结晶具体进一步限定为三水合物。权利要求4-24保护该Ⅰ型结晶的药物组合物和制备方法。

说明书中记载了Ⅰ型结晶的XRPD和^{13}C NMR数据，并称"本发明的Ⅰ型结晶阿托伐他汀可以无水形式以及水合形式存在。通常，水合形式与非水合形式是等价的"。说明书中描述了其制备方法并记载了其制备实施例，也记载了该晶体的母体化合物阿托伐他汀所具有的降血脂用途，该用途已被现有技术所公开。

2 案件审理

2.1 案件争议焦点

本案焦点在于说明书中是否公开了本专利保护的含 1~8 摩尔水的 I 型结晶阿托伐他汀水合物,其中涉及的具体争议点有三:

(1) 含有不同摩尔水分子的同一化合物的水合物,其 XRPD 和 ^{13}C NMR 图谱是否相同;

(2) 根据说明书公开的内容是否能够确认该 I 型结晶阿托伐他汀水合物含有 1~8 摩尔水;

(3) 根据说明书公开的内容本领域技术人员能否制备得到所述含 1~8 摩尔水的 I 型结晶阿托伐他汀水合物。

2.2 当事人诉辩

请求人认为,说明书中未公开本专利权利要求中含 1~8 摩尔水的 I 型结晶阿托伐他汀水合物。其主要理由为:(1) 权利要求保护含 1~8 摩尔水的 I 型结晶阿托伐他汀水合物,其中包括 8 种 I 型结晶,但说明书没有验证这 8 种 I 型结晶水合物具有相同的 XRPD 和 ^{13}C NMR;(2) 无论基于说明书的一般性公开还是基于实施例的公开,本领域技术人员都难以制备得到含 1~8 摩尔水的 I 型结晶阿托伐他汀水合物。

专利权人认为,说明书公开了本专利含 1~8 摩尔水的 I 型结晶阿托伐他汀水合物的结构及其解析数据,公开了其制备方法、制备实施例及其有益效果。有反证表明,水合物晶体中的水可以以结晶水的形式存在,也可以不以结晶水的形式存在,有专家证言证明本专利属于后者,因此,本专利符合《专利法》第 26 条第 3 款的规定。

2.3 审理结果摘引

(1) 对于争议点 1。无效宣告决定认为,虽然有证据表明对于个别化合物来说,溶剂化与非溶剂化的结晶会具有几乎完全相同的 XRPD 图谱,但是,本领域中,大多物质的水合物中的水分子都会在晶胞立体结构中占位而产生不同的 XRPD 图谱;只是对于某特定物质来说,其水合物中的水分子到底会不会占位以及水的存在或者含水量的多少是否会影响其 XRPD,并非一概而论。

(2) 对于争议点 2。无效宣告决定认为,①专利权人仅声称对于阿托伐他汀而言，其水合形式与非水形式等价，亦即，水的存在不会影响到晶体的XR-PD图谱，却没有提供任何证据证明这一点。如以上争议点1中所认定的，本领域技术人员根据其常识无法预期到阿托伐他汀到底属于"水不占位，不影响晶体的XRPD"的物质，还是属于"水会占位，会影响晶体的XRPD"的物质。在此情况下，说明书中应当提供充分的证据证明对于含有不同摩尔数水的阿托伐他汀水合物来说其是否具有相同的XRPD。在说明书中仅有声称性的结论，没有提供相应的证据的情况下，本领域技术人员无法确信含1~8摩尔水的阿托伐他汀水合物都具有相同的XRPD。②权利要求1-3保护的结晶产品是通过其组成（阿托伐他汀、水含量）和微观结构（XRPD或^{13}C NMR）共同定义的，水含量是其产品组成中必不可少的一部分，但是，说明书中仅声称其水含量为1~8摩尔，优选3摩尔，但没有提供任何定性或定量的数据证明其得到的I型结晶阿托伐他汀水合物中确实包含了1~8摩尔（优选3摩尔）水，即使是最具体的实施例1也没有对其产品中的水含量进行测定；而且，从其制备方法的步骤，以及用于表征产品晶型的XRPD和^{13}C NMR数据及谱图中也无法确切地推知其产品中必然含有水，更无法推知其中的水含量为1~8摩尔（或优选的3摩尔水）。因此，本领域技术人员根据说明书公开的内容无法确认权利要求中保护的产品。

（3）对于争议点3。无效宣告决定认为，就含1~8摩尔水的I型结晶阿托伐他汀水合物的制备而言，说明书公开了其一般性的制备方法，即，包括步骤（a），用钙盐处理[R-(R*, R*)]-2-(4-氟苯基)-β, δ-二羟基-5-(1-甲基乙基)-3-苯基-4-[（苯氨基）羰基]-1H-吡咯-1-庚酸的碱性盐水溶液；步骤（b），分离I型结晶阿托伐他汀水合物。然而，比较本专利实施例1的方法A和实施例3可见，二者均包含步骤（a）和（b），但是前者得到I型结晶，而后者却得到Ⅳ型结晶，因此，仅由上述一般性方法无法确切地得到含1~8摩尔水的I型结晶阿托伐他汀水合物。说明书第16页对所述一般性方法进行了细化，并在实施例1的方法A中给出了具体的方案，但是，由于实施例1中仅声称其得到了I型阿托伐他汀，未检测其产品的水含量，因此，由该实施例1无法确信所述方法是否必然会得到含1~8摩尔水的I型结晶阿托伐他汀水合物。因此，本领域技术人员无论是根据说明书给出的一般性方法，还是根据具体实施例，均无法确信如何才能受控地制备得到本专利保护的含1~8摩尔水（优选3摩尔水）的I型结晶阿托伐他汀水合物。

综上，说明书对权利要求1-3中保护的结晶产品的公开未达到本领域技术人员能够实现的程度，不符合《专利法》第26条第3款的规定。在此基础上，保护包含权利要求1-3所述含1~8摩尔水的Ⅰ型结晶阿托伐他汀水合物的药物组合物的权利要求4-9、保护权利要求1-3所述含1~8摩尔水的Ⅰ型结晶阿托伐他汀水合物的制备方法的权利要求10-24也不符合《专利法》第26条第3款的规定。

（4）除上述三个争议点外，专利权人认为，根据通常的理解，实施例是优选实施方案，因此，实施例1的方法A中得到的产品水含量为3摩尔。

对此，无效宣告决定认为，专利权人的上述主张缺少事实依据。

事实上，专利权人在无效宣告请求阶段提交的反证13，记载了所谓根据实施例1方法A制备得到Ⅰ型晶体的水含量测定结果，其水含量自1摩尔至7.2摩尔不等。这已与专利权人所称实施例1的方法A中得到的产品水含量为3摩尔的主张相悖，专利权人自相矛盾。但鉴于反证13的真实性无法被证明，且其内容存在违背常理之处，而专利权人未能给出合理解释，导致该证据未被合议组采信，故无效宣告决定未指出上述矛盾之处。

3 案例启示

《专利法》第26条第3款规定，说明书应当对发明或者实用新型作出清楚、完整的说明，以所属技术领域的技术人员能够实现为准。

上述《专利法》第26条第3款所述"清楚""完整"和"所属技术领域的技术人员能够实现"三者的逻辑关系是，"清楚""完整"要求是以"所属技术领域的技术人员能够实现"作为评价标准。引入"所属技术领域的技术人员"该法律拟制人的目的在于减少实际判断中判断者的主观因素和随意性，以利于标准的统一。同样的发明创造，对于本领域的专家而言，也许仅给出设想即可实现；但对于外行人而言，也许给出非常详细的信息也无法理解并实施。为了统一判断标准，《专利法》规定以该法律拟制人作为判断主体。

本案专利保护的主体核心为阿托伐他汀结晶，属化学产品发明。《专利审查指南》第二部分第十章第3.1节对化学产品发明的公开进行了具体规定：要求保护的发明为化学产品本身的，说明书中应当记载化学产品的确认、化学产品的制备以及化学产品的用途。

从本案专利说明书的形式来看，其记载有用以确认Ⅰ型结晶的XRPD图谱以及固态[13]C核磁共振谱，记载有该结晶的制备方法及制备实施例，也记载了该结晶的母体化合物阿托伐他汀所具有的降血脂用途，且该用途已被现有技术所公开。说明书中记载了《专利审查指南》所要求的全部信息，貌似符合公开的要求。

但是，本案专利的制备实施例所记载的制备Ⅰ型结晶的方法中使用的是Ⅰ型结晶的晶种，该晶种既是制备方法的原料物质之一又是目标产物，这样的制备方法对于所属技术领域的技术人员而言无疑是死循环，无法得到作为原料的Ⅰ型结晶也就不能得到作为目标产物的Ⅰ型结晶，该制备实施例实质上并未公开如何制得Ⅰ型结晶。

当然，在有些制备方法简单、目标结晶明确的专利说明书中，仅描述使用目标结晶作为晶种的制备实施例也有可能满足对于制备方法公开的要求，因为，结晶的制备方法太过常规，本领域技术人员根据说明书记载的其他信息即使不参照实施例亦可轻易制备得到该结晶，此时，对于制备实施例的描述都已非必要。但如前所述，本案并不属于这样的情形。

在本案的制备实施例无法为本领域技术人员重复的情况下，合议组考察了说明书第15~16页记载地一般性制备方法。如无效宣告决定所述，说明书公开的一般性制备方法，包括步骤（a）和步骤（b），然而，本专利实施例1的方法A和实施例3也均包含步骤（a）和（b），但是前者得到Ⅰ型结晶，而后者却得到Ⅳ型结晶，因此，仅由该一般性方法无法确切地得到含1~8摩尔水的Ⅰ型结晶阿托伐他汀水合物。

事实上，Ⅰ型结晶确实难以制备得到，根据专利权人所提交的反证13，在已有Ⅰ型结晶作为晶种的情况下，重复实施例1的方法，实施例1记载了加热至少10分钟，而专利权人重复时实际加热10小时以上。根据已有晶种的制备实施例尚且如此难以制备该结晶，况乎没有晶种缺少具体工艺条件的泛泛制备方法。

专利制度的主要目的在于，通过公开换取保护，从而促进科技信息的共享交流，进而促进科学技术进步和经济社会发展。如果没有公开技术方案，或者公开了似是而非或令人混淆的信息，致使所属技术领域的技术人员无法实现其技术方案从而解决技术问题，却获得了专利权，显然有悖于专利制度设立的初衷。

本案更为重要的一个问题是，权利要求1-3所保护的含1~8摩尔水、优选 3 摩尔水的 I 型结晶与说明书中 XRPD 图谱以及 ^{13}C NMR 图谱的关系如何？

专利权人主张，包含 1~8 摩尔水的 I 型结晶阿托伐他汀水合物均具有相同的 XRPD 图谱以及 ^{13}C NMR 图谱。该主张与说明书的记载一致。说明书第 2 页记载了 I 型结晶所具有的 XRPD 数据，第 3 页记载了 I 型结晶所具有的 ^{13}C NMR 数据，第 15 页记载了"本发明的 I 型、II 型和 IV 型结晶阿托伐他汀可以无水形式以及水合形式存在。通常，水合形式与非水合形式是等价的，包括在本发明的范围内。I 型结晶阿托伐他汀含有约 1~8 摩尔水"。根据上述记载，专利权人认为，I 型结晶，不论无水形式还是水合形式，均应具有相同的 XRPD 图谱以及 ^{13}C NMR 图谱。

但不争的事实是，说明书没有对其产品中的水含量进行测定，没有提供任何定性或定量的数据证明其得到的 I 型结晶阿托伐他汀水合物中确实包含 1~8 摩尔（优选 3 摩尔）水，更没有记载任何证据证明水含量不同的 I 型结晶具有相同的 XRPD 图谱以及 ^{13}C NMR 图谱。

本领域技术人员已知的是，对于某一晶体而言，决定其区别于其他物质的核心要素在于化学组成和晶体微观物理结构。化学组成好比一块块积木，晶体微观物理结构好比积木的排列方式，晶体则好比由一块块积木有序堆积成的房屋。化学组成不同，或者晶体微观物理结构不同，则晶体不同。因 XRPD 对于晶体的鉴别具有指纹性，化学组成或微观物理结构不同的晶体，其 XRPD 通常不同。

专利权人则辩称，在本案的 I 型结晶中，水分子是晶体内部的通道水，恰如置于房屋中的桌椅，可少放可多摆，并不影响房屋的结构，故含不同摩尔水的晶体具有相同的 XRPD 图谱。

对于专利权人的上述解释是否成立的判断正是本案的无效宣告审查决定所论述的核心。该解释看似有一定道理，但就本案是否属于上述特殊情形而言，由无效宣告审查决定可知，合议组通过审查请求人和专利权人所提交的现有技术证据，最终从技术角度给出结论，认为专利权人的说法没有理论依据也无事实支持，无法为本领域技术人员所确信。在此情况下，说明书中应记载表征 I 型结晶化学组成（即含水量）的理化参数以清楚地确认其所制备的产品。鉴于本案说明书缺少上述必要信息兼之公开的制备方法缺少关键信息难以被重复从而制备得到目标产物，因此，该专利权被宣告无效。

4 案例花絮

本案审理过程中一些有趣的事件亦能佐证以所属技术领域的技术人员为主体进行判断的重要性。

本案中，专利权人曾提交了反证 13，该证据是证人 Brendan J. Murphy 与 Joseph F. Krzyzaniak 出具的书面证言，其中记载了制备阿托伐他汀 I 型结晶并测定其含水量的过程。

该证据在无效宣告请求阶段未被采信，原因之一在于其内容与常理相悖，而专利权人一方未能给出令人信服的解释。例如，证人称其制备阿托伐他汀 I 型结晶的过程中使用的反应器是带搅拌的 250ml 三口烧瓶，但是，即使不计算其中加入的固体物料的体积，仅以其中加入的液体量来计（先加入 83ml 甲基叔丁基醚和 38ml 甲醇，形成阿托伐他汀内酯溶液后，与 191ml 氢氧化钠水溶液混合），其体积也达到了 312ml，远远超出反应器的标示容量。对于上述操作，无效宣告决定认为这在实际操作中是不允许的，也是不可能发生的。

令人诧异的是，专利权人在本案后续的行政诉讼程序中，当庭拿出据称专程从美国寄来的 250ml 三颈瓶，现场称量倒入 312ml 水后，液面位置处于三颈瓶的瓶颈而未溢出，由此向法庭说明反证 13 记载的制备方法属实。针对 312ml 的水倒入 250ml 的反应容器，以所属领域技术人员的视角应如何看待，这是一个重要的问题。

首先，化学领域的操作常识是，反应溶液体积应在反应容器标示体积的 1/2~2/3，低于 1/2 可能在实践中发生，超过标示体积则是不可能发生的，况且本案所述反应需升温至 50℃以上进行反应，而温度升高溶液体积将发生膨胀。进一步，按照专利权人的演示，如果反应开始前溶液已至三颈瓶的瓶颈，则按照普通技术人员的常规操作，其必然会换用容积更大的三颈瓶进行反应，否则，如按照反证 13 所述，还要向其中加入 15g 固体物料，加入机械搅拌装置，升温搅拌，此时溶液将会溢出，这种操作在实践中是不能被允许的。

由此，也能看出所属技术领域的技术人员的技术能力和水平的重要，在如此显而易见的技术问题上，当涉及当事人的重大利益时，其也会网罗各种对其有利的证据以混淆视听，干扰对技术的准确判断。为避免公说公理、婆说婆理的现象发生，需要裁判者兼听各方意见，包括主动补强自身技术知识，全面整体地了解现有技术，从技术角度作出公正的判断。

5　法院观点

专利权人不服该无效宣告决定，起诉至北京市第一中级人民法院。针对上述三个争议点，北京市第一中级人民法院支持了专利复审委员会的上述观点[1]。

专利权人不服一审判决，上诉至北京市高级人民法院（下称北京高院）。但是，专利权人改为仅针对权利要求3提起上诉，权利要求3保护含3摩尔水的I型结晶阿托伐他汀。北京高院认为[2]，判断一项发明是否满足关于公开的要求，应包括确定该发明要解决的技术问题，本发明要解决的技术问题是要获得阿托伐他汀的结晶形式，具体是I型结晶阿托伐他汀，用以克服"无定形阿托伐他汀不适合大规模生产中的过滤和干燥"的技术问题。专利复审委员会没有确定本发明要解决的技术问题，也没有明确哪些参数是"与要解决的技术问题相关的化学物理性能参数"。因此，专利复审委员会在未对本发明要解决的技术问题进行整体考虑的情况下，作出本专利权利要求3不符合《专利法》第26条第3款规定的相关认定显属不当。因此，北京高院撤销了专利复审委员会的无效宣告决定。

对于北京高院的上述判决，专利复审委员会向最高人民法院申诉，最高人民法院撤销了北京高院的判决。最高人民法院认为，需要考虑发明要解决的技术问题不意味着首先且必须考虑发明解决的技术问题，如果一个发明的技术方案本身都无法实现，显然已经不符合《专利法》第26条第3款的规定，再考虑发明要解决的技术问题已经没有实际意义。[3] 技术方案的再现和是否解决的技术问题，产生了技术效果的评价之间，存在着先后顺序上的逻辑关系，应首先确认本领域技术人员根据说明书公开的内容是否能够实现该技术方案，然后再确认是否解决了技术问题、产生了技术效果，在不对技术方案本身是否可以实现作出确认的前提下，其与现有技术相比是否能够解决相应的技术问题，并实现有益的技术效果均无从谈起。

---

[1] 参见北京市第一中级人民法院（2009）一中知行初字第2710号。
[2] 参见北京市高级人民法院（2010）高行终字第1489号。
[3] 参见最高人民法院（2014）行提字第8号。

三、案例辐射

1　所属技术领域的技术人员与公开

以所属技术领域的技术人员作为主体进行判断，对于申请人意味着，说明书中不必事无巨细地罗列所有信息，本领域的公知常识可以省略，常规技术手段可以简写，现有技术已知的内容可引用而无需原文照搬入申请文件中，从而使得说明书简洁清晰、重点突出；同时，也意味着，本领域技术人员不知的或者难以预知但为完成发明所必需的信息则应被清楚、完整地披露，尤其是在一些化学和生物等技术分支不可预知的技术领域中，申请文件应公开发明产品的确认、制备和用途。

以所属技术领域的技术人员作为主体进行判断，对于审查员而言意味着，对于自己熟知的技术分支，不能拔高判断者的水平和能力；更意味着，对于自己不熟悉的技术领域，需要补强判断者的水平和能力。审查员是现实的人，其不可能通晓每一项发明专利申请所属技术领域的所有普通技术知识，了解全部相关的现有技术状况。发明专利申请代表着一个领域技术发展的最前沿，即使是有经验的审查员，其知识的更新也远远赶不上技术的更新，为了尽可能消除知识的局限性，对说明书"是否公开"得出相对客观的结论，审查员需要补充技术知识。说明书提供的背景技术信息以及记载的引证文献的内容，均应被用作补充技术知识的资源，这一点为业内所认可。争议在于，审查员在判断公开的问题时，是否可以进行检索，如果可以，哪些现有技术可以纳入考虑范围与申请文件公开的信息结合。

对此，《专利审查指南》明确规定所属技术领域的技术人员具有获知所属技术领域所有现有技术的能力，故判断公开时，审查员具有检索能力，需要时，可以进行检索。这也意味着，申请人或专利权人可以提交现有技术以补强申请文件所缺失的信息，证明说明书公开，此时，审查员应对此类现有技术进行审查。但是，并非任何现有技术都可以与说明书的内容相结合从而证明公开。可以使用的现有技术应与说明书缺少的信息之间存在一种紧密的联系，其紧密程度至少应使得所属技术领域的技术人员基于专利说明书披露的内容能够直接确认并且能够准确地从纷繁复杂的相关现有技术中获得的信息。

2　公开与明显错误

前述阿托伐他汀案中，说明书貌似公开，但经不起技术层面的推敲，制备方法缺失必要的工艺条件，记载的图谱与保护的产品之间缺少关联。在审查实践中还会出现另一类情形，说明书中存在明显错误或者缺失部分技术信息，但所属技术领域的技术人员能轻易地纠正错误或者补全缺失的信息，此时，说明书仍符合关于公开的要求。现以一案进行诠释。

ZL94190335.4号专利保护左旋奥美拉唑的盐，包括钠盐和钾盐。左旋奥美拉唑，即埃索美拉唑，用于治疗胃肠道疾病的处方药，是全球销售额居前四名的明星药物，其市售产品有两种形式：钠盐，用于针剂；镁盐，用于口服制剂。该药物的研发历程如下：首先发明了奥美拉唑，接着发明了分别适于输注或是口服的钠盐、镁盐，后经手性拆分发现了疗效更优的（-）奥美拉唑（埃索美拉唑），最后发明了埃索美拉唑的钠盐、镁盐。

该专利权利要求保护埃索美拉唑盐，说明书实施例1由（+）奥美拉唑与氢氧化钠反应制备得到（+）奥美拉唑钠盐，实施例2由（-）奥美拉唑与氢氧化钠反应制备得到（-）奥美拉唑钠盐，实施例3由（+）奥美拉唑与氢氧化钠反应制备得到钠盐（说明书中并未记载其旋光度），后再与氯化镁反应制备得到（+）奥美拉唑镁盐，实施例4由（-）奥美拉唑钠盐与氯化镁反应制备得到（+）奥美拉唑镁盐，实施例5由（+）奥美拉唑钠盐与氯化镁反应制备得到（-）奥美拉唑镁盐。实施例1-2与3-5的技术内容相互矛盾，请求人认为这样的矛盾内容导致说明书不清楚，不符合《专利法》第26条第3款的规定。

无效宣告决定认为，根据本领域的普通技术知识，奥美拉唑盐的形成只是简单的酸碱成盐反应，可按照本领域的常规手段进行，而且就该反应而言，其反应过程不会影响到化合物的绝对立体构型，在已知外消旋物能够成盐且已有（+）奥美拉唑和（-）奥美拉唑的情形下，获得（-）奥美拉唑的盐对于本领域技术人员而言不会存在技术障碍。

也就是说，本领域技术人员阅读说明书的实施例后即可发现其中相互矛盾的明显错误，而这样的明显错误不会影响本领域技术人员实现（-）奥美拉唑盐的制备，因为，本领域技术人员按照本领域的常规手段即可制备得到目标化合物。因此，该无效宣告决定认定关于说明书不符合《专利法》第26条第3款的规定的无效宣告理由不成立。

3 公开与创造性

在审查实践中常见如下审查意见，所属技术领域的技术人员根据说明书公开的信息仍需付出创造性劳动才能实现本发明，故说明书的公开达不到本领域技术人员能够实现的程度。这一论断易使人混淆创造性与公开这两个概念，认为二者联系紧密。应该说，这一论断本身是正确的，但其否命题则不一定正确，公开与创造性存在一定的联系，但二者并非直接相关。实际上，公开与创造性是从两个维度对发明进行判断，创造性判断的是技术的进步程度，可称之为发明的高度，公开判断的则是重复发明的难度。此外，虽然二者的判断主体均为"所属技术领域的技术人员"，该主体定义的内涵相同，水平和能力一致，但在判断创造性时，所属技术领域的技术人员只能利用现有技术，而判断公开时，在利用现有技术之外还需利用申请文件记载的内容。

4 技术诀窍

对于难以被认定侵权的技术诀窍，比如制备方法中的某一特定工艺条件，可以采用商业秘密的方式加以保护，而不公开于专利申请文件中。但所保留的不公开的技术诀窍需不影响专利说明书的实施便能达到基本效果，否则，发明将因无法解决其技术问题而被认定不符合《专利法》第 26 条第 3 款的规定。此外，需要注意的是，对于技术诀窍的隐藏有可能影响到对于技术方案创造性的评价。缺少了技术诀窍的技术方案，其技术效果自然会有所逊色，在评价创造性时，只能依据公开的技术信息进行判断，而不能考虑技术诀窍所导致的技术效果。

（撰稿人：李亚林　审核人：李　越）

第五节　关于立体异构体化学发明的创造性判断

一、引言

1　立体异构体的相关概念

立体异构体（stereoisomer）属于同分异构体的一种，是指由分子中原子在空间上排列方式不同所产生的异构体，可分为顺反异构体、对映异构体和构象异构体三种，也可分为对映异构体和非对映异构体两大类。

含有一个不对称碳原子的化合物有两个互为镜象的对映异构体，它们的等摩尔混合物称为外消旋体[1]。

2　立体异构体的新颖性

近年来，涉及化合物立体异构体发明的专利申请时有出现。在讨论立体异构体的创造性问题之前，有必要对其新颖性问题作一简单介绍。在具体的审查实践中，通常审查的标准如下：如果现有技术公开了该立体异构体的名称或结构，则认为现有技术已经提到了该立体异构体，推定该立体异构体没有新颖性。如果现有技术公开了外消旋体，且仅有一个手性中心时，则认为本领域技术人员根据常规技术手段必然能够拆分得到其中的 R - 异构体或 S - 异构体，可以推定该外消旋体包含的一对对映异构体已经公开，除非申请人能够证明本领域技术人员根据现有技术无法拆分得到。

3　立体异构体的创造性

对于涉及化合物立体异构体的这类发明，如果现有技术已经公开了某化合物，而请求保护该化合物的立体异构体，其创造性只有当所述立体异构体具有预料不到的技术效果时才能被认可。其预料不到的技术效果可能体现在：某一对映异构体的活性出乎预料得好；某一对映异构体与其外消旋混合物活性相当，但毒性非常低；或者某一对映异构体具有与其外消旋混合物完全不同的活性。例如，某一对映异构体的活性与其外消旋混合物活性相当，另一对映异构

---

[1] 胡宏纹. 有机化学（第2版，上册）[M]. 北京：高等教育出版社，2003：76.

体活性呈惰性或活性很弱甚至具有毒性，那么由于相对于外消旋混合物来说，在给药方案中能够降低给药剂量，被认为具有预料不到的技术效果。因此，尽可能通过合成或拆分得到高纯度的异构体是业界普遍追求的目标。

专利复审委员会第 7955 号无效宣告请求审查决定涉及从外消旋混合物中拆分出立体异构体的方法发明，由于对实际解决的技术问题的认定不同，导致专利复审委员会和一、二审法院得出不同的结论。结合对该发明专利的分析，可得出启示：关于立体异构体化学发明的创造性判断，需要特别关注说明书中对于效果的描述和相关数据的记载，在正确认定发明的技术效果的基础上，合理地确定发明实际解决的技术问题，避免"事后诸葛亮"的情形发生。

二、典型案例

1 案情简介

1.1 案例索引与当事人

专利号：00102701.8

无效请求人：石家庄制药集团欧意药业有限公司、石药集团中奇制药技术（石家庄）有限公司

专利权人：张喜田

1.2 案件背景和相关事实

氨氯地平（Amolodipine），又称阿洛地平、阿罗地平，是由美国辉瑞公司研制开发、1992 年获得 FDA 批准上市的钙离子拮抗剂，用于治疗各种类型的高血压（单独或与其他药物联用）和心绞痛，其化学名为 3 - 乙基 - 5 - 甲基 - 2 - [（2 - 氨基乙氧基）甲基] - 4 - (2 - 氯苯基) - 1, 4 - 二氢 - 6 - 甲基吡啶 - 3, 5 - 二羧酸酯，其商品名包括络活喜（证据 1 所属的辉瑞公司产品）、施慧达（张喜田一方的产品）等。其活性成分包括苯磺酸氨氯地平、甲磺酸氨氯地平、马来酸左旋氨氯地平等。在国内上市销售的制药企业例如包括辉瑞制药、东北制药、山东鲁抗医药、先声药业、石药集团、扬子江药业等多达数十家。近 10 年来，氨氯地平在国内的销售额逐年递增，稳居国内心血管药物市场第一，成为抗高血压的佼佼者。

在药动学方面，氨氯地平口服吸收缓慢，达峰时间为 6~8h，生物利用度为 64%，清除率为 7ml/kg·min，消除半减期为 36h，在老年人及肝功能减退

者中消除半减期为 48~60h。1986 年，Arrowsmith 发现，氨氯地平的药理活性主要成份是（S）-（-）-氨氯地平 [J. Med. Chem（1986）29；1696-1702]，其钙离子拮抗活性大约是（R）-（+）-氨氯地平的 1000 倍，消旋体的 2 倍；Young J. W. 进一步报道使用（S）-（-）-氨氯地平相对于外消旋的氨氯地平可以减少肢端水肿、头痛、头晕等副作用（WO93/10779）。因此得到疗效好、副作用少的光学纯的（S）-（-）-氨氯地平是制药企业追逐的目标。

辉瑞公司也发明了氨氯地平对映体的拆分方法（WO95/25722，即本专利的证据 1），其公开了由氨氯地平外消旋体分离其 R-（+）和 S-（-）-异构体的方法，使用二甲基亚砜（DMSO）作为手性助剂，实施例中记载了纯度 >99.5%。

2000 年 2 月 21 日，张喜田申请了名为"氨氯地平对映体的拆分"（申请号为 00102701.8）的发明专利，其中要求保护一种制造左旋氨氯地平的方法，2003 年 1 月 29 日获得授权（下称本专利）。本专利授权公告的权利要求书如下：

"1. 一种从混合物中分离出氨氯地平的（R）-（+）-和（S）-（-）-异构体的方法，其特征在于：包含下述反应，即在手性助剂六氘代二甲基亚砜（DMSO-d6）或含 DMSO-d6 的有机溶剂中，异构体的混合物同拆分手性试剂 D- 或 L-酒石酸反应，结合一个 DMSO-d6 的（S）-（-）-氨氯地平的 D-酒石酸盐，或结合一个 DMSO-d6 的（R）-（+）-氨氯地平的 L-酒石酸盐而分别沉淀，其中氨氯地平与酒石酸的摩尔比约等于 0.25。

2. 根据权利要求 1 所述的方法，其特征在于：在 DMSO-d6/氨氯地平 ≥1（摩尔比）条件下，所述用含 DMSO-d6 的有机溶剂是可以使含 DMSO-d6 配合物发生沉淀差异的溶剂，这些溶剂是水、亚砜类、酮类、酰胺类、酯类、氯代烃以及烃类化合物。

3. 根据上述任一权利要求所述的方法，其特征在于：沉淀的配合物是（S）-（-）-氨氯地平-半-D-酒石酸-单-DMSO-d6 配合物或（R）-（+）-氨氯地平-半-L-酒石酸-单-DMSO-d6 配合物。"

2005 年 2 月，张喜田起诉至吉林省长春市中级人民法院，诉称石家庄制药集团中奇制药技术（石家庄）有限公司（下称中奇公司）、石家庄制药集团华盛制药有限公司（下称华盛公司）、石家庄制药集团欧意药业有限公司（下称欧意公司），以及吉林省玉顺堂药业有限公司共同侵犯了其第 00102701.8 号专利的专利权。

一审法院判决中奇公司、华盛公司、欧意公司停止对涉案专利权的侵害行为。中奇公司、华盛公司、欧意公司不服，上诉至吉林省高级人民法院。2006年11月，二审法院驳回上诉，维持原判。欧意公司不服二审判决，申诉至最高人民法院，最高人民法院于2010年9月作出（2009）民提字第84号判决，撤销一审和二审判决，驳回张喜田的诉讼请求。

2005年3月，欧意公司、中奇公司向国家知识产权局专利复审委员会提出无效宣告请求，以辉瑞公司的WO95/25722作为现有技术证据1，认为本专利权利要求1-3相对于证据1不具备创造性，请求宣告本专利全部权利要求无效。

经口头审理，专利复审委员会于2006年4月1日作出第7955号无效宣告请求审查决定，宣告本专利权利要求1及权利要求3引用权利要求1的部分无效，维持权利要求2及权利要求3引用权利要求2的部分有效。

欧意公司、中奇公司不服，于2006年6月30日起诉至北京市第一中级人民法院，北京市第一中级人民法院于2006年12月23日作出（2006）一中行初字第810号判决，认为专利复审委员会第7955号无效宣告请求审查决定中关于权利要求1不具备创造性的结论正确，但理由有误，且关于权利要求2和3具备创造性的结论错误，因此，撤销第7955号无效宣告请求审查决定。

同时，张喜田也不服专利复审委员会的第7955号无效宣告请求审查决定，于2006年7月6日起诉至北京市第一中级人民法院，北京市第一中级人民法院作出（2006）一中行初字第849号判决，认为第7955号无效宣告请求审查决定中关于权利要求1不具有创造性的结论正确，驳回了张喜田关于撤销第7955号无效宣告请求审查决定的请求。

张喜田不服（2006）一中行初字第810号判决，上诉至北京市高级人民法院，请求撤销原判和第7955号无效宣告请求审查决定，维持本专利权利要求1-3全部有效。

同时，专利复审委员会也不服（2006）一中行初字第810号判决，上诉至北京市高级人民法院，请求撤销原判，维持第7955号无效宣告请求审查决定。

经审理，北京市高级人民法院于2007年6月15日分别作出（2007）高行终字第70号和第68号行政判决：驳回上诉，维持原判。

在（2007）高行终字第68号行政判决生效后，专利复审委员会于2008年

1月7日再次举行口头审理，并于2008年3月4日针对本专利作出第11178号无效宣告请求审查决定，以权利要求1-3不具备创造性为由，宣告本专利权利要求1-3全部无效。

张喜田不服（2007）高行终字第70号和第68号行政判决，向最高人民法院申请再审，最高人民法院提审本案，于2010年10月19日作出（2010）行提字第1号和（2010）行提字第2号行政裁定，最高人民法院认为，欧意公司、中奇公司和张喜田不服专利复审委员会作出的第7955号无效宣告请求审查决定，分别向北京市第一中级人民法院提起诉讼，双方当事人不服同一具体行政行为提起的行政诉讼，人民法院应当合并审理，而北京市第一中级人民法院分别立案，并作出（2006）一中行初字第810号和第849号结果不同的判决，亦属不当。张喜田和专利复审委员会提起上诉后，北京市高级人民法院分别作出（2007）高行终字第68号和第70号判决，并维持原判，属于违反法律法规规定。因此，裁定撤销北京市高级人民法院作出的（2007）高行终字第68号和第70号行政判决和北京市第一中级人民法院作出的（2006）一中行初字第810号和第849号行政判决，发回北京市第一中级人民法院重新审理。

北京市第一中级人民法院于2011年11月22日重新开庭审理，并于2011年12月20日分别作出（2011）一中知行初字第1034号和第1035号行政判决。北京市第一中级人民法院认为，专利复审委员会在最高人民法院再审前已经于2008年3月4日作出了第11178号无效宣告请求审查决定，张喜田未在法定期限内针对第11178号无效宣告请求审查决定向本院起诉，故第11178号无效宣告请求审查决定已经生效，因此张喜田请求法院撤销第7955号无效宣告请求审查决定中所涉及的专利权已不存在，其诉讼主张无法律依据，故驳回张喜田的诉讼请求。

第11178号无效宣告请求审查决定作出后，针对该决定，张喜田一方未在规定的期限内起诉至北京市第一中级人民法院，故第11178号无效宣告请求审查决定生效。

2 案件审理

2005年3月21日，因涉及专利侵权纠纷，欧意公司、中奇公司向专利复审委员会提出无效宣告请求，以本专利权利要求1-3不符合《专利法》第22条第3款、权利要求1不符合《专利法》第26条第4款的规定为由，请求宣告本专利全部权利要求无效。专利复审委员会经审理，作出第 7955 号无效宣告请求审查决定，宣告本专利权利要求 1 和权利要求 3 引用权利要求 1 的部分无效，维持权利要求 2 和权利要求 3 引用权利要求 2 的部分有效。

2.1 案件争议焦点

一是本专利实际解决的技术问题是什么；二是本专利是否取得了预料不到的技术效果；三是如何看待专利权人在意见陈述中的某些"自认"。

2.2 当事人诉辩

无效请求人认为，本专利权利要求 1 与证据 1 的技术方案相比，区别仅在于证据 1 使用的是 DMSO，本专利使用的是 DMSO-d6，但是 DMSO 与 DMSO-d6 化学性质相同，不同的仅是物理性质，DMSO-d6 主要用于核磁共振分析领域，使用 DMSO-d6 替代 DMSO 没有理由影响化学反应的结果，相反还增加了试剂成本和试剂残留给药品质量带来的不确定因素。但是这种手段并不能带来光学纯度提高、收率提高的有益效果，说明书中光学纯度 100% 的结论更是无稽之谈，因此权利要求 1 不具备创造性。

专利权人认为，本专利申请时的实验情况下得出的测试数据均真实且可重复。关于试剂成本，试剂可回收，在产品的成本构成中是微不足道的，且去除有害成分（即达到高的光学纯度）对长期服药的患者来说是至关重要的。关于试剂残留的问题，自然界重氢元素含量约 1%，且 DMSO-d6 在常规条件下不可以和其他试剂的氢原子交换，残留的 DMSO-d6 在工艺过程中可去掉，根据本申请的方法制备的左旋氨氯地平完全可以达到国家对药品的法定要求。

2.3 审理结果摘引

（1）关于权利要求 1。本专利权利要求 1 涉及一种氨氯地平对映体拆分的方法，其使用了手性助剂 DMSO-d6 或含 DMSO-d6 的有机溶剂，证据 1 也公开了一种氨氯地平对映体的拆分方法，其使用的手性助剂为 DMSO 或含有它的溶剂，两者比较，其区别仅在于所用的手性助剂不同。就所解决的技术问题而言，从本专利说明书中可以看出，本专利的技术方案可以达到比证据 1 更高的光学纯度和收率。显然，本专利所要解决的技术问题必须依赖于使用 DMSO-d6 或者含有 DMSO-d6 的有机溶剂替换证据 1 中的 DMSO 或含有 DMSO 的溶剂，但是，对于本领域技术人员同样显而易见的是，要想达到上述技术效果，DMSO-d6 不论是单独还是含在有机溶剂中都必须以一定量使用，即其含量必须达到一定的范围,并非任意含量(例如痕量)的 DMSO – d6 都能够解决上述技术问题。由于本专利权利要求 1 所述的技术方案中并没有对 DMSO – d6 的含量提出要求,而本专利权利要求 1 相对于现有技术所解决的技术问题要求 DMSO – d6 的含量必须达到一定的范围,导致权利要求 1 实际上包括了不能够解决所述技术问题的技术方案,该部分技术方案相对于现有技术不具备突出的实质性特点和显著的进步,因此,权利要求 1 不符合《专利法》第 22 条第 3 款规定的创造性。

(2)关于权利要求 2。权利要求 2 是权利要求 1 的从属权利要求,其附加技术特征为将 DMSO – d6 与氨氯地平的摩尔比限定为≥1,并且限定了溶剂的种类,其实际解决的技术问题是提高了氨氯地平对映体的光学纯度和收率。证据 1 没有记载使用 DMSO – d6 进行拆分的技术内容,也没有记载用于拆分氨氯地平的 DMSO – d6 的用量,更加没有给出采用 DMSO – d6 替换 DMSO 作为手性助剂可以提高拆分对映体的光学纯度的启示。本领域公知的是,现有技术中 DMSO – d6 的用途主要在于核磁共振分析领域。证据 1 的各实施例中,光学纯度多数在 97% ~ 98.5% 之间,仅实施例 9 的光学纯度为 >99.5%,而本专利的光学纯度多在 99.5% 以上,进行的对比试验则可以更加清晰地反映出本专利在效果上的优势,从总体上看,本专利的技术方案有利于提高光学纯度,具有积极的效果,因此权利要求 2 具有创造性。

(3)关于权利要求 3。权利要求 3 从属于权利要求 1 或 2,其引用权利要求 1 所形成的技术方案也没有对所使用的 DMSO – d6 的含量进行限定,同样不具备创造性;其引用权利要求 2 所形成的技术方案由于是权利要求 2 的从属权利要求,在权利要求 2 具有创造性的前提下,这一部分技术方案具备创造性。

基于上述理由,专利复审委员会作出第 7955 号无效宣告请求审查决定,宣告本专利权利要求 1 和权利要求 3 引用权利要求 1 的部分无效,维持权利要求 2 和权利要求 3 引用权利要求 2 的部分有效。

2.4 法院观点

北京市第一中级人民法院认为:

(1)关于本专利权利要求 1 的创造性。

由于 DMSO – d6 和 DMSO 的化学性质相同、其他性质相近,在证据 1 所公开的使用 DMSO 作为手性助剂拆分氨氯地平对映体的情况下,本领域技术人员容易想到与之性质相近的 DMSO-d6 也能用于拆分氨氯地平对映体，并替代 DMSO 从而得到本专利权利要求 1 的技术方案。虽然 DMSO-d6 主要用于核磁共振领域且价格昂贵，在本专利申请日之前也未公开此种替换，但从现有证据来看，并不存在进行这种替换的启示的障碍，无法得到这种替换是非显而易见的结论。因此本专利权利要求 1 的技术方案相对于证据 1 不具有实质性的特点。

从技术效果来看，对于氨氯地平对映体的拆分，其主要的效果体现在光学纯度和收率，而其中尤以光学纯度为最主要的效果指标。对于以试验数据体现出来的效果的比较，应当以相同技术特征最多、试验条件最为相近的情况下的数据进行比较，同时参考不同试验条件下的总体效果。本专利权利要求 1 的技术方案与证据 1 实施例 9 所限定的技术方案之间相同技术特征最多、试验条件最为相近。证据 1 实施例 9 的光学纯度约为 99.5%，本专利权利要求 1 对应的光学纯度约为 99.9%，二者的收率差别不大。该效果的比较也得到张喜田在本专利授权过程中答复审查员意见的证明。即使参考不同条件下的试验结果，从得到的数据可以看出，本专利权利要求 1 相对于证据 1 来说，其光学纯度有一定的提高，但该种进步并没有产生新的性能，不是一种"质"的变化，且没有证据证明其所提高的量超出人们预期的想象，因此，本专利相对于证据 1 并未取得预料不到的技术效果。综上所述，本专利权利要求 1 的技术方案相对于证据 1 并不是非显而易见的，且也没有取得预料不到的技术效果，本领域技术人员不需要付出创造性劳动就可以在证据 1 的基础上得到本专利权利要求 1 的技术方案，因此本专利权利要求 1 不具备《专利法》第 22 条第 3 款所规定的创造性，应当被宣告无效。

（2）关于本专利权利要求 2 的创造性。

权利要求 2 从属于权利要求 1，其附加技术特征有两个：DMSO-d6/氨氯地平≥1（摩尔比）；溶剂是水、亚砜类、酮类、酰胺类、酯类、氯代烃以及烃类化合物。对于溶剂的限定，证据 1 已经公开。对于"DMSO-d6/氨氯地平≥1（摩尔比）"的技术特征，证据 1 已经公开了手性助剂要有足够的量，在此基础上，对于本领域技术人员来说，要得到更好的拆分效果，容易想到手性助剂的含量应当大于或者等于被拆分的氨氯地平，这也得到教科书的印证。因此，DMSO-d6/氨氯地平≥1（摩尔比）的技术特征是容易想到的。因此，在其引用的权利要求 1 不具有创造性的情况下，权利要求 2 也不具备创造性。

第7955号无效宣告请求审查决定认为权利要求2附加技术特征"DMSO－d6/氨氯地平≥1（摩尔比）"的增加使得技术方案能够实现本专利的发明目的，权利要求2具有创造性的认定错误，本院予以纠正。

（3）关于本专利权利要求3的创造性。

权利要求3从属于权利要求1或者权利要求2，其附加的技术特征为"沉淀的配合物是（S）－（－）－氨氯地平－半－D－酒石酸－单－DMSO－d6配合物或（R）－（+）－氨氯地平－半－L－酒石酸－单－DMSO－d6配合物"，证据1也公开了沉淀生成物，其与权利要求3的区别仅在于DMSO和DMSO－d6，该区别是由于所使用的手性助剂的不同而直接造成的。正如前面分析，用DMSO－d6替代DMSO作为手性助剂是容易想到的，因此，在权利要求1和权利要求2不具备创造性的情况下，权利要求3也不具备创造性。

二审法院支持了一审法院关于权利要求1不具备创造性的观点，二审法院进一步指出：

（1）张喜田主张该领域的数值提高的空间非常有限，但其未提交有关证据证明，因此，对其关于本专利权利要求1的技术方案具有预料不到的技术效果的上诉主张不予支持。

（2）专利的技术效果应当记载在申请日提交的说明书中，应当以记载在本专利说明书中的试验数据为依据。说明书中未披露的技术效果不应用于评价本专利的创造性，专利权人也不得在无效程序中就说明书中未披露的技术效果补充提交效果数据。本案中，张喜田主张本专利与证据1相比，将有害杂质的含量减小了5倍，与证据1相比，本专利具有对水分不敏感的优点，而且可以使用更大量的有机溶剂。但由于上述主张在本专利说明书中均没有记载，超出了说明书记载的范围，因此不予考虑。

3 案件启示

3.1 关于"发明实际解决的技术问题"的确定

创造性判断的第二、三步在于"确定发明实际解决的技术问题"和"判断要求保护的发明对本领域技术人员来说是否显而易见"。在该步骤中，要确定现有技术整体上是否存在某种技术启示，即现有技术是否给出将上述区别特征应用到最接近的现有技术以解决其存在的技术问题（即发明实际解决的技术问题）的启示，这种启示会使本领域技术人员在面对所述技术问题时，改进最接近的现有技术并获得要求保护的发明。由于对于启示的判断是以发明实际解决的技术问题为基础,因此正确地确定发明实际解决的技术问题,是"三步法"判断中的重要一环。

关于如何确定发明实际解决的技术问题,《专利审查指南》指出,"根据该区别特征所能达到的技术效果确定发明实际解决的技术问题,从这个意义上说,发明实际解决的技术问题,是指为获得更好的技术效果而对最接近的现有技术进行改进的技术任务","重新确定的技术问题可能要依据每项发明的具体情况而定。作为一个原则,发明的任何技术效果都可以作为重新确定技术问题的基础,只要本领域技术人员从该申请说明书中所记载的内容能够得知该技术效果即可"❶。可见,一般从区别特征所能达到的技术效果出发,确定发明实际解决的技术问题。

本案中,争议的焦点在于权利要求2。说明书中已经清楚地记载了"DMSO-d6是一种比DMSO还好的手性助剂,其光学纯度可达100% e.e.,并且收率也相当高",且反证2(反证2为专利权人于第一次口审时当庭提交的该申请在实审程序中对于第一次审查意见通知书的答复的复印件)的对比试验数据(使用DMSO-d6的光学纯度为99.9%,使用DMSO的光学纯度为99.5%)也证明了上述观点,因此,专利复审委员会在第7955号无效宣告请求审查决定中认为,发明实际解决的技术问题是"提高氨氯地平对映体的光学纯度和收率"。

在本案的一、二审判决中,一、二审法院没有字面上确定发明实际解决的技术问题,但分析其判决语言及前后逻辑,其所确定的发明实际解决的技术问题仅在于"提供一种替换的拆分方法",并没有认可替换后所带来的技术效果。

由于所确定的实际解决的技术问题不同,直接导致了在第三步显而易见性判断步骤中结论的差异。

3.2 对"预料不到的技术效果"的判断

本案各方对于创造性的结论不同的另一关键在于,对于本专利的技术效果的认识不同。

---

❶ 参见《专利审查指南》第二部分第四章第3.2.1.1节。

欧意公司和中奇公司向北京市第一中级人民法院起诉时认为，第7955号无效宣告请求审查决定错误地将证据1的非最佳实施例与本专利的实施例及反证2中补充的实施例进行对比，从而得出错误的结果。正确的对比应该是将本专利的实施例1和4与证据1的实施例9和10对比，其所采用的技术手段相同，氨氯地平与酒石酸的摩尔比都选用证据1明确指出的最佳条件1:0.25。证据1实施例9和10的光学纯度都可以实现大于99.5%，而本专利实施例1和4的光学纯度的34个数据中只有3个在99.5%以上，所以本专利根本没有进步，更没有显著进步。

专利权人主张，本专利实施例1达到光学纯度99.9%，而证据1实施例9为99.5%，这一差别虽然绝对值不大，但由于该领域的光学纯度数值提高的空间非常有限，已代表了较大的进步，而本专利与证据1相比，将有害杂质右旋氨氯地平的含量减少了5倍，因此，本专利权利要求1的技术方案具有预料不到的技术效果。

专利复审委员会认为，判断是否具有预料不到的效果，不能仅仅从数值的接近程度来看，在某些技术领域，即使数值很接近也不能简单地认为不具有预料不到的效果。证据1的各实施例中，光学纯度多数在97%~98.5%之间，仅实施例9的光学纯度>99.5%，而本专利的光学纯度多在99.5%以上，反证2进行的对比实验可以更加清晰地反映出本专利在提高光学纯度效果上的优势。提高对映异构体的纯度，其目的不是提高药物的有效性，而是着眼于用药的安全性。上述对比仅从数值上看似乎并不显著，但其杂质含量则变化显著，从0.5%~0.1%。本专利方法制备的产品为降压药，由于降压药系长期服用的药品，且其服用对象通常为老年患者，此时，药物的安全性尤其重要，从用药的安全性来讲，降低药物中杂质的含量是非常有意义的，足以导致本专利的氨氯地平比证据1的氨氯地平的用药安全性显著提高。所以，本专利相对于证据1纯度的提高具有预料不到的技术效果。

北京市第一中级人民法院和北京市高院均不认为纯度从99.5%提高到99.9%是预料不到的技术效果。

一审法院认为，本专利权利要求1相对于证据1来说，其光学纯度有一定的提高，但该种进步并没有产生新的性能，不是一种"质"的变化，且没有证据证明其所提高的量超出人们预期的想象，因此本专利相对于证据1并未取得预料不到的技术效果。

二审法院进一步认为，预料不到的技术效果通常需要用试验数据来证明，如果专利权人针对无效请求人提出的本专利未取得预料不到技术效果的主张未能提出充分可信的试验数据，则不能认定本专利具有创造性。本案中，对于氨氯地平对映体的拆分，其主要的效果体现在光学纯度和收率，而其中尤以光学纯度为最主要的效果指标。将 DMSO-d6 代替 DMSO 后，这种替换对其收率并没有显著提高，光学纯度也基本相同，本专利部分实施例的光学纯度还低于证据1，因此，没有证明其所提高的量超出人们预期的想象。专利权人张喜田主张该领域的数值提高的空间非常有限，但其未提交有关证据证明。

由此可见，各方对于预料不到的技术效果方面的争议在于：本领域技术人员如何看待对于一个长期用药的化合物，特别是老年人需长期服用的药物，其光学纯度的提高的意义。

对此，专利复审委员会认为，判断一项技术方案是否取得预料不到的技术效果，应从本领域技术人员的视角来进行分析。

现有技术已知右旋氨氯地平存在副作用，需要得到纯的左旋氨氯地平，但现有技术并不能得到纯的光学异构体，仅能得到至多99.5%的光学纯度。此外，对于像氨氯地平这类需要患者长期服用的药物来说，纯度的高低直接对效果产生很大的影响，高纯度的药物也能减少（R）异构体的副作用。尽管在现有技术的基础上，进一步纯化有可能达到更高的纯度，但是增加的纯化步骤势必会造成成本上升、产率下降等不利后果。而本发明则通过手性助剂的简单改进即可使纯度接近100%，已经是很好的效果，可作为考量创造性的因素之一。

本专利公开了5个实施例，实施例1（氨氯地平与酒石酸的摩尔比1：0.25，采用 DMSO-d6 为溶剂）为由（R,S）-氨氯地平制备得到的（S）-（-）-氨氯地平-半-D-酒石酸-单-DMSO-d6 配合物的光学纯度为99.9%，（R）-（+）-氨氯地平-半-L-酒石酸-单-DMSO-d6 配合物的光学纯度为99.5%；实施例2为由上述（S）配合物制备（S）-（-）-氨氯地平，光学纯度为99.9%；实施例3为由（R）配合物制备（R）-（+）-氨氯地平，光学纯度为99.5%；实施例4为按照权利要求1的方法，用不同的混合溶剂代替 DMSO-d6 所得到的（S）-（-）对映体和（R）-（+）对映体的实验数据，其中 DMSO-d6/氨氯地平大于等于1（摩尔比），其中仅有二氯甲烷得到的（S）-（-）对映体的光学纯度为100%，其他溶剂均低于99.5%。

实施例5为苯磺酸（S）-（-）氨氯地平的制备。

从说明书所公开的实施例来看，实施例1清楚地公开了使用DMSO-d6作为溶剂时的纯度为99.9%，这已经与证据1使用DMSO作为溶剂的纯度为99.5%形成区别。可见，使用DMSO-d6作为溶剂在提高光学纯度方面带来了积极的效果。从实施例4的内容来看，实际为本申请对不同溶剂的选择的尝试。如前所述，本申请的目的就是要得到光学纯度高的异构体，那么对于效果不好的溶剂，自然是不予考虑，虽然实施例4中有部分纯度低于证据1，但这并不能作为否认其创造性的理由。

基于上述事实，专利复审委员会认为，对于本案，虽然光学纯度仅是由99.5%提高到99.9%的微小变化，但其相应的毒副作用显著降低，取得了预料不到的技术效果，在评价创造性时需要考虑。

3.3 对专利权人自认的考量

专利权人在答复第一次审查意见通知书时指出，"虽然DMSO-d6同DMSO的化学性质相同，其他性质相近，但它们并不构成拆分分离的充要条件……用DMSO-d6代替DMSO的方案是显而易见的，但其结果是否显而易见则未必"。一审法院和二审法院在创造性显而易见的判断步骤上均采用了专利权人的上述观点，认为用DMSO-d6代替DMSO的方案是显而易见的，将判断创造性的重点放在是否有预料不到的技术效果上。

本案中，尽管专利权人在意见陈述中认为"用DMSO-d6代替DMSO的方案是显而易见的"，但从专利权人前后的表述来看，"用DMSO-d6代替DMSO的方案是显而易见"是在一定的条件和语境下才成立的。化学领域的普通技术人员公知，DMSO和DMSO-d6在某些化学性质上肯定是相似的，也肯定有部分化学性质是不相似的。问题的关键是，专利权人利用的是其性质的相似方面完成的发明，还是利用性质的不相似方面完成的发明。如果利用的是其性质相似的方面完成的发明，那么本领域技术人员是容易想到的。如果利用的是其性质不相似的方面完成的发明，那么本领域技术人员是不容易想到的。基于提高光学纯度这一技术问题，本领域技术人员并没有动机将DMSO替换为DMSO-d6去解决实际要解决的技术问题，因此该技术方案是非显而易见的。此外，面对专利权人的"自认"时，首先，对于专利权人的意见不能断章取义，从专利权人的意见陈述来看，其所述的"显而易见"仅是认为在解决

"拆分氨氯地平对映体"这一技术问题时，将DMSO替换为DMSO-d6是显而易见的，并未上升到解决"提高氨氯地平对映体的光学纯度和收率"这一技术问题的层次。其次，专利权人并不是专利法意义上的"本领域技术人员"，盲目地采纳其观点容易造成不客观的判断。在判断创造性时，仍然应该以"本领域技术人员"为主体进行。如果根据"三步法"判断得出的结论是非显而易见的，进而也无需对是否产生了预料不到的技术效果作进一步判断。

三、分析与思考

众多研究表明，外消旋体的两个对映体其药理活性通常具有较大的差异。1992年，FDA对手性药物颁布了新规则，要求所有上市的消旋体药物，生产者必须提供对映体各自的药理作用、毒性及临床效果。由于在医药产品中，手性对映体的各种性能差别显著，因此制取高纯度的光学活性手性化合物是手性工业发展的必然趋势。

光学活性化合物的获取途径有以下五种，即天然提取、生物发酵、不对称合成、手性前体合成和外消旋拆分。在这些方法中，化学合成与拆分相结合的手段是当前获取手性化合物最主要的技术手段。

由于外消旋物质的一对对映体除结构镜像对称、旋光性能相反外，几乎所有的物理化学性能完全一样，通常的分离技术无法达到拆分对映体的目的。近20年来，由于光学活性手性化合物需求的急剧增加，拆分技术已经成为热点课题，大体上可分为：优先结晶法、形成非对映体盐结晶法、色谱法、萃取法、酶法等。其中形成非对映体盐结晶法最为广泛和成熟。

拆分介质是拆分技术的关键。拆分介质的手性识别能力决定了拆分效果的好坏，而拆分介质手性识别能力的强弱与分子的结构，尤其是空间结构密切相关。此外，拆分技术的另一关键在于拆分溶剂。不管何种拆分方法，溶剂的种类、性能对拆分效果的影响非常大，有时甚至是决定性的。形成非对映体盐结晶法中，非对映体盐只在某些溶剂中表现出溶解度的差异，萃取拆分法中，手性萃取剂在不同溶剂中显示出的手性识别能力相差很大。并且，尚没有相关的研究表明对于拆分介质和拆分溶剂的选择有规律可循。

从上述现有技术的状况可看出，获得高光学纯度的异构体并不容易，因此对于涉及光学异构体的发明的创造性判断应慎重，不能简单武断地得出具备创造性或不具备创造性的结论，而应该关注说明书记载的内容和现有技术的状况。对于普通化合物的制备，通过后处理步骤的调整通常可以提高产率。但是对于光学异构体这一特殊产品的制备，其产率的提高依赖于特殊的反应原料和方法，与后处理步骤并无直接联系。在此基础上，需考虑光学异构体的特殊性，避免简单地认为区别特征均为本领域技术人员的常规手段，从而得出发明不具有创造性的结论。

四、案例辐射

对于涉及光学异构体这类案件的专利申请，通常需要在提交申请之前对该领域的现有技术状况做全面的检索，在说明书中尽可能完整地记载本发明相对于现有技术的改进，并提供具体的证据（如对比实验数据等）以证明创造性。从权利要求的撰写来看，需要申请人合理地概括出最大的保护范围作为独立权利要求，同时，在从属权利要求中有层次地撰写多个优选技术方案，以在权利要求受到他人挑战时，在专利的无效宣告程序中可通过修改维持权利要求的稳定性。

在具体的审查实践中，应意识到不同药物的对映体的药理、毒理性质通常差异较大，因此高的光学纯度是业界的广泛追求这一事实。在关于创造性的审查时，需要特别关注说明书记载的技术效果和现有技术的状况。仔细分析区别特征在发明中的效果，合理地确立发明实际解决的技术问题，避免"事后诸葛亮"的情形发生。由于光学异构体对光学纯度的高要求和拆分的困难性，还有药物化合物对于安全性的诉求，即使是光学纯度的小幅度改进（例如从99.5%提高到99.9%），也应作为考虑其是否具有创造性的因素。

该案从2005年持续到2010年，历经多次侵权诉讼和无效诉讼，最后，针对第11178号无效宣告请求审查决定，专利权人未在法定期限内向北京市第一中级人民法院再次提起行政诉讼，从而第11178号无效宣告请求审查决定生效。专利权人主动放弃了争取权利的机会，实为遗憾。该专利权最终被宣告无效。

（撰稿人：吴红权　王晓洪　审核人：侯　曜）

第五章 相关热点问题研究

第一节 说明书修改超出范围与权利要求被宣告无效的关系

一、引言

《专利法》第33条规定:"申请人可以对其专利申请文件进行修改,但是,对发明和实用新型专利申请文件的修改不得超出原说明书和权利要求书记载的范围,对外观设计专利申请文件的修改不得超出原图片或者照片表示的范围。"可见,其中包括了两层含义,一是允许申请人对专利申请文件进行修改,二是对这种修改进行了限制。申请人在撰写申请文件时,可能会出现用词不严谨、表述不准确、明显错误等缺陷,为了不影响公众理解和运用发明,需要通过修改使公众获得准确的技术信息,并正确界定专利权的保护范围,因此应当允许申请人对专利申请文件进行修改。但是,为了防止申请人将其在申请日时未公开的内容补入申请文件中,违背先申请原则,而导致对其他申请人不公平的后果,❶因此申请人对其审请文件的修改必须在满足《专利法》第33条要求的前提下才能被允许。

同时,《专利法实施细则》第65条第2款规定,《专利法》第33条属于可宣告专利权无效的理由之一。也就是说,针对申请人在专利审批阶段对权利要求书或者说明书的修改超出范围的情形,可以据此宣告专利权无效。而众所周知,无效宣告请求的客体是已经公告授权的专利,且权利要求书在专利制度中具有特殊的作用和地位,无效案件审查的核心应围绕权利要求是否符合相关法律的规定,而最终宣告无效的对象也是权利要求,并非说明书。

---

❶ 尹新天. 中国专利法详解[M]. 北京:知识产权出版社,2011:411.

于是，问题随之而来。在无效宣告程序中，当存在不符合《专利法》第33条规定的缺陷的部分是说明书时，是否必然导致宣告权利要求无效的后果？说明书何种程度的超范围修改才会导致宣告专利权无效，何种程度的超范围修改则可以维持专利权有效？以及这类案件如何处理才能既保护真正的发明创造，又避免不当授权可能对社会公众产生的不利影响呢？以上问题均涉及说明书修改超出范围与权利要求被宣告无效的关系，本文将从两个具体案例入手作一探讨。

二、典型案例

【案例1】

1 案件情况介绍

1.1 案情简介

申请号：02111380.7

无效请求人：吴苏明

专利权人：赵子群

1.2 案件背景和相关事实

请求人以《专利法》第33条、第26条第4款为由提出无效宣告请求。

本专利原始提交的权利要求1为："1. 一种用作服装面料的竹纤维，其特征是：平均细度1687公支左右，长度如竹节的自然长度，不含化学试剂的纯天然竹纤维。"权利要求3为："3. 根据权利要求2所述的竹纤维制造方法，其特征在于：所述竹片浸泡工序是将经过前处理工序的竹片浸泡在脱胶软化剂中……"

原始提交的说明书背景技术提到，现有的竹纤维软化剂普遍含碱，制作中污染环境，在发明内容以及具体实施例部分均记载了本发明由于采用天然植物脱胶软化剂、特制的脱胶软化剂，制得的竹纤维不含化学试剂，且柔韧性和耐折度大大提高。

实审阶段，针对第一次审查意见通知书指出的公开不充分的缺陷，申请人修改了权利要求1和说明书，之后获得授权。最终，本专利授权公告的权利要求1被修改成"1. 一种用作服装面料的竹纤维，其特征是：平均细度1687公支左右，长度如竹节的自然长度"。此外，申请人还删除了授权公告的说明书中"天然植物脱胶软化剂""特制的脱胶软化剂""不含化学试剂",代之以"脱胶软化剂"。

经审查,合议组作出第 9215 号无效宣告请求审查决定认为,本专利的授权文本和本专利的公开文本相比存在多处修改,具体表现在:在发明内容部分,将公开文本中的"天然植物脱胶软化剂"(说明书第 2 页第 3 行)改为授权文本中的"脱胶软化剂"(说明书第 1 页倒数第 3 行),并将公开文本中的"该脱胶软化剂为天然植物配方,不含酸碱化学剂"(说明书第 1 页倒数第 6 行)在授权文本中删除(说明书第 2 页倒数第 17 行);实施例 1 中,将公开文本中的"特制的脱胶软化剂"(说明书第 2 页倒数第 7 行)改为授权文本中的"脱胶软化剂",并将公开文本中的"该脱胶软化剂为天然植物配方,不含酸碱化学剂"删去(说明书第 2 页倒数第 18 行)。显然,本专利授权文本记载的信息不同于本专利的申请公开文本中记载的信息,而且对所属技术领域的技术人员而言,从申请公开文本记载的使用"天然植物脱胶软化剂"来制备本发明的竹纤维的信息中,并不能直接地、毫无疑义地确定授权文本中记载的使用任何脱胶软化剂都可以制备出本发明的竹纤维的信息,因此,本专利授权文本说明书的修改不符合《专利法》第 33 条的规定,从而宣告本专利全部无效。

在行政诉讼程序中,一审、二审法院均维持了专利复审委员会作出的无效宣告请求审查决定。

2 案件审理

2.1 案件争议焦点一

说明书对发明内容、实施例部分的四处修改是否超范围。

2.1.1 当事人诉辩

专利权人认为,本专利说明书的上述四处修改是根据《专利审查指南》第二部分第八章第 5.2.2.2 节第(5)项所做的适应性修改,该修改也没有超出原申请文本公开的范围。

2.1.2 审理结果摘引

专利复审委员会在第 9215 号无效决定中认为,首先,《专利审查指南》第二部分第八章第 5.2.2.2 节第(5)项的规定是"修改发明内容部分中与该发明技术方案有关的内容,使其与独立权利要求请求保护的主题相适应",而本专利说明书的修改并非是为适应独立权利要求 1 要求保护的主题进行的修改，其修改涉及发明的实质技术内容。其次，本专利的申请公开文本的权利要求 3 虽然记载了竹纤维制造方法中"所述竹片浸泡工序是将经过前处理工序的竹片浸泡在脱胶软化剂中"，但根据该记载并不能直接和毫无疑义地得出采用任何脱胶软化剂对竹纤维进行软化处理都可以得到可用于服装面料的竹纤维，尤其是在说明书的发明技术内容和具体实施方式的实施例中存在有相反的教导；而且，根据该记载，所属领域技术人员也不可能直接和毫无疑义地得出本专利实施例 1、2 中采用任何脱胶软化剂能够获得的在原申请公开文本的实施例 1、2 中采用特制脱胶软化剂而制备的特定的竹纤维产品。因此，专利权人关于对本专利说明书的修改是根据《专利审查指南》第二部分第八章第 5.2.2.2 节第（5）项所作的适应性修改以及没有超出原申请文件公开范围的说法不能成立。

2.2 案件争议焦点二

上述说明书的修改对本专利的权利要求是否有影响。

2.2.1 当事人诉辩

专利权人认为，授权文本和公开文本的权利要求书仅涉及"脱胶软化剂"，并不涉及"天然植物脱胶软化剂""特制的脱胶软化剂"，权利要求的保护范围在说明书修改前后并没有变化，因此，说明书的修改对本专利的权利要求没有影响。

2.2.2 审理结果摘引

专利复审委员会在第 9215 号无效决定中认为，专利说明书是专利文件的重要组成部分，其对于充分公开、理解和实现要求保护的发明或者实用新型，对于支持和解释发明或者实用新型要求保护的技术方案，均具有极为重要的作用。因此，专利说明书的修改超范围，尤其是修改发明内容中与专利权利要求要求保护的技术方案有关的技术内容超出原申请文件的范围时，其不可避免地对权利要求产生影响。

就本案而言，在授权专利说明书有关本发明技术内容和实施例 1、2 存在超出原申请记载范围的情况下对本专利权利要求产生了如下实质性影响：

从本专利的申请公开文本可以看出，现有技术中已经公开了毛竹软化技术制成的竹纤维，该竹纤维主要用于制作板材，而且制作过程使用含碱软化剂，容易污染环境，并且毛竹材质本身柔软度不够，细丝后极易折断，所以毛竹软化技术制成的竹纤维不能用于制造服装面料。本专利要解决的技术问题是提供一种能用于服装面料的竹纤维，其采用的技术手段是利用特定的天然植物脱胶软化剂对竹纤维进行软化处理，产生的技术效果是所制得的竹纤维产品的柔韧性和耐折度大大提高，而且由于使用的天然植物脱胶软化剂不含酸碱，不会污染环境；同时，本专利的申请公开文本中通过对竹纤维及其制造方法的描述以及实施例1和2的具体工艺等的记载说明了该发明技术方案的实施方法。所属领域技术人员根据原申请公开文本，尤其是说明书中发明内容以及具体实施方式的描述能够理解本专利所要求保护的用作服装面料的竹纤维是通过采用特制的天然植物脱胶软化剂以及其他工序制备得到的，而且由于在制造方法中采用天然植物脱胶软化剂对竹纤维进行软化处理，从而解决了现有技术中竹纤维产品柔软度和耐折度不够的技术问题，并使之能够运用到服装面料上。根据原始说明书公开的信息，本领域技术人员无法概括得到采用任意的脱胶软化剂对竹纤维进行软化处理都能实现本发明的目的。

根据修改后的本专利的授权文本，尤其是说明书中发明内容以及具体实施方式实施例1和2的描述，所属领域技术人员得出的信息是：本专利所要求保护的用作服装面料的竹纤维可以通过采用任何脱胶软化剂结合其他工序制备得到，并且采用任何脱胶软化剂对竹纤维进行软化处理都能解决现有技术中竹纤维产品柔软度和耐折度不够的技术问题，并使之能够运用到服装面料上。

通过以上分别依据授权文本说明书记载的内容和公开文本说明书记载的内容，就本专利权利要求1-3所要求保护的技术方案是否符合《专利法》第26条第4款作出的分析，上述修改使得合议组得到截然相反的两种结论，由此可见，本专利说明书所进行的超范围修改对本专利权利要求产生了实质性影响。因此，专利权人关于本专利说明书的修改对本专利的权利要求没有影响的说法不能成立。

【案例2】

1 案情简介

1.1 案例索引与当事人

申请号：02112536.8

无效请求人：南通新邦化工有限公司

专利权人：江苏飞亚化学工业有限责任公司 南京工业大学

1.2 案件背景和相关事实

请求人以《专利法》第 33 条、第 22 条、第 26 条第 4 款，《专利法实施细则》第 20 条第 1 款为由提出无效宣告请求。

实审程序中，申请人将说明书中"……进入苯胺精馏塔（真空度为 350mmHg）分离"修改成"……进入苯胺精馏塔（从常温的真空度为零减压到真空度为 350mmHg）进行减压分离"，之后授权。

2 案件审理

在无效宣告程序中，针对《专利法》第 33 条的无效理由，合议组认为，要判断上述修改是否会导致本专利被宣告无效，首先需要确定以上对说明书的修改是否影响授权后的权利要求的技术方案及其保护范围。如果实质审查过程中，申请人对说明书内容的修改没有影响到授权后的权利要求的技术方案，则无论上述对说明书的修改是否存在超出原申请记载范围的缺陷，都不足以导致该专利权无效。

本专利权利要求 1 要求保护一种用减压/真空精馏并加热的苯胺合成二苯胺法，在其分离精制过程中，采用的是"减压/真空精馏并加热"的操作方式，对本领域技术人员来说，这一措辞所表达的操作方式既包括在特定负压状态下进行精馏，也包括在逐渐形成负压的同时进行精馏。这两种操作方式虽然达到的效果可能会有所不同，但是如果温度等条件适合的话，一般情况下都可以达到精馏分离物料的目的。

由此可见，不管是在特定状态下进行分离，还是在逐渐建立负压的同时进行分离都在权利要求 1 的保护范围之内，都没有偏离权利要求 1 所描述的技术方案。尽管说明书具体实施方式中，将前一条件下的减压分离修改为后一条件下的减压分离，使本领域技术人员看到的信息与原始申请记载的信息不同，但这一修改并没有影响权利要求 1 本身的技术方案，因此，上述缺陷并不足以导致该专利权被宣告无效。

三、分析与思考

从上述两个案例可以看出，在我国无效宣告程序的审查实践中，对于涉及说明书适用《专利法》第 33 条进行的审查，并不是采用机械的"一刀切"的方法，而是需考虑修改超出的内容对权利要求是否造成影响。

但是，如何判断对权利要求是否造成影响则成为实践中一个值得探讨的问题。假定说明书修改超出的内容与权利要求书的技术方案无关，两者属于截然不同的两个方案，那结论肯定是没有影响，但现实案件更多涉及的往往是说明书的修改与权利要求的技术方案在某种程度上相关的情形，这使得说明书的修改超出范围对权利要求是否有影响的判断变得复杂。

1 现有规定对权利要求是否有影响的解读

现有的审查规范性文件对此均没有作出具体规定。专利复审委员会目前统一的审查标准是"当请求人以专利申请文件的修改不符合《专利法》第33条的规定为由请求宣告专利权无效时，超出原说明书和权利要求书记载范围的修改仅影响部分权利要求的保护范围的，合议组应当仅宣告那些受到影响的权利要求无效，维持其余权利要求有效"。

上述审查标准具有一定的积极意义，从中将对权利要求是否有影响解读为对权利要求的保护范围是否有影响。事实上，在无效宣告程序中的多数情况下，都需要首先对权利要求文字表述所限定的保护范围予以理解和确定，然后再对该专利所要求保护的范围是否符合专利法的相关规定进行判断，例如，相对于现有技术是否具有新颖性、创造性，是否得到该专利说明书公开内容的支持，等等。

此外，在专利权的保护和运用阶段，根据《专利法》第59条第1款的规定，发明或者实用新型专利权的保护范围以其权利要求的内容为准，说明书及附图可以用于解释权利要求的内容。这一条款明确了我国在解释权利要求和确定权利要求的保护范围时采取"折衷解释"的原则。因此说明书作为解释权利要求最主要的资料，其重要性毋庸置疑，专利权利要求的内容与说明书的内容有差异，不能准确地或者不能清楚地反映专利权利要求的内容时，就要依据说明书及附图对权利要求的内容予以解释、修正，使其合理、清楚地反映出专利要求保护的内容。❶

说明书对权利要求的解释作用主要体现在：（1）权利要求书中的用语模糊不清，这时如果从说明书对发明的描述中可以得出其明确含义，就可以用说

---

❶ 程永顺. 中国专利诉讼［M］. 北京：知识产权出版社，2005：230.

明书中的含义来解释权利要求书中该用语的含义；（2）权利要求书中的用语是申请人的自造词，如果说明书给出了明确的定义或说明，就可以用说明书来解释该自造词；（3）权利要求书中的用语并非模糊不清，但根据说明书的解释所得出的含义与该用语的表面含义不同，这时说明书解释的含义优于权利要求书中用语的表面含义。❶

因此，如果说明书的修改内容正好是说明书对权利要求起解释作用的那部分内容，比如权利要求书用语模糊不清，原说明书对其也没有给出明确含义，而通过修改说明书达到了清楚解释权利要求的目的；再比如，权利要求书中的用语是申请人的自造词，原说明书没有任何定义，通过修改说明书给出了明确的定义或说明，或者原说明书给出的定义是 A，修改后的说明书给出的定义是 B，那么说明书的上述修改无疑对权利要求的保护范围起到了影响。

如此看来，现有审查标准将说明书的修改对权利要求是否有影响解读为，说明书的修改对权利要求保护范围的解释是否有影响，如果说明书在修改前后对于权利要求保护范围的解释出现了实质性区别，就意味着这种修改对权利要求的保护范围产生了影响，反之，如果权利要求的保护范围在说明书修改前后没有变化，则认为这种修改是没有影响的。

2　实际案例对权利要求是否有影响的解读

以上从现有审查标准的角度阐述了说明书的修改对权利要求是否有影响的含义，但笔者在分析了前面的案例 1 与案例 2 后，发现仅从说明书对权利要求解释的角度来判断说明书的修改对权利要求是否有影响并不能涵盖所有的情形。例如案例 1 中，授权文本和公开文本的权利要求书仅涉及"脱胶软化剂"，并不涉及"天然植物脱胶软化剂""特制的脱胶软化剂"，权利要求的措辞本身清楚、准确，这种情况下，无需说明书的解释就可以清楚地划定权利要求的保护范围，而且权利要求的保护范围在说明书修改前后并没有变化，如果根据前文对权利要求是否有影响的解读，则似乎应该得出说明书超范围的修改不会导致权利要求无效的结论。但是合议组为什么没有这么做呢？

其原因在于，请求人在提出《专利法》第 33 条的无效宣告理由时，还提出了《专利法》第 26 条第 3 款等其他条款的无效理由，而这些条款的审查同

---

❶ 闫文军. 专利权的保护范围——权利要求解释和等同原则适用 [M]. 北京：法律出版社，2007：448.

样与说明书修改超出的部分有直接、重要的关系，说明书在发明内容部分、实施例部分的多处超范围修改使得判断专利法第 26 条第 3 款、第 4 款等其他实质性条款时有着截然不同的结果，修改前后说明书对权利要求的支持、解释、充分公开作用都起了实质性的变化，也就是说，如果不接纳这种存在缺陷的修改，则专利申请不会得到授权，这足以体现说明书的这种超范围的修改对于权利要求的技术方案是否应被授权有着决定性的影响。如果因为权利要求的保护范围没有变化而忽视《专利法》第 33 条的审查，那么对于其他条款的审查将是空中楼阁，就是在错误的文本基础上进行了错误的事实判断，基于此，案例 1 也应当依据《专利法》第 33 条宣告本专利全部无效。而且从设置无效宣告程序的目的来看，是平衡专利权人和社会公众的利益，为社会公众提供纠正不当授权的机会，防止专利权人获得不正当的利益。出于该目的，合议组也不应当因为权利要求的保护范围没有变化，而对一个不符合授权规定，并且存在将影响社会公众利益和市场经济正常运转的专利权视而不见。

类似地，案例 2 将说明书的修改对权利要求是否有影响的标准扩展到了说明书超范围的修改对于权利要求的授权是否产生实质影响。如果说明书的这种超范围的修改对于权利要求的授权产生了致命的实质性影响，即权利要求当时的授权存在明显不当，那么合议组出于纠正不当授权、平衡专利权人和社会公众利益的考量，应当宣告相关权利要求无效。

3 实际审判中面临的问题

上文从现有规定和实际案例两个方面分析了说明书的修改超出对权利要求是否有影响的判断标准，那么，将这一标准解读为对权利要求的授权是否产生实质影响是否更为合理、全面？慎思之后，笔者发现，在专利实践中又将面临很多操作上的问题，例如，将标准解读为对权利要求的授权是否产生实质影响的话，合议组在作出决定时势必要分析修改前后其他条款的判断结论有无变化，比方说是否因为专利权人修改了说明书中的技术效果而使得某权利要求具有了创造性等，但如果请求人仅仅提出了《专利法》第 33 条这一个无效理由又当如何处理？再如，是否需要考虑授权的审批过程，即超范围的部分是审查员要求的修改还是专利权人的主动修改是否会影响结论？又如，说明书对背景技术、发明概述中声称解决的技术问题、具体实施例、实验效果这些部分的修改对权利要求的影响是否各不相同？这些问题有些业内已基本达成共识，有些还有待提出一致的解决方法,笔者期望通过对这几种问题的具体分析,抛砖引玉,供业内人士参考。

(1) 授权的审批过程,即需要考虑实质审查过程中的审查意见和修改动机。

案例1中,申请人针对第一次审查意见通知书指出的公开不充分的缺陷对说明书进行了修改,案例2则是依据第一次审查意见通知书的明确建议对说明书进行的修改。审查实践中,专利权人往往会提出这样的观点,基于信赖保护,对实审过程中审查员明确认可的修改,无效程序应该认定修改不超范围。

笔者认为,信赖利益保护是指行政机关对其作出的行政行为和承诺应守信用,不得反复无常、随意变更。但是,从依法行政的角度讲,行政机关如果做出了不当行政行为,有权机关应当经行政程序予以纠正和撤销。尤其在目前的法律框架内,《专利法》第33条与其他条款地位相同,作为一个无效宣告请求的条款,不能形同虚设,当存在明显授权错误时,无效宣告请求程序中对于这种错误的授权进行纠正无可厚非。特别是,案例1中请求人还提出了《专利法》第26条第3款等其他无效宣告请求的条款,说明书作为这些条款的判断根本,其超范围的修改已经对这些条款的结论产生了实质影响,如果跳过《专利法》第33条,合议组对于其他条款的审查将会是在错误的文本基础上进行了错误的事实判断,基于此,案例1也应当依据《专利法》第33条宣告本专利全部无效。

当然,无效程序中在适用《专利法》第33条时,合议组在审查标准上有一定的裁量的空间,应当在保护发明创造与不当授权可能对社会公众产生不利影响之间进行衡量。案例2中,无论是修改前还是修改后的说明书内容,对权利要求1的保护范围的解释不会产生影响,也不会影响到社会公众的利益,因此,案例2中说明书修改的缺陷并不足以导致权利要求被宣告无效。对上述观点,有法官提出过,从保持专利权的稳定性、维护交易安全以及公众利用专利文件信息的安全性角度考虑,在专利无效程序中,应当严格掌握修改超范围的判定标准,对于未影响公众利益的非实质性修改,适用《专利法》第33条的规定应当十分谨慎。[1] 专利复审委员会也倾向这一观点,"考虑到无效宣告程序中对专利文件的修改时机和修改方式限制非常严格,可以在审查实践中适当

---

[1] 焦彦. 专利法第33条关于修改超范围问题的理解与适用 [J]. 中国专利与商标, 2010 (2).

考察其修改动机和修改过程，考虑之前审查程序中对该修改的审查意见，在充分考察各种观点后，判断修改是否超范围，该修改是否对权利要求的保护范围有实质影响，在平衡专利权人和社会公众利益的基础上作出是否足以导致宣告无效的认定"❶。

基于上述分析，判断说明书的修改对权利要求是否有影响时，授权的审批过程应当是需要考虑的一个因素，特别是对于审查员明确建议或明确认可的修改，如果这种修改不会对权利要求保护范围的授权带来实质影响，不会影响社会公众的利益，则一般应当认定这种修改不会导致权利要求被宣告无效。但授权的审批过程显然并不是一个决定性的因素，当修改前后对权利要求保护范围的授权带来实质性影响，如果不在无效程序中纠正这种错误的授权将会损害社会公众的利益时，则不论这种修改是何种原因导致、审批过程如何，都应当认定这种修改会导致权利要求被宣告无效。

（2）请求人所提的无效宣告请求的根据，除《专利法》第33条外，有无其他与说明书的修改内容息息相关的法条。

案例1是这类问题的一个典型阐释。尽管说明书修改超范围的内容未对权利要求保护范围的解释产生实质影响，但直接影响到请求人提出的另一无效宣告请求理由（《专利法》第26条第4款）的成立与否，即对于相关权利要求的权利授予的正当性产生实质影响。无效宣告程序的设立目的在于为社会公众提供纠正不当授权的机会，防止专利权人获得不正当的利益，而且在目前的法律框架下，修改超出原说明书和权利要求书记载的范围被明确规定为无效宣告理由，因此，案例1从说明书修改超出记载的范围导致不当授权、对其他无效条款的审查带来了实质性影响的角度宣告专利权无效，合理且合法，值得推荐。问题是，假设案例1中，请求人出于对《专利法》第33条无效结果的自信或其他原因，仅仅提出了《专利法》第33条的无效理由，没有提出《专利法》第26条第3款等其他理由，那么案件的走向会如何呢？合议组需要依职权引入其他无效理由吗？需要注意的是，按照《专利审查指南》第四部分第三章第4.1节规定的七种依职权审查，并不包括这种情形。

再举一个极端点的例子，假设有这样一个案例（下称案例3），第一次审查意见通知书指出没有创造性，申请人在说明书中补充了实验数据（该修改

---

❶ 参见2011年度专利复审委员会审查业务研讨会会议纪要（2011年7月5日），第5页。

导致说明书超范围），但实质审查程序疏忽了超范围的缺陷，认可了创造性而授权。此案进入无效程序时，可能出现两种情况：

情况1，请求人提出的无效理由既有《专利法》第33条，又有《专利法》第22条第3款，这时，合议组可以参照案例1的做法，分析超范围对《专利法》第22条第3款是否具有创造性的判断产生了实质性影响，以不符合《专利法》第33条为由宣告权利要求全部无效。

情况2，请求人仅提出《专利法》第33条的无效理由，这时，合议组如何处理？

笔者认为，其他实质审查的条款很多，包括《专利法》第26条第3款、第4款、第22条第2款、第3款，《专利法实施细则》第20条第1款，无效程序的一个重要特点就是，合议组依据当事人提出的理由和提供的证据进行审查，并不承担全面审查的义务，在请求人没有提及这些无效理由以及提交相关证据的情况下，合议组既没有必要，也没有权力主动引入这些无效理由进行审查。因此，为了避免合议组处于两难的境地，必须依据谁主张谁举证的原则调动当事人的主观能动性。因此，建议在今后专利审查指南的修订中，对以说明书不符合《专利法》第33条为由宣告无效的，明确规定无效宣告请求人有义务具体指出说明书的修改问题所涉及的权利要求，并具体说明其与相关权利要求应予宣告无效之间的内在逻辑关系，必要时附具相关证据，以满足《专利法实施细则》第65条第1款的规定。

（3）说明书是对哪一部分进行的修改。

一般可以分为下述几种情况❶：

① 背景技术。

背景技术往往不涉及发明内容本身，对权利要求保护范围的确定以及其他条款的审查不会产生影响，而且《专利审查指南》第二部分第八章第5.2.2节也明确规定，允许申请人补充修改说明书的背景技术部分，允许增加申请日前已经公知的技术，因此说明书对背景技术的修改一般不会导致权利要求无效。

② 发明概述中声称解决的技术问题、技术效果。

对权利要求的保护范围起决定作用的是权利要求的技术方案，一般来说，

---

❶ 此处讨论的前提是说明书该部分的修改不符合《专利法》第33条的规定。

说明书记载的声称解决的技术问题、达到的技术效果不会对权利要求保护范围的确定起决定作用，但是有可能会影响《专利法》第 26 条第 3 款、第 4 款的判断。

例如，对农药中的增效组合物、联合用药这类权利要求而言，修改说明书声称解决的技术问题、达到的技术效果不会对权利要求的保护范围带来影响，如果在没有其他无效条款的情况下，可以不对《专利法》第 33 条予以追究，但如果还有其他无效条款，而说明书对声称解决的技术问题、达到的技术效果的修改使得合议组不解决文本问题将无法对其他条款进行审查的话，从操作角度以及纠正不当授权的角度，合议组应当根据《专利法》第 33 条宣告专利权无效。

③ 具体实施例。

实施例是发明或者实用新型的优选的具体实施方式，是说明书的重要组成部分，它对公开、理解以及实现发明和实用新型，支持和解释权利要求都是极为重要的。在权利要求的解释时，实施例不能解释为对权利要求的限制，但可以用来澄清权利要求的含义。基于此，说明书对实施例的修改还要具体问题具体分析，要看实施例修改前后对权利要求保护范围的解释是否产生影响。例如案例 2 中，实施例的修改对于权利要求的保护范围和授权都没有产生影响，也就不会导致权利要求无效。

④ 发明效果或实验数据。

机械、电气领域的发明或实用新型通常可以结合结构特征或作用方式来说明发明的效果，所以在这些领域的专利审查过程中发明效果可能不会起到决定性的作用。而化学领域属于实验性较强、可预测性较低的科学领域，这一特点决定了化学领域的专利申请具有某些特殊性，多数情况下，仅靠设计构思提出的技术方案不一定能够实施以解决其技术问题，往往必须依靠试验结果加以证实发明的效果，因此实验数据在化学发明领域占有特别突出的地位。

前文的假设案例 3 中，权利要求保护化合物或组合物，说明书对实验数据的修改虽然不会对权利要求的保护范围带来影响，但对发明是否具备创造性起到了决定性作用。如果请求人提出了《专利法》第 33 条和第 22 条第 3 款的无效理由，合议组如果不对说明书修改超范围作出认定解决文本问题，将导致无法对创造性条款审查，从操作角度以及纠正不当授权的角度，合议组都应当用《专利法》第 33 条宣告专利权无效。

四、案例辐射

根据上文的分析,笔者得出了说明书修改超出范围是否导致权利要求被宣告无效的判断方法,应从专利法的立法宗旨出发兼顾维护社会关系稳定性的考虑,在保护真正的发明创造与不当授权可能会对社会公众产生不利影响之间进行衡量,在审查中谨慎对待以保证专利制度整体的运行效果。具体而言,如果说明书的这种超范围修改对于权利要求的授权产生了致命的实质性影响,即权利要求当时的授权存在明显不当,那么合议组出于纠正不当授权、平衡专利权人和社会公众利益的考量,应当宣告相关权利要求无效。

基于此,请求人在提出无效宣告请求时,不建议请求人仅仅以说明书不符合《专利法》第33条作为无效理由,而应当明确指出依据说明书修改超出所请求无效的具体权利要求,并阐述二者之间的关系;同时应全面考察争议专利的有效性,例如,事先做好检索,找到合适的证据,依据证据确定恰当的无效理由,具体陈述说明书超范围的修改对权利要求的保护范围的解释或权利要求的授权是否产生了实质性影响,这样可以增加胜诉的几率。当然,如果请求人在提出无效宣告请求书时还没有考虑清楚依据哪些条款,仅发现了说明书修改超出范围的缺陷,也可以先以《专利法》第33条提交无效宣告请求书,之后再利用一个月补充证据和理由的期限来完善无效理由。

(撰稿人:刘 静 李 越 审核人:李 越)

第二节　创造性判断中对申请日后提交的实验证据的考察

一、引言

申请日后提交的与创造性判断有关的实验证据，是指申请人在专利申请日后提交的用以证明其专利申请具备创造性的实验证据。它们既可以是指在申请日后形成的证据，也可以是申请日前形成的证据；既可以是记载于某种公开载体上，也可以是直接来自实验人的实验报告。创造性判断中申请日后提交的实验证据的证明目的均与技术效果密切相关，包括证明发明具有某种积极的技术效果或不具有某种消极的技术效果的实验证据，申请人意图以此证明其主张的技术效果的成立而达到证明发明具备创造性的最终目的。技术效果的认定是创造性审查中确定发明实际解决的技术问题的事实依据，在实验科学领域，当专利说明书文字记载或申请人（专利权人）通过意见陈述所主张的技术效果不是所属领域技术人员能够预见时，该技术效果是否确实得以通过专利技术方案实现需要以实验证据加以证实。因此，实验证据在化学以及药物领域的创造性审查中扮演着重要的角色。就目前的专利审查实践来看，申请人（专利权人）在申请日之后提交实验证据以支持其主张的技术效果是常见的情形，不管是在复审程序还是无效宣告程序中，这类证据能否产生证明效力往往成为发明是否能被授予专利权的关键所在。

下面通过几个真实案例，并结合国外包括欧洲专利局（EPO）、日本专利局（JPO）和美国专利商标局（USPTO）的相关规定及其应用现状，就决定这类证据的证明效力的诸多因素作一探讨。

二、典型案例与评析

【案例1】

1　案情简介

1.1　案例索引与当事人

申请号：200480011460.9

复审请求人：拜尔农科股份公司

1.2 案件背景和相关事实

本申请涉及一类具有杀虫活性的化合物，说明书测试实施例部分记载了本申请化合物在 30ppm 或 10ppm 施用浓度下对烟草蚜虫的杀虫效果。国家知识产权局实质审查部门以权利要求相对于对比文件 1 不具备创造性为由驳回了本申请。

申请人对上述驳回决定不服，向专利复审委员会提出复审请求，针对驳回决定所指的本申请相对于对比文件 1 不具备创造性的缺陷，提交了本申请化合物与对比文件 1 化合物针对烟草蚜虫在 0.8ppm 施用浓度下的杀虫效果对比测试结果，结果显示本申请化合物的活性明显优于对比文件 1 的化合物。

在此基础上，专利复审委员会撤销了该驳回决定。

2 案件审理

2.1 案件争议焦点

说明书中记载了本申请化合物在 30ppm 或 10ppm 施用浓度下的活性，申请日之后补交的本申请化合物与现有技术化合物在 0.8ppm 施用浓度下的对比试验数据能否被接受用于证明创造性。

2.2 当事人诉辩

本申请说明书已经公开了本申请化合物对烟草蚜虫的杀虫效果，因此，提供本申请化合物与对比文件 1 化合物针对烟草蚜虫杀虫效果的对比例没有超出原始公开的范围。此外，申请人在申请之时，也不可能完全预见到在审查过程中需要提供这样的对比例来证明化合物的意想不到的技术效果，因此，在本申请说明书已公开了本申请化合物对烟草蚜虫具有杀虫效果的情况下，上述对比试验数据应当被接受。

2.3 审理结果摘引

第 17555 号复审决定认为，本申请说明书第 27~28 页记载了化合物对植物叶子上的烟草蚜虫的测试试验，包括用测试化合物的溶液以 15psi 喷洒在 9~10 天大的豌豆植物幼苗的叶片上下表面，测试化合物的施用率为 30ppm 或 10ppm，将经测试化合物处理的幼苗叶片和茎置于纸杯中加入二期烟草蚜虫，4 天后测算防治百分数。试验结果为化合物 1、3、4、6、7、8 和 12 在 10ppm

施用率下的防治百分数分别为31%、100%、15%、70%、10%、55%、15%。请求人在申请日之后提交的实验数据记载了对比文件1实施例的化合物与本申请实施例的化合物对烟草蚜虫的杀虫效果对比实验和结果，结果显示本申请实施例的化合物在0.8ppm的浓度下7天后的杀虫效果为60%，而对比文件1实施例的化合物在0.8ppm的浓度下7天后的杀虫效果为0。本申请说明书已经公开了其化合物对烟草蚜虫具有杀虫活性，并给出了若干具体化合物的杀虫活性实验和结果数据，也就是说，对于本申请化合物的用途和效果已经达到了充分公开的要求。在创造性审查中，应当通过对比本申请化合物与对比文件化合物在相同或可比的试验条件下的活性来判断本申请化合物是否具有预料不到的技术效果。鉴于本申请说明书中的测试方法与对比文件1中的测试实施例3的测试方法不相同，请求人提供相同条件下两种化合物对烟草蚜虫的杀虫活性的对比试验数据，仅仅是为了进行对比的目的，且进行比较的效果即对烟草蚜虫的杀灭活性已经在原申请文件中记载，因此并没有引入新的内容，应当予以考虑。由实验数据可知，本申请化合物较之对比文件1化合物取得了预料不到的技术效果，符合《专利法》第22条第3款的规定。

【案例2】

1 案情简介

1.1 案例索引与当事人

申请号：200810166484.1

复审请求人：贝林格尔·英格海姆国际有限公司

1.2 案件背景和相关事实

本申请涉及氨基喹唑啉（以下称化合物M）的二马来酸盐、其制备方法及其用途，本申请说明书技术方案部分记载了该盐仅存在一种结晶变型，并且是无水的以及特别稳定的，特别适合用于医药应用，在实施例部分只记载了化合物M的二马来酸盐的制备例而无任何应用例，也未提供任何表征化合物M的二马来酸盐物化性质的实验数据。

复审通知书认为，本申请权利要求的技术方案相对于对比文件1的技术方案的区别仅在于前者涉及化合物M的二马来酸盐，后者涉及化合物M，本领域技术人员通过说明书记载的内容仅能预料到化合物M的二马来酸盐具有成盐所赋予化合物的通常性质，对比文件1公开了化合物M可转化成其盐，特别是用有机或无机酸转化成生理上可接受的药物用盐,所用的酸包括马来酸等,且所属领域技术人员能够看出,化合物 M 具有多个碱性基团,可与多个酸性基团成盐,在此情况下,本申请权利要求不具有创造性。复审请求人在答复复审通知书时提交了化合物 M 的二马来酸盐与化合物 M 在化学稳定性、结晶性和溶解性方面的对比实验数据意图证明本申请的创造性。专利复审委员会在此基础上作出维持驳回决定的复审决定。

复审请求人不服该复审决定,向一审法院提起诉讼,认为在创造性判断中,对比实验数据应当被接受。北京市第一中级人民法院判决支持专利复审委员会的观点,认为在原申请文件未记载化合物 M 二马来酸盐的任何技术效果的情况下,本申请的化合物 M 二马来酸盐相对于对比文件 1 所解决的技术问题只是通过将化合物成盐获得成盐化合物的通常性质,这不足以给本申请带来创造性,最终维持了复审决定。

2 案件审理

2.1 案件争议焦点

对于仅在说明书中以文字主张但未能以实验证据加以证实的技术效果,申请日后提交的针对该技术效果的实验数据能否被接受并用以证明创造性。

2.2 当事人诉辩

复审请求人认为,说明书技术方案部分已经记载了化合物 M 的二马来酸盐在化学稳定性、结晶性和溶解性方面具有适合医药应用的性质,所提交的对比实验数据是对上述效果的进一步证实,应当被接受。

2.3 审理结果摘引

第 39778 号复审决定认为,关于化合物 M 的二马来酸盐,本申请说明书中提到该盐仅存在一种结晶变型,并且是无水的且特别稳定的,因此该盐特别适合用于医药应用,且该盐的特征不仅在于其高药理学效力,而且在于能够尽可能地满足上述物理化学要求;其说明书的实施例部分只记载了化合物 M 的二马来酸盐的制备例而无任何应用例,也未提供任何表征化合物 M 的二马来酸盐的物化性质的实验数据,可见,说明书所述的化合物 M 的二马来酸盐的晶体是无水且特别稳定等仅仅是断言性的结论。另外,说明书仅提供了一个化合物 M 的二马来酸盐晶体的制备实施例(实施例 3),亦无法证明化合物 M 的二马来酸盐仅存在一种结晶变型。在此情况下，本领域技术人员通过说明书记载的内容仅能预料化合物 M 的二马来酸盐具有成盐所赋予化合物的通常性质。对于复审请求人所提交的关于化合物 M 的二马来酸盐与化合物 M 的对比实验数据，其应当针对原申请文件中明确记载且所属领域技术人员确认发明在申请时实现的技术效果，而请求人在答复复审通知书时提交的对比实验数据中有关化合物 M 的二马来酸盐的化学稳定性、结晶性和溶解性等具体技术效果如前所述均不属于申请人在申请日实现的效果，因此该对比实验数据不能证明本申请具有创造性。

【案例3】

1 案情简介

1.1 案例索引与当事人情况

专利号：01817143.5

专利权人：贝林格尔·英格海姆法玛两合公司

无效请求人：江苏正大天晴药业股份有限公司

1.2 案件背景和相关事实

第01817143.5号专利保护溴化替托品的结晶单水合物、其制备方法和药物组合物。溴化替托品（噻托溴铵）是治疗气喘和 COPD（慢性阻塞性肺疾）的重要药物，该专利的无效宣告阶段审查和行政诉讼结果在业内有很大影响，历经北京市第一中级人民法院、北京市高级人民法院和最高人民法院三级审理，最终最高人民法院作出维持专利复审委员会第 12206 号无效决定的裁定。在本专利的无效宣告请求案审查中，请求人主张证据 5a 公开了溴化替托品的 X 水合物，证据 1 公开了溴化替托品晶体，基于此认为本专利的化学产品不具有创造性。专利权人主张，反证 1 表明在微粉化以后，本专利结晶性单水合物细分颗粒级分在压力条件下基本保持不变，这是证据 1 和 5a 的产品均不具有的效果，本专利因此具有创造性。

2 案件审理

2.1 案件争议焦点

从发明专利申请文件和现有技术中均不能得到教导的技术效果，是否可以作为认定该发明具备创造性的依据，进而，在申请日之后提交的证明该效果的实验数据,是否可以证明该发明具备创造性。

2.2 审理结果摘引

第12206号决定认为,说明书中没有提及任何与"微粉化以后结晶性单水合物的细分颗粒级分在压力条件下基本上不变"有关的技术效果,也没有提供任何微粉化以后颗粒粒径稳定性方面的实验数据,本领域技术人员根据本专利公开的信息以及现有技术,得不到任何本专利在申请日时实现的技术效果是溴化替托品结晶性单水合物微粉化以后粒径稳定的教导,因此,这一效果不能作为认定本专利的溴化替托品结晶性单水合物具备创造性的依据。尽管专利权人提交的反证1为其在申请日之后即答复国家知识产权局第一次审查意见通知书时提交的实验数据,但该数据用以证明本专利的结晶性单水合物微粉化以后粒径稳定的技术效果,由于其所主张的技术效果在本专利申请文件中没有依据,并且在现有技术中也没有教导,故在本案的创造性评价中,合议组对该数据不予考虑。

最高人民法院(2011)知行字第86号行政裁定书认为,贝林格尔公司在本院询问中认可,反证1所述"粒径稳定"是指粒径的物理稳定性。然而,说明书第1页最后一段仅笼统地提及"起始物料在多种环境条件作用下的活性稳定性、药物制剂制造过程的稳定性以及最终药物组合物的稳定性",说明书第2页第5段则对前述"药物制剂制造过程的稳定性"进一步描述为,"另一项制造所需药物制剂的研磨过程可能发生的问题为这种过程造成的能量输入以及对晶体表面产生应力。这种情况可以导致多晶形变化,导致非晶形形成的改变,或导致结晶晶格的变化"。可见,说明书关于物理稳定性的表述部分仅提及晶形、晶格,并未涉及反证1所述"粒径",亦未给出相关的技术教导和启示。而且,根据2000年版药典的规定,"加速试验"期间,需按稳定性重点考察项目检测,而该药典附表列明的"吸入气(粉)雾剂"考察项目并未包括反证1述及的"粒径"或粒度。可见,2000年版药典的有关规定也不足以确定反证1所述"粒径稳定"的技术效果。因此,本领域技术人员通过阅读说明书及2000年版药典关于"加速试验"的规定,无法得出反证1所述"粒径稳定"的技术效果已被说明书记载的结论,反证1所述的技术效果在评价权利要求1创造性时亦因此不应被考虑。

【案例4】

1 案情简介

1.1 案例索引与当事人

申请号：200380102281.1

复审请求人：拜尔农作物科学股份公司

1.2 案件背景和相关事实

本申请权利要求1请求保护具有杀真菌活性的如下式（Ⅰ）化合物：

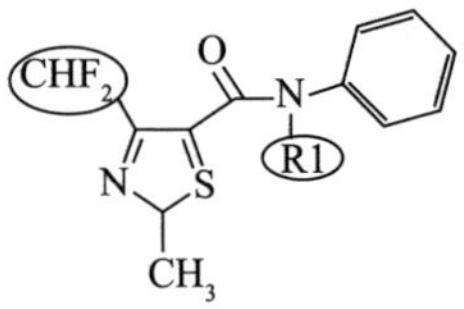

对比文件2公开了具有杀真菌活性的如下化合物：

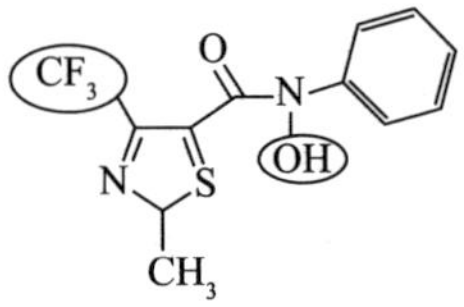

区别在于：

（1）权利要求1中噻唑环4位取代基为二氟甲基，而对比文件2相应的位置即R7为三氟甲基；

（2）通式Ⅰ中R1取代基为氢、甲基或甲氧基甲基，而对比文件2中的相应位置为羟基。

关于所述区别（1），对比文件2明确指出，R7基团可以为卤素如氟、氯、溴，或甲基或卤素取代的甲基，如一氯甲基、二氟甲基等基团。

此外，二者用途相同，均具备防治不需要的微生物的植物保护的用途。

复审请求人在实审和复审阶段均提交了对比实验数据，其中所列的对比实验数据例如：附件3的表A中用量为100ppm时其对单丝壳菌试验（黄瓜）/保护的效力：

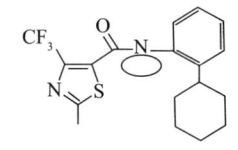

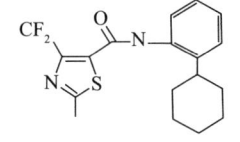

中间态化合物 67%　　　　　本申请化合物 1 89%

基于此，合议组认为本申请权利要求 1 取得了预料不到的技术效果，具备《专利法》第 22 条第 3 款规定的创造性。

2　案件审理

2.1　案件争议焦点

当通过提交对比实验证据来证明创造性时，为考察区别技术特征的引入所带来的技术效果而通过调整比较的基础，以使其差别仅在于区别技术特征，例如以并未被对比文件具体公开的"中间态化合物"作为参照对象进行对比实验，这样的实验证据能否被接受。

2.2　当事人诉辩

复审请求人认为，通过提供了其他取代基完全相同，区别仅在于三氟甲基和二氟甲基的"中间态化合物"与本申请化合物的对比数据，能够证明本申请将现有技术化合物的三氟甲基取代变化为二氟甲基取代获得了预料不到的技术效果。

2.3　审理结果摘引

第 33253 号复审决定认为，对于本申请请求保护的化合物而言，（1）关于噻唑环 4 位取代基，根据复审请求人所提交的多种化合物的对比试验数据可得出如下规律：当该环取代基为二氟甲基时效果远好于三氟甲基；（2）关于氮原子上的取代基，对比文件 2 中选取的羟基，本申请选取的氢原子、甲基或甲氧基甲基均为本领域最为常见、最简单的取代基互相替换。虽然对比例化合物在氮原子上没有羟基取代基，即所述化合物并非是对比文件 2 中所公开的化合物，但单从结构看，该对比例化合物与对比文件 2 化合物相比与本专利化合物更为接近（简称"中间态化合物"），本领域技术人员基于上述认知，当请求人提供的实验证据能够证明以二氟甲基代替三氟甲基后，权利要求 1 的化合物相对于上述中间态化合物均取得实质性效果改进的情形下，本领域技术人员在没有相反证据的情况下可以合理预见，其相对于对比文件 2 中记载的化合物，在活性效果上同样能够取得改进。

三、分析与思考

1 法理分析

1.1 创造性判断中申请日后提交的实验证据是否能够产生证明效力

在当前的审查实践中一致的认识是，对于申请人在申请日后提交的用于证明请求保护的发明具备创造性的证据（化学医药领域常常是用于证明发明具有预料不到的用途或者效果的证据），均应当在创造性的审查结论的得出过程中予以考虑。但是，结合上述4个案例可知，具体到每个案件情形下，何种证据能够最终达到其证明目的是值得探讨的。

从理论上看，发明一旦做出之后，相对于确定的现有技术状况而言，专利申请是否具备创造性，其本身应该是基于客观事实作出的审查结论。然而，由于某些现实原因，作出创造性决定的审查员（代表本领域技术人员）所掌握的证据是有限的，可能没法及时获悉一些可能影响申请创造性的证据，但是，一旦这类证据存在且在审查过程中出现，则应当予以考虑。当然，可能影响申请创造性的申请日后的证据并非最终都能对创造性的审查结论产生影响，这与对申请日后提交的证据本身的要求、其能够起到的作用、其所属的技术领域都有关系。

1.2 对该类证据的要求

当前的创造性审查中，对于申请日后提交的实验证据的要求应遵循如下原则：

（1）该证据涉及的具体内容主要应当是实验数据或对比试验证据。

（2）该证据中的实验对象的选取通常应与请求保护的范围相对应，并且通常是专利申请和对比文件中记载的具体技术方案，而非在申请人概括的范围中随意选取特定技术方案，即以通式表征的化合物通过取代基的数学排列组合能够得到成千上万，甚至天文数字的具体化合物。但所属领域技术人员知晓，相当一部分的此类化合物其实并不真正存在，或者即便存在也不能够解决发明要解决的技术问题，尽管被申请人所概括的范围涵盖，甚至因为某种原因还出现在授权后的权利范围内，但并不能视为申请人在申请日时真正完成的内容，这应该是一个其他领域难以理解的问题。

对比实验通常是在请求保护的发明与最接近的现有技术之间进行，同样通常是选取专利申请和对比文件中记载的具体技术方案，并且，这种选取与对发明点的理解密切相关，对比实验的证明目的通常是希望证明发明与最接近的现有技术之间的区别技术特征的引入所带来的技术效果或实际解决的技术问题，因此，对比对象的选择应当有助于证明上述目的。

（3）实验证据所要证明的技术效果应当针对所属领域技术人员能够从原申请文件以及现有技术中获知发明在申请日时实现的技术效果或解决的技术问题，这通常是指那些在原申请文件中有明确记载且给出了令所属领域技术人员确信其存在的一定实验证据的技术效果。对于所属领域技术人员不能从原申请文件以及现有技术中获知发明在申请日时实现的新技术效果或解决的新技术问题，即使说明书中对该技术效果或技术问题给出了结论性或断言性的描述，且申请人在申请日后或答复审查意见时提供的实验数据或效果实施例能够证明上述技术效果，也不能证明发明在提出申请时是具备创造性的。

（4）对比实验通常是在请求保护的发明与最接近的现有技术之间进行，严格依照说明书记载的实验方式进行的实验或者严格依照对照实验的要求进行的实验相对于不具对照意义的实验更有说服力，实验的进行应尽可能排除非考察因素的干扰。

（5）鉴于实验证据本身的特点，将实验过程和结果予以公证或者委托有资质的鉴定机构完成的实验证据在面对证据真实性的审查时更为有利，这一点在后续行政和司法程序中将愈发重要。

实践中争议较多的是对上述原则（3）的考察。常常让专利申请人感到困惑的是，如何理解对比实验证据必须针对在原申请文件中能够实现的技术效果，为使所属领域技术人员确信该申请在其提出申请时已经解决了该技术问题或者实现了该技术效果，这种效果通常是指在说明书中明确记载且给出了相应实验数据的技术效果。在化学医药领域，由于技术效果的不可预知性，技术方案能否解决技术问题往往需要实验结果的验证或结合现有技术进行预测。在案例1中，合议组认为，基于说明书中记载的效果例，化合物对于杀烟草蚜虫的用途和效果已经达到了充分公开的要求，因此尽管复审请求人所提交的对比实验数据的测试条件与原说明书记载并不一致，但其针对的效果在原说明书中已记载并由效果例得以验证，合议组仍予以接受。而与之相反的是在案例2和案例3中，实验证据针对的效果是原说明书未实现的具体技术效果，导致所属领域技术人员不能认为上述申请在申请日时解决了由上述效果所确定的技术问题，因此，上述实验证据所证明的技术效果即便成立也不能证明本专利申请在其申请日时是具备创造性的。在进行创造性争辩时，申请人所举证证明的技术效果应当是在原申请文件中有依据的效果或者是由现有技术能够预测到的效果，其目的在于防止申请人在试图证明创造性时引入申请日之后才完成的发明而影响公众利益，这种不能接受的效果，可能是申请日之后申请人发现的新的效果，也可能是申请日之前推测但未来得及验证，而在申请日之后才通过实验予以验证的效果。

在上述一般原则的基础上，由在后提交的实验证据所证明的技术效果可以作为在创造性评判时确定的发明实际解决的技术问题的基础，具体涉及以下几种情况：如果申请日后的证据要证明的技术效果是根据原申请的记载能够预测和/或推定的技术效果或存在必然关联的技术效果，可以考虑接受，此时，申请日后的证据起到的实际上是对原申请技术方案的补强证明作用；申请日后证据是用来表明发明在申请日前既已存在的客观事实，包括固有属性、现有技术状况、无法达到说明书中记载的技术效果等，可以接受。此外，不是与最接近的现有技术进行对比且也不是平行实验获得的对比实验数据，以及试图证明具有与现有技术中提供的可结合的启示相反以表明发明存在难度而具备创造性的申请日后证据，只要现有技术本身可信，不予接受。

1.3 如何看待在最接近现有技术基础上主动调整比较基础，提供中间态化合物的对比实验数据

在案例 4 中，申请人为了证明发明的创造性，所提交的对比实验中比较的对象是根据最接近的现有技术新制备出的中间态化合物，目的是使中间态更接近于本发明，使依附于本发明区别技术特征的有益效果更清晰地得到证实，增强对权利要求具备创造性的支持。笔者认为，为了这个目的，必要时可以调整比较的元素/基础，使不同仅在于一个区别的特征，即，申请人或专利权人可以通过自愿提交对比实验进行举证，该对比实验是与新制备的最接近现有技术的替代物进行对比，该替代物与发明的区别仅在于申请人或专利权人所主张的给发明带来有益效果的区别特征，以便清晰地证明因区别技术特征导致的有益效果。

2 比较法研究

2.1 欧洲专利局（EPO）

EPO 审查指南关于申请人提交的争辩和证据的规定，"审查员评述创造性时考虑的相关争辩和证据可以来自原始提交的申请或申请人在后序程序提交的证据。然而必须注意，用于支持创造性的证据涉及任何新的效果时，则仅在下列情况时，才被考虑，即，如果所述效果在原申请中隐含（implied）或至少与原申请中要解决的技术问题相关"。

关于证据，EPO 审查指南进一步规定："在某些情况下，尽管不允许加入到申请中，审查员仍然可以将后提交的实施例（later filed examples）或新效果（new effects）作为支持要求保护的发明专利性（专利性条件包括说明书公开充分、实用性、新颖性、创造性与得到说明书支持等）的证据。例如，在原申请中给出了相应信息的基础上，可以接受增加的实施例作为证据证明发明能容易地应用于整个要求保护的范围内。类似的，假如所述新的效果在原申请中隐含或至少与原申请公开的效果有关，则该新的效果可以作为支持创造性的证据。"

欧洲上诉委员会的案例法第 I 部分 D 第 4.2 节关于声称的优点的规定是，"根据申诉委员会的案例，仅仅是专利权人/申请人声称的优点，而没有提供充分的证据支持与最接近现有技术的对比，在确定发明要解决的技术问题时不予考虑，因而不能用于判断创造性"。上述规定说明，在创造性判断时对比试验是非常重要的。

欧洲上诉委员会的案例法第 I 部分 E 第 9.8 节关于对比试验的规定，"根据已建立的案例法，对比实验证明的令人惊奇的技术效果可以作为创造性的指示。如果基于改进的效果选择对比实验来证明创造性，与最接近现有技术进行对比时，所述效果必须是令人信服地来源于发明的区别技术特征。在判断发明要解决的技术问题时，不考虑声称的但缺乏相应支持的有益效果"。

欧洲上诉委员会的案例法对证明创造性而提交的对比实验，以及如何对比给出了相对具有可操作的指导。

在 T35/85 中，申诉委员会认为，申请人或专利权人可以通过自愿提交对比实验进行举证，该对比实验是与新制备的最接近现有技术的替代物进行对比，该替代物的部分特征与发明中的普通技术特征是相同的，目的是得到更接近发明的替代物，以便清晰地证明因区别技术特征导致的有益效果（T40/89，T191/97，T496/02）。

在T197/86中，申诉委员会对之前的判决T181/82中确立的原则进行了补充。根据T181/82，当提交对比试验作为预料不到的技术效果的证据，必须有可能的、最接近的结构近似物，而可与要求保护的发明比较。在T197/86中，申请人通过自动提供对比实验增强了对其权利要求的支持，其中对比实验的对比物不明确属于现有技术，与要求保护的主题的差别仅仅在于发明的区别技术特征。申诉委员会认为当选择对比实验来证明创造性，证明在要求保护的范围内具有改进的效果，而与最接近现有技术进行比较时，所述效果必须令人信服的源自发明的区别技术特征。为此目的，有必要调整比较的基础，以使其差别仅在于区别技术特征（T292/92，T412/94，T819/96，T133/01，T369/02，T668/02）。

2.2 日本专利局（JPO）

《日本专利审查指南》第二章第2.5节之（2）关于参考在意见陈述书等当中所主张的效果：（在判断本申请权利要求的创造性时）在说明书中记载了与引用的文件相比具有有利的技术效果时，以及虽然未明确地记载有利的效果，但从说明书或附图的记载中，本领域技术人员可推定与引用的文件相比具有该有利的效果时，应考虑在意见陈述书中所主张或立证的效果。但如果在说明书中未记载，而且从说明书或附图的记载中，本领域技术人员也不能推定意见陈述书中所主张或立证的效果，则不应予以考虑。

《日本专利审查指南》第九章第4.3.2节之（3）关于对书面意见、经认证的实验结果等文件的处理：申请人针对拒绝理由通知书提交的书面意见、经认证的实验结果等文件，不应代替说明书中的发明详述。然而，如果申请人争辩并证明原始公开的说明书或附图中的内容是正确的，审查员应当考虑这些内容。

结合欧洲专利审查指南及案例法可知，当申请日后的证据证明的是申请日前的客观事实（例如证明技术效果的对比实验数据等）时，可以有条件地予以接受。具体地，在判断是否可以接受时至少需考虑案件如下的实际情况：试图证明的效果在原申请中是否有记载、新效果是否在原申请中隐含或至少与原申请公开的效果有关等。此外，T197/86等案例进一步表明，对比实验不仅可以与最接近的现有技术进行比较，也可进行适当调整，以使比较时的差别仅仅在于区别技术特征。最后一个案例具有一定的领域特殊性，其也具有一定的借鉴意义。

将 JPO 的有关规定与 EPO 的相关规定进行比较时发现，JPO 与 EPO 的规定在关于技术效果上极为相似，都强调技术效果必须在原申请中有记载，或者本领域技术人员能够推定该效果（即在原申请中是隐含的），如果满足这一条件，那么用来证明该技术效果的在后证据是可以被采信的。这与我国当前的审查实践一致。

2.3 美国专利商标局（USPTO）

相比欧洲和日本，美国相关的专利政策法规更侧重于关注用于证明申请日前的客观事实的证据，作为对本文所探讨的申请日后证据的一种扩展和延伸，在此也一并予以介绍。

USPTO 关于基准日必须早于申请日的例外中规定：在某些特定情况下，实际的参考文献不需要早于申请日。

在某些特定情况下，引用用于证明普遍的事实的文献不必在申请日前能够作为现有技术获得。所述事实包括某种材料的特征或性质或科学常识（scientific truism）。在某些特殊的案例中，在后的出版物可被用作事实性的证据，包括：出版物中公开的事实证明"在申请日时可能需要过度实验"，或权利要求中缺少的参数是或不是必要的，或说明书中的描述是不准确的，或发明是无效的（inoperative）或缺乏实用性（lack of utility），或权利要求不清楚，或现有技术产品的性质是已知的。然而，不允许使用在后的事实性文献来判断申请是否能被实施（enabled）或申请是否按照 35 U.S.C. 112 第一段的要求来撰写。因公开时间晚于要求保护的发明而不能作为现有技术的文献，可以用于证明在做出发明时在可专利性方面本领域技术人员的水平。

以下通过几个案例来具体体会申请日后证据对于创造性判断的影响。

（1）案例 1。

在 In re Christopher L. Wilson 和 Robert Lieberman 案中，涉及申请号为 451703，申请日为 1954 年 8 月 23 日，发明名称为"制造泡沫聚酯材料"的申请，该申请因不具备非显而易见性（即创造性）被驳回，申请人提出上诉。

该发明涉及一种聚亚胺酯泡沫产品，上诉人在说明书中描述该产品及其制备方法与现有技术是一致的。该产品是由聚酯树脂、有机二异氰酸盐和水反应制成的，在反应中使用了一种催化剂来加速反应，反应中生成的气体作为鼓泡剂，使粘性的液体物质成为泡沫。

该发明是对已知产品已知生产过程的特定细化。上诉人声称发现了一种改良的方法，能够产生一种"主要为开放孔结构"的产品，其中大部分气泡或泡沫的孔是连通的，与"分离的孔"相区别，其是不连通的。审查员在评述创造性时引用了一篇对比文件"Urethane Resilient Foams Made from Polyesters"，该文献的公开日（1956年2月15日）晚于本申请的申请日，其中公开了聚亚胺酯泡沫中大多数孔是连通的。法院认为上述文献陈述的是申请日时的客观事实，其引用是正确的，最终该上诉被驳回。

（2）案例2。

USPTO上诉号为2010-000027，涉及案件申请号为10/081922。该申请权利要求23和44由于不具有创造性被驳回，申请人在上诉时指出，审查员使用的对比文件2是本申请申请日后的证据，不属于现有技术，不能用于创造性的评价。对此，法院在决定中写道，虽然对比文件1没有公开其方法将导致抗原细胞的转染，但是，对比文件2证明了所述方法的固有性质，会导致抗原细胞的转染，因此，审查员提供了重要的证据支持所述方法会导致抗原细胞转染的结论。由于申请日后的证据被采信来证明现有技术的固有属性，申请人对于对比文件2为申请日后的证据的争辩不具有说服力。

由以上两个案例可知，在USPTO以及CAFC看来，无论申请日后的证据是申请人提交用来证明申请具备创造性的证据，还是审查员提供用来证明申请不具备创造性的证据，当申请日后的证据证明的是申请日前的客观事实（例如物质的固有属性等）时，该证据可以被采信。

（3）案例3。

在Velander v. Garner，348 F. 3d 1359一案中，发明人Velander专利号为5639940的专利被USPTO宣告无效，其中，权利要求65涉及一种生产能够产生人纤维蛋白原的转基因非人雌性动物的方法，其被以相对于两篇对比文件的结合不具备创造性为由无效。在法院申诉中，Velander提交了一篇申请日后公开的证据，该证据是其中一篇对比文件的相同作者在申请日后（1997年）发表的一篇论文，该论文指出了在转基因动物中表达蛋白存在困难。Velander试图以此证明，本领域技术人员在申请日时不能依据现有技术成功预期在转基因动物中大量生产人的纤维蛋白原，故其被无效的权利要求具备创造性。

然而，USPTO申诉委员会以及CAFC均没有支持Velander的结论。联邦巡回上诉法院在判决中指出，"显而易见以及对于成功的预期是由具有发明时本领域普通技术知识的人员来评估的。虽然在后公开的文件可以用于解释之前已知的事实，然而将在后才认识到的见解或者可能的困难归咎于发明时本领域技术人员的已有知识显然是错误的，本领域技术人员不可能被不知道的困难吓倒，即使在后公开的文件可能会显示发明者所面对的具体问题所存在的困难"。基于以上理由，联邦巡回上诉法院并未采信Velander在后提交的证据，维持了宣告专利权无效的结论。

上述案例3中，申请人试图通过提交在后公开的证据以证明其发明具备创造性，具体来说，申请人试图通过在后公开的证据证明在发明日/申请日时成功地结合现有技术中的特征以得到完整的发明的技术方案存在技术困难。而USPTO和法院均不支持这样的观点，他们认为在后公开的文件证明发明日/申请日的既定事实可被允许，但上述案例3中认定通过申请日后的证据来否定现有技术存在的结合启示是不能被允许的。

从美国专利审查指南以及以上案例可以看出，申请日后公开的证据在用于证明申请不具备创造性时似乎更有优势，也更容易被USPTO及法院接受。而在试图证明申请具备创造性时，USPTO及法院的态度则更加慎重，除非该证据证明的是发明日前已然存在的固有属性或事实，否则对于申请日后公开的证据不予采信。更进一步，以上的案例也提示我们，USPTO及美国联邦上诉法院在对待涉及创造性评价的申请日后的证据时，没有采取"一刀切"的态度，而是在遵循既有规定的前提下，对个案进行具体分析，结合实际的技术方案和技术领域以及所提交的证据所试图证明的事实（证据的质量），综合考虑是否采信在后证据。

四、案例辐射

申请人通过在申请日后提交实验证据来证实专利申请具备创造性的，该实验证据能否产生证明效力通常取决于以下两个因素：其一，申请人意图通过该实验证据证实的技术效果能否得以证实；其二，该技术效果是否是所属领域技术人员能够从申请文件记载的内容中获知的或者是其能够依据现有技术预见得到的技术效果。在满足上述两个条件的前提下，被该实验证据所证实的技术效果才能作为确定发明实际解决技术问题的基础；反之，如果申请人主张的技术效果不能得到实验证据的证实,或者该技术效果不属于所属领域技术人员能够从申请文件记载的内容获知的效果,或者能够由现有技术预见的效果,则申请人依据该实验证据主张的技术效果不能成为确定实际解决的技术问题的基础。

(撰稿人:蔡 雷 李 越 审核人:李 越)

第三节　依职权审查原则的理解与适用

一、引言

依职权审查原则是专利复审和无效宣告程序中的一个重要审查原则，该原则的有效运用在一定程度上提高了专利案件的审查效率，进一步保证了授权专利的质量，对专利制度整体而言是有利的。复审程序中的依职权审查，多出现在合议组针对驳回决定所指出缺陷以外的其他不符合专利法及其实施细则相关规定的内容提出反对意见的情况，而无效宣告程序中的依职权审查，更可能是合议组使用无效宣告请求人未曾提到过的理由、证据或证据的组合方式来否定已授权专利的专利性。虽然二者在形式上都是由专利复审委员会来对申请人或专利权人的利益提出挑战，但是由于复审程序与无效宣告程序二者的性质以及审理方式有较大的不同，因此依职权审查原则在这两个程序中的运用状态以及所产生的效果也会存在一定的差别。本文将分别对这两个程序中依职权审查原则的理解与适用作出说明，以利于对审查实践中出现的依职权审查情况有更全面的认识。

二、复审程序中的依职权审查

1　典型案例

1.1　案情简介

1.1.1　案例索引与当事人

专利号：98102983.3

复审请求人：阿波洛发公司

1.1.2　案件背景和相关事实

涉案专利权利要求1要求保护四氢叶酸的天然立体异构体在制备用于调节同型半胱氨酸水平的药物制剂中的用途。其说明书实施例中制备了天然立体异构体的片剂、栓剂、注射液等制剂，但是没有进行生物学试验，即没有验证这些制剂的活性效果。

实质审查部门作出的驳回决定认为,对于四氢叶酸的天然立体异构体调节同型半胱氨酸水平的技术效果,申请人仅仅在说明书中概括性地进行了描述而无任何实验数据,使得所属领域的普通技术人员根据该申请说明书记载的内容和现有技术无法得知其技术效果,即本申请提出了具体的技术方案,但未提供实验数据,而该方案又必须依赖实验结果加以证实才能成立。因此,本申请说明书未对发明作出清楚、完整的说明,不符合《专利法》第26条第3款的规定。

1.2 案件审理

在申请人阿泼洛发公司针对驳回决定向专利复审委员会提出复审请求之后,专利复审委员会向其发出第一次复审通知书,指出本申请说明书不符合《专利法》第26条第3款的规定。请求人提交了现有技术证据证明本领域技术人员可以预见四氢叶酸也能够调节同型半胱氨酸的活性。专利复审委员会在第二次复审通知书中指出,在证据1和证据2的基础上,合议组接受请求人关于本申请说明书公开充分的主张。但合议组进一步认为,在证据1公开了叶酸能够调节同型半胱氨酸水平,证据2给出了叶酸在体内能够转化成四氢叶酸并通过四氢叶酸发挥作用的基础上,本领域技术人员获得权利要求1的技术方案是显而易见的,因此涉案专利权利要求1不符合《专利法》第22条第3款的规定。请求人在答复时认为其提交的附件1能够证明本申请中四氢叶酸的天然立体异构体还具有比叶酸更好的技术效果。

专利复审委员会作出第28483号复审决定,在证据1和证据2的基础上,认为本申请全部权利要求都不具备创造性,不符合《专利法》第22条第3款的规定。对于请求人的争辩意见,合议组认为,一方面,请求人在说明本申请说明书公开充分时认为,本申请声称的技术效果是本领域技术人员根据现有技术可以预期的;另一方面,在说明该技术方案具备创造性时,认为本领域技术人员根据现有技术无法预测到其所具有的技术效果,从逻辑角度上讲,请求人这两种观点前后矛盾,因此维持原驳回决定。

阿泼洛发公司不服上述复审决定,诉至法院。原告认为,2001年修改的《专利法实施细则》第62条第2款规定,原驳回决定不符合专利法和本细则有关规定的,或者认为经修改的专利申请文件消除了原驳回决定所指出的缺陷,专利复审委员会应当撤销原驳回决定,由原审查部门继续进行审查程序。专利复审委员会审理创造性并作出维持驳回决定的复审决定程序违法,造成了原告的审级损失。

对此，专利复审委员会认为，《审查指南》第四部分第二章明确规定，为了提高授权专利的质量，避免不合理地延长审批程序，专利复审委员会可以依职权对驳回决定未提及的明显实质性缺陷进行审查。

1.2.1 案件争议焦点

本案争议的焦点在于，前述复审决定是否违反了《专利法实施细则》第62条第2款的规定，即专利复审委员会是否有权在涉案专利的复审程序中审理驳回决定中未提及的创造性问题。

1.2.2 审理结果摘引

一审法院在（2011）一中行初字第1778号行政判决书中认为，尽管第28483号决定与原驳回决定的驳回理由有所不同，但对本案而言，在本申请原始申请文件没有记载任何关于四氢叶酸天然立体异构体比叶酸具有更好的调节效果及相关实验数据的情况下，本申请的公开不充分缺陷就与创造性缺陷密切关联。首先，为证明本申请说明书已充分公开，原告在对本申请的实质审查和复审审查期间提交了证据作为申请日前的现有技术，用以证明叶酸能够调节同型半胱氨酸的水平，本领域技术人员据此可以推断与叶酸相似的四氢叶酸同样具有该用途。被告在审理本申请是否公开充分的过程中，接受了原告的前述主张，但认为本领域技术人员根据证据1和证据2公开的内容推知四氢叶酸也能够调节同型半胱氨酸的水平时，案件的争议焦点就由公开是否充分的问题转为是否具有创造性的问题，即本申请的原始文件是否记载了四氢叶酸天然立体异构体比叶酸具有更好的调节效果及其相关实验数据。由于本申请的原始文件并没有记载前述内容，故存在难以克服的由公开充分所伴生的创造性缺陷。其次，被告在复审期间已经就创造性问题向专利申请人发出过复审通知书，且专利申请人亦就此进行了意见陈述，给予并保障了专利申请人陈述意见的权利。为节约审查程序，被告直接审查认定本申请是否具有创造性，并无不妥，并未违反《专利法实施细则》第62条第2款的规定。

二审法院在（2012）高行终字第1104号行政判决书中认为，如果复审过程中修改后的专利申请文件在消除原驳回决定所指出的缺陷的同时，可能产生新的明显瑕疵并影响到授权前景时，专利复审委员会出于程序经济的目的可以进一步对该申请进行审查。尽管第28483号决定与原驳回决定的驳回理由有所不同，但专利复审委员会为节约审查程序，进一步审查本申请是否具有创造性并无不妥,亦未违反《专利法实施细则》第 62 条第 2 款的规定。

1.3 案件启示

由该案例可以看出,某些情况下,专利复审委员会在复审程序中可以以不同于驳回决定的理由作出维持驳回的复审决定,并且该做法并不违反《专利法实施细则》第 62 条第 2 款的规定。

《专利法实施细则》第 62 条第 2 款之所以规定原驳回决定不符合专利法及其实施细则有关规定的,或者认为经修改的专利申请文件消除了原驳回决定所指出的缺陷,应当撤销原驳回决定,由原审查部门继续进行审查程序,而不是由专利复审委员会继续进行审查直至授权或再次驳回,是因为复审程序是因申请人不服驳回决定而启动的救济程序,专利复审委员会不应承担对专利进行全面审查的义务,而且,如果专利复审委员会对所有缺陷都进行审查,原本申请人在撤销驳回后的实质审查中对其他缺陷享有的修改和申辩的机会也会被减少,可能造成审级损失。然而,我们也需要认识到,专利复审程序与一般法院的二审程序不同,它并不单单是一种救济途径,同时还是专利审批程序的延续,因此为了提高专利授权的质量,避免不合理地延长专利审批程序,专利复审委员会可以依职权对驳回决定未提及的明显实质性缺陷进行审查。

2 分析与思考

2.1 比较法研究

日本对于依职权审查采取开放的态度,其将复审程序看作是前审程序的继续。在此过程中,实审员的参与程度很高,例如,在前置审查过程中实审员如果发现驳回中未涉及的新缺陷,可以向请求人直接发出通知书,在请求人答复后才撰写前置审查意见;复审合议组在审理过程中采用全面审查原则,其审查内容并不局限于驳回决定中以及实质审查员应该审查过的理由和证据,在复审程序中合议组甚至可以引入新的对比文件,并且最终可以直接对符合授权条件的文本进行授权或维持原驳回决定。这种复审程序充分体现了程序经济原则,除了个别的案子由于明显程序违法或者前审对实体问题没有进行实质判断需要发回重审外,一般的案子都在复审程序中结案:授权或维持原驳回决定。❶

---

❶ 课题组. 关于复审程序性质的研究,国家知识产权局学术委员会一般课题研究报告(编号 Y050105),2006.

其他国家则不同程度地采取辩证而折中的态度，例如《美国专利审查指南》第 1213.02 节规定，"根据 37CRF41.50（b），委员会可以在其决定中对案件中所附的一个或多个权利要求提出新的驳回意见，其中包括审查员已经允许的权利要求。虽然委员会有权对已经允许的权利要求进行驳回，但这样授权的意图并不是要求委员会应该对每个请求申诉的申请中的所有允许的权利要求进行审查。其目的在于：当委员会在审查被驳回的权利要求时，如果发现一个或多个已经允许的权利要求明显存在驳回理由（此驳回理由可以与驳回决定中的理由相同或不同），那么委员会就可以对此进行处理。由于在 37CRF41.50（b）下行使该项权利具有自由裁量的性质，如果委员会没有行使该项权利，也不能由此进行推论（认为委员会对于原驳回决定中未反对的权利要求没有异议）"。[1]

可见，各国在复审程序或其他类似的程序中一般都存在依职权审查的情形，无论是全面审查还是具有自由裁量性质的部分审查，都不会仅就驳回决定所涉及的问题进行审理，这与我国的做法是类似的。

2.2 法理分析

《专利审查指南》第四部分第一章第 2.4 节规定，专利复审委员会可以对所审查的案件依职权进行审查，而不受当事人请求的范围和提出的理由、证据的限制。这就是我们常说的依职权审查原则。虽然《专利审查指南》中直接规定了专利复审委员会可以依职权审查，但这背后的根源实际上涉及对复审程序性质的认识。

《专利法》第 41 条规定，国务院专利行政部门设立专利复审委员会。专利申请人对国务院专利行政部门驳回申请的决定不服的，可以自收到通知书之日起三个月内，向专利复审委员会请求复审。专利复审委员会复审后作出决定并通知专利申请人。对于驳回专利申请不服而启动的救济被称为复审请求，审理复审请求的行政程序被称为复审程序。

复审程序实际上也是对国务院专利行政部门作出的行政决定不服而提起的非讼程序，形式上看也应属于行政复议的范畴。但《国家知识产权局行政复议规程》第 6 条明确规定不能申请行政复议的情形的第一项就是，专利申请人

---

[1] 参见《美国专利审查指南》（2007）第 1213.02 节。

对驳回专利申请的决定不服的。可见,该复议规程中已经将对于专利审批这一具体行政行为不服而提起的专利复审案件排除出国家知识产权局行政复议的受理范围。

复审程序与行政复议程序之间有相同之处,例如都具有行政救济的属性、均是由请求人请求而启动的程序以及二者结论的效力相同等,但二者在更多方面存在明显不同。一般行政复议的目的仅在于纠正具体行政主体做出的违法或者明显不当的具体行政行为,以保护行政相对人的合法权益,行政复议所针对的仅是具体行政行为,而专利的复审程序内涵更为丰富。根据《专利审查指南》第四部分第二章第1节的规定,一方面,复审程序是因申请人对驳回决定不服而启动的程序,该程序通过纠正专利审批过程中出现的失误监控驳回权的行使以保障申请人的正当权益;但是,有时候即便基于原有审查文本和证据作出的驳回决定并无不当,为了满足保护发明创造性的总的目的,复审程序依然为申请人提供了通过进一步陈述意见、补充证据、修改申请文件以获得最终授权的补救机会,从这个意义上讲,复审程序不单单是针对实质审查部门作出驳回决定这一具体行政行为而启动的救济程序。另一方面,复审程序仍然是专利审批程序中的一部分,作为针对尚未被授予专利权的申请设立的审查程序,复审程序与其他审查程序一样要服务于保障和提高授权专利质量以及权利的稳定性的目的。[1]

复审程序具有"救济"与"审批延续"的双重属性,其首先是因申请人对驳回决定不服而启动的,"救济"是其首要属性;但是,为了实现复审程序的设置目的,"审批延续"属性是"救济"属性的必要补充。

既然复审程序是审批程序的延续,那么专利复审委员会在审查复审请求的过程中就有理由在不损失申请人合法权益的情况下像实质审查程序那样对于专利申请中存在的缺陷提出新的反对意见,也就是说应当在复审程序中赋予专利复审委员会依职权审查的权利。但是,由于也要兼顾复审程序是救济程序这一主要性质,因此,仍然需要明确复审程序不承担全面审查的义务,对于驳回决定中未提及的缺陷,专利复审委员会依职权审查的范围也应受到限制,例如仅限于明显实质性缺陷、与驳回决定所指出的缺陷性质相同的缺陷和足以用驳回决定作出前已告知过申请人的其他理由及其证据予以驳回的缺陷。

---

[1] 李应建. 论公共行政公平与效率的价值取向 [D]. 广东师范大学硕士学位论文, 2006: 15-19.

2.3 历史研究

对于复审程序的性质，在 2006 版以前的审查指南中并没有规定，取而代之的是其中提出了避免审级损失原则和程序经济原则，这两个原则从一定程度上反映了复审程序的性质。

2.3.1 避免审级损失原则

复审请求人对专利复审委员会在复审程序中进行依职权审查通常是持反对意见的，主要原因就是认为复审程序中的依职权审查导致复审请求人失去了在实质审查程序中答辩和修改申请文件的机会，可能造成审级损失。

2001 版《审查指南》第四部分第二章第 3.1 节规定，在先审级未处理的事项通常不能由在后审级超前处理，以避免对当事人的审级损失。在专利审查过程中，实质审查程序是在先审级，复审程序是在后审级，驳回决定中未指出的理由也就是所谓的在先审级未处理的事项。当违反"避免审级损失原则"后，当事人会受到何种损失，有观点认为"审级损失"是某些对当事人不利的事项如果在前审级没有处理，而在后审级进行处理时，导致当事人与之相关的获得救济的机会受到损失，即修改文本、补充证据、进行争辩等机会的缺失。如果在前审级对某一缺陷论述充分，仅在法条适用上存在错误，由于在前审级对该事项已经进行了处理，当事人获得救济的机会并未受到损失，即在实质审查程序以及复审程序中当事人都获得了克服该缺陷的机会，这时在后审级对此进行处理并依据不同法条作出不利于当事人的结论并不违背"避免审级损失原则"。这种情况与二审法院依法改判的情况类似。

只有在复审程序中新提出的反对意见在实质审查程序中从未评述过时，当事人对于该反对意见仅能在在后审级获得修改文本或陈述意见的机会，而失去了本应在实质审查程序中获得的答辩机会，这样的情况有可能会造成当事人的审级损失。

2.3.2 程序经济原则

2001 版《审查指南》第四部分第二章第 3.2 节规定，程序的进行应当避免重复并尽可能地迅速、节省时间和费用。这就是通常所说的程序经济原则。程序经济原则需要专利复审委员会在不影响实体结论的前提下尽可能缩短审查程序，这样对于社会而言节约审查资源，对于当事人而言节省审查成本。

2.3.3 二者之间的关系

避免审级损失原则与程序经济原则背后体现出的是行政机关在作出行政行

为时对于公平与效率之间关系的考虑。避免审级损失原则保护了行政相对人程序上的公平，程序经济原则更多地考虑了行政程序的效率，尽可能地为行政相对人、为国家和社会节约成本。

虽然公平与效率兼得是我们长期追求的目标，但在实践中，更多时候出现的是公平与效率存在矛盾的情况，如何取舍是行政机关需要面对的问题。曾经，在20世纪80年代，我们的行政机关奉行"效率至上"的行政价值导向，到90年代，我们提出"效率优先、兼顾公平"，当前我们更加提倡的是"效率与公平并重"即效率与公平协调原则。笔者理解，效率与公平相协调，要求行政机关在工作中不能片面地强调效率，也不能一味地追求公平，长远来看要保持效率与公平之间的大体平衡，在个案中根据实际情况对公平与效率有所侧重应当是符合效率与公平相协调原则的要求的。具体落实到复审程序中，就是要将避免审级损失原则和程序经济原则并重，不可片面地强调一方。

专利复审委员会在审理复审案件时，为了保障复审请求人的程序利益，合议组一般仅针对驳回决定所依据的理由和证据进行审查。但是，为了避免不合理地延长审批程序，提高专利授权的质量，专利复审委员会也可以对驳回决定所指出缺陷之外的内容进行审查，并以此作出维持驳回决定的复审审查决定。这其中体现了避免审级损失原则与程序经济原则之间的辩证关系。避免审级损失原则和程序经济原则在任何时候都不是一个单独存在并且需要绝对执行的审查标准，二者需要辩证看待、综合考虑。一方面，绝大部分情况下，保证复审请求人在个案中不损失应有的审级；另一方面，在保证复审请求人实体利益不受侵害的基础上，某些时候可以在一定程度上突破避免审级损失原则，以兼顾程序经济原则，实现二者的辩证统一。

2.3.4 避免审级损失原则与程序经济原则的发展

前述提到的这两个原则在2001版《审查指南》中是作为复审请求审查的重要原则存在的，但在之后的2006版《审查指南》和2010版《专利审查指南》中都不再保留，而是明确规定了复审程序的性质。原因在于：由于"程序经济原则和避免审级损失原则"是一对矛盾，对于这两个原则本身以及二者之间关系的把握成为审查实践中的一个难点。所以，在2006版《审查指南》中将上述两个原则删除，取而代之的是增加了对复审程序性质的定义，并在其引领下对合议审查的审查范围进行了明确的界定❶。

可见，并不是这两个原则所规定的内容错误或者我们对这两个原则的看法有所改变，而是其在形式上有了新的发展，我们在《审查指南》中使用更加容易理解、更便于操作的表达方式明确了对此类问题的态度，这两个原则所体现出的法律精神是我们在今后的审查实践中仍需遵从的。

2.4 依职权审查范围的限制

专利复审委员会作为行政机关为了实现公平与效率相协调获得了依职权审查的权利，但这不代表其依职权审查的范围是无限的。《专利审查指南》第四部分第二章第4.1节公开了复审程序中依职权审查的范围，除了包括足以用在驳回决定作出前已告知过申请人的其他理由及其证据予以驳回的缺陷（这种情况不会导致请求人应获得的审级损失），还包括驳回决定未指出的明显实质性缺陷或者与驳回决定所指出缺陷性质相同的缺陷。这种情况实际上是对避免审级损失原则的突破，同时也属于对专利复审委员会依职权审查范围的限制，这样可以防止行政机关片面追求效率的情况发生。

在后一情况中，明显实质性缺陷的范围是复审审查实践中的一个操作难点。有观点认为明显实质性缺陷仅限于：（1）明显不属于专利保护客体、明显不具备实用性、明显公开不充分以及明显修改超范围的情况；（2）明显存在无法对复审请求进行有效审查的缺陷；（3）驳回决定仅指出权利要求之间存在引用关系的某些权利要求存在的缺陷，而未指出其他权利要求存在同样的缺陷。但是，从依职权审查的目的和性质来看，笔者认为明显实质性缺陷的范围不应仅限于此，其他明显导致审查程序不合理地延长或者明显存在授权专利稳定性下降的情况也应被纳入到可以依职权审查的明显实质性缺陷的范畴中来。

以案例1为例，基于请求人提交的证据，既然本领域技术人员能够合理地推知权利要求请求保护的主题，那么，该技术方案相对于该证据显然不具备创造性，这是一个逻辑上无法回避的问题，是请求人通过举证欲克服公开不充分的缺陷所必然导致的结果，并且，合议组可以预见该缺陷无论进行何种修改、举证和/或陈述意见均不能被克服，所以合议组依职权引入对创造性问题的审

---

❶ 国家知识产权局. 审查指南修订导读（第二版）[M]. 北京：知识产权出版社，2006：253.

查。可以设想，如果合议组仅以驳回理由被克服或不成立为由而撤销驳回决定，其结果，或者是本申请将会因为不具备创造性而被再次驳回，最终专利复审委员会以创造性的理由维持驳回决定，这必将造成申请日在前后审级之间来回震荡，不合理地延长了本案的审批程序，在加重申请人负担的同时也浪费了行政资源；或者是前审审查员疏漏了利用申请人在复审程序阶段提交的现有技术文献作为对比文件对创造性进行审查判断，从而不当授权，这必将会导致专利授权质量以及授权专利的稳定性下降。所以，对于案例1中出现的与原驳回决定所指出的理由存在内在逻辑联系的缺陷（即在提交证据克服了公开不充分缺陷后必然会存在的创造性问题）进行依职权审查，符合公平与效率相协调的原则，可以纳入到明显实质性缺陷的范畴。

从另一个角度来看，对于案例1中所指出的创造性缺陷，专利复审委员会已经通过复审通知书告知过复审请求人，并且给予其修改文本、提交证据以及陈述意见的机会，复审请求人的实体权利并没有受到损失。在公平与效率之间的平衡中，并没有为了追求效率而过度地舍弃公平。所以，在综合考虑公平与效率之间的关系之后，专利复审委员会在案例1中进行依职权审查符合法治行政的精神。

3 案例辐射

专利复审委员会目前对于依职权审查的基本态度是审慎的，一般只有在《专利审查指南》第四部分第二章第4.1节中所指明的几种情况下才会引入新的理由对专利申请提出反对意见，并且对明显实质性缺陷的范围严格控制，即便是在个案中出现了类似案例1中依职权审查的情形，专利复审委员会也是在考虑到这样的专利申请所存在的缺陷基本上无法通过陈述意见、修改或者举证予以克服，不具备授权前景的情况下，并且满足听证原则，保证复审请求人的实体权利没有受到损害之后，才会依据此新的理由作出不利于复审请求人的审查决定。应该认为，专利复审委员会目前对依职权审查原则的做法体现了行政程序中公平与效率相协调的原则，在尽可能保证当事人程序利益的情况下，有效地提高行政效率。

三、无效宣告程序中的依职权审查

1 典型案例

1.1 案情简介

1.1.1 案例索引与当事人

专利号：200720109193.X

无效宣告请求人：李长颖

1.1.2 案件背景和相关事实

本专利授权公告的权利要求书如下：

"1. 一种可拆洗餐盘结构，包括有餐盘（2），其特征在于：在所述的餐盘（2）上结合有一可拆卸的可洗餐盘（1）。

2. 如权利要求1所述的可拆洗餐盘结构，其特征在于：所述的餐盘（2）和可洗餐盘（1）采用凸扣（211）和弹性扣襻（11）相扣合的卡合结构，其中弹性扣襻（11）延设在可洗餐盘（1）的两侧，其上设有可供凸扣卡入的卡孔（111）。

3. 如权利要求1或2所述的可拆洗餐盘结构，其特征在于：所述的可洗餐盘（1）的底部为可水平放置的平面构造。"

针对上述专利权，无效宣告请求人于2009年8月18日向专利复审委员会提出无效宣告请求，认为本专利权利要求1–3不符合《专利法》第22条第2款有关新颖性的规定，权利要求2不符合《专利法》第22条第3款有关创造性的规定，并提交了3份证据。

针对上述无效宣告请求，专利权人提交了意见陈述书和修改后的权利要求书，将权利要求2的附加技术特征补入权利要求1中，修改后的权利要求书如下：

"1. 一种可拆洗餐盘结构，包括有餐盘（2），在所述的餐盘（2）上结合有一可拆卸的可洗餐盘（1），其特征在于：所述的餐盘（2）和可洗餐盘（1）采用凸扣（211）和弹性扣襻（11）相扣合的卡合结构，其中弹性扣襻（11）延设在可洗餐盘（1）的两侧，其上设有可供凸扣卡入的卡孔（111）。

2. 如权利要求1所述的可拆洗餐盘结构，其特征在于：所述的可洗餐盘（1）的底部为可水平放置的平面构造。"

针对修改后的权利要求书，请求人再一次提交了意见陈述书，认为专利权人是以合并方式修改的权利要求，针对新的权利要求补充了权利要求2不具有创造性的无效宣告理由。

1.2 案件审理

1.2.1 案件争议焦点

本案的焦点问题在于，由于专利权人对权利要求的修改并非是对授权文本的权利要求进行合并式修改，而是将授权文本的权利要求1删除，因此请求人随后补充的权利要求2不具备创造性的无效宣告理由应当不予接受。针对修改后的权利要求书中的技术方案，在提出无效宣告请求时请求人仅提出了权利要求1与2不具备新颖性，权利要求1不具备创造性的无效宣告理由，并未提出权利要求2不具备创造性的无效宣告理由，在此情形下，合议组能否依职权引入权利要求2不具备创造性的无效宣告理由。

1.2.2 审理结果摘引

口头审理结束后，合议组向双方当事人发出《无效宣告请求审查通知书》，在指出权利要求1与2具有新颖性，权利要求1不具有创造性的基础上，合议组依职权引入了权利要求2不符合《专利法》第22条第3款的无效宣告理由，并评述了权利要求2不具有创造性，不符合《专利法》第22条第3款的规定。请求人及专利权人在指定期限内均未对该《无效宣告请求审查通知书》进行答复。合议组随后作出第15433号无效请求审查决定，宣告ZL200720109193.X号实用新型专利权全部无效：虽然请求人仅提出权利要求1不符合《专利法》第22条第3款规定的无效宣告理由，但由于请求人在无效宣告请求书中已经对权利要求2的附加技术特征进行了评述，因此，根据《专利审查指南》第四部分第三章第4.1节的规定，合议组依职权引入了权利要求2不符合《专利法》第22条第3款的无效宣告理由。决定书中论述了权利要求1与2相对于证据1具有新颖性，符合《专利法》第22条第2款的规定，权利要求1相对于证据1和本领域公知常识的结合不具备创造性，在此基础上，证据1已经公开了权利要求2的上述附加技术特征，因此权利要求2也不具有创造性，不符合《专利法》第22条第3款的规定。基于以上事实和理由，合议组宣告ZL200720109193.X号实用新型专利权全部无效。双方当事人在规定期间内均未提起行政诉讼。

1.3 案件启示

我国专利法及其实施细则对无效程序中的依职权审查并未做出规定。《专利审查指南》第四部分第一章的总则规定，专利复审委员会可以对所审查的案件依职权进行调查。第三章进一步规定了无效程序中的依职权审查原则，"必要时，合议组可以依职权要求当事人针对其在规定的期限内主张的事实补充证据。必要时，合议组可以引入技术词典、技术手册、教科书等所属技术领域中的公知常识性的证据。专利复审委员会可以自行或者委托地方知识产权局（或相应职能部门）或者其他有关部门调查有关事实或者核实有关证据。所需费用由专利复审委员会或当事人承担。必要时，特别是在因专利权存在请求人未提及的缺陷而使合议组不能针对请求人提出的无效宣告理由得到有意义的审查结论的前提下，合议组可以依职权对请求人未提及的理由进行审查"。[1]

依职权审查原则是指专利复审委员会可以对所审查的案件依职权进行审查，而不完全受当事人提出的理由、提交的证据的限制。由于无效宣告程序是平等民事主体参加的程序，作为无效宣告请求审查机关的专利复审委员会应主要是居间裁决，除了要解决专利权人和请求人之间的纠纷，还需要平衡当事人和公众之间的利益，也就是说专利复审委员会在无效宣告程序中还扮演着公众利益维护者的角色，因此，其依职权审查的职能理应加强。

就本案例而言，虽然请求人并未提出权利要求2不符合《专利法》第22条第3款规定的无效宣告理由，但由于请求人在无效宣告请求书中已经对权利要求2的附加技术特征进行了评述，同时，根据请求人提交的证据，在合议组已经能够判断涉案专利明显不具备创造性应当予以无效的情况下，如果仅仅是因为请求人未能正确的适用法律条款，或者虽然请求人已经对权利要求不具备创造性的理由进行了论述，但是没有明确提出创造性的无效宣告理由，而最终保留这样的权利要求，那么专利复审委员会作为行政机关的职能如何体现？公众的利益如何得以保障？因此在已经能够明确判定权利要求不具备创造性，而且创造性的理由和评述已经被请求人提及的情况下，合议组依职权引入权利要求不具备创造性的无效宣告理由，并且对这种无效宣告理由用无效通知书的方

---

[1] 参见《专利审查指南》第四部分第三章第4.1节。

式也已经听证,合议组在该无效宣告案件中的这种依职权的做法,提高了行政效率,保障了公众的利益。

2 分析与思考

2.1 比较法研究

日本特许厅审判部在被赋予了类似于司法机关的准司法权力后,可以依职权进行调查和审理。对无效案件的审判原则上为口头审理,但是审判长可以依当事人或参加人的申请或者依职权进行书面审理。审判部可依当事人或参加人的申请或者依职权进行证据调查,在审判中可依职权实施证据保全措施。第152条、第153条具体规定了依职权审理:即使当事人或参加人未在法定或者指定的期间内办理手续,或者未按照第145条第3款的规定出面时,审判长亦可进行审理程序。对于当事人或参加人未提出的理由,审判亦可审理,只不过要将审理结果通知当事人及参加人,并需指定相当的期间给予陈述意见的机会,但对于请求人未提出的请求主旨,不能审理。第156条第2款规定,即使审理终结并且已经通知当事人及参加人,在必要时,审判长仍可依职权再次进行审理❶。与日本的制度相比,我国专利复审委员会依职权审查的权力的渊源仅仅是《专利审查指南》,而且规定的事项十分有限。在实际操作中,对裁判机关在一定程度上赋予"依职权审查"的权力,有利于尽可能地查清案件事实,有效地解决当事人之间的争议,提高审查效率。

德国专利法院在原告提出无效宣告起诉的情况下才审理专利权无效纠纷,法院一般不主动对专利权的有效性进行审查。在原告起诉后,法院将无效宣告起诉状转给被告,并要求被告在一个月内答辩,被告逾期不答辩的,法院不开庭直接作出判决,而且可以视为原告主张的所有事实已经得到证实。可见,德国专利权无效宣告制度要求原被告积极参加到程序中,不允许原告和被告怠于行使权利。德国专利法院依职权审查案件事实,不受当事人陈述和提交证据的约束。德国专利法院应该在庭审中调查证据,特别是可以当庭审查证据,对证人、当事人和专家质证。德国专利法院根据整个审理程序的结果自由得出结论并作出判决,判决只能依据已经给予当事人陈述意见机会的事实和证据。由此

---

❶ 课题组. 无效程序性质的研究,国家知识产权局学术委员会一般课题研究报告(编号Y050106),2006.

可见，德国专利权无效程序要求请求人和专利权人积极参加到程序中，同时德国专利法院的依职权色彩很浓。我国专利法及其实施细则对专利复审委员会依职权审查没有规定，《专利审查指南》中规定了依职权审查原则，并且规定了必要时专利复审委员会依职权审查的几种情况，由于对"必要时"的理解不一致，在实际运用中出现了一些问题。

对于欧洲专利局而言，由于异议制度设置的一个目的在于纠正授权程序的错误，因此在其异议程序的各个环节均体现了比我国无效程序更强烈的依职权色彩。例如，异议程序原则上只能基于异议期限内提出的异议理由，之后提出的新理由原则上会被驳回。并且与异议有关的理由与所有证明文件及证据，均必须在异议的期限内提出，不得将任何资料或理由保留。在决定是否考虑这些逾期提交的事实或证据的过程中，需要考虑这些证据与决定的相关性、程序的状态以及延迟提交的原因。如果无需任何进一步的调查，对逾期提交的异议理由、事实或证据的审查显示其为相关的，即它会改变决定的结论，则异议组必须对此予以考虑，而不管程序已经进行到什么程度以及逾期提交的理由。对于审查范围而言，如某些情形下异议仅限于专利的某一部分，异议组应当仅对异议部分进行审查。但是如仅对一项独立权利要求提出异议，而根据已获知的信息可初步怀疑从属权利要求的有效性，则可认为从属权利要求被暗含在异议范围内并可由异议组进行审查。作为一项总的原则，异议组应在异议人提出的异议理由范围内审查。如果，一旦根据一项可受理的异议，有理由初步相信存在其他可部分或全部损害专利维持的异议理由，异议组通常应当按照《欧洲专利条约》第114条第1款对这些理由主动进行审查。如果主动进行审查并作出决定，必须满足听证原则。

由此可见，各国在无效程序或其他类似的程序中一般都存在依职权审查的情形，即给予合议组一定的自由裁量权，这与我国的做法是类似的。

2.2 法理分析

2.2.1 无效宣告程序中应当遵循的原则

专利无效宣告程序是一种专利确权程序，是由专利复审委员会在综合考虑请求人和专利权人提交的意见陈述和证据的基础上对于专利权的有效性作出判断的一种程序。专利复审委员会与专利有效性纠纷不存在法律上的利害关系，在专利无效宣告程序中不提出自己的独立主张，而是居中裁决。由于其工作性质，专利复审委员会具备所需的对专利权有效性进行判断的各方面的条件和优势，其根据无效宣告请求人和专利权人的意见陈述和证据，对专利权的有效性作出判断，因而在一定程度上专利权有效性的判断根源于当事人提交的理由和证据，而不是专利复审委员会依职权的努力。因此专利无效审查是裁判行为，具有中立性、被动性、独立性等特点。专利复审委员会在专利权无效宣告审查中所应遵循的基本原则主要包括：当事人请求原则、依职权审查原则、听证原则、一事不再理原则、当事人处置原则和保密原则。

2.2.2 当事人请求原则和依职权审查原则

当事人请求原则也就是通常所说的"不告不理"原则，这也是民事案件审理中最基本的原则。《专利审查指南》规定，复审程序和无效宣告程序均应当基于当事人的请求启动。这是请求原则的本义。实践中引申为将以下关于无效宣告请求合议审查的范围也作为请求原则的内容：无效宣告程序中，专利复审委员会通常仅针对当事人提出的无效宣告请求的范围、理由和证据进行审查，不承担全面审查专利有效性的义务。从该规定看，对审查的范围的限制比较严格，如果严格按照此原则进行审查，似乎在有些情况下有失公平。专利权虽是私权，但却是一种"垄断性"的私权，如果在专利权无效宣告审查中完全遵循"不告不理"的原则，那么很有可能会出现违背专利制度的情形，使得错误授权的专利权一直有效，这实际上是侵害了社会公众的利益，增加了社会正常运转的成本。因此，对于无效案件审查范围涉及的请求原则应该加以适当限制。依职权行政行为强调行政主体的主观能动性，但必须保证是出于保护人民的权利和自由、维护国家的经济和社会秩序的目的。依职权行政行为强调及时、迅捷，但不得逾越法律规定，必须合法适度，是当其他机制存在不足且不能很好地解决问题时的一种补充行为，其能够克服现有机制中存在的部分缺陷。

依职权审查原则可以说是对当事人请求原则的限制和补充，因为依照请求原则，专利复审委员会的审查不能超出申请人请求的范围、理由和提交的证据，但是严格依照请求原则有可能出现损害社会和他人利益的情形，而依照依职权审查原则，合议组可以在一些情形下对请求人未提及的理由进行审查，这样就有可能避免严格执行当事人请求原则所产生的弊端。专利权是一种特殊的私权，为了维护社会公共利益，促进科技及社会的快速发展，专利行政部门应当有权依职权宣告已经授予的某项专利权无效。从应然角度分析，在没有申请人提出无效宣告请求时，或是在申请人提出请求宣告无效的范围、理由和提交的证据以外，专利复审委员会发现存在法定的专利权无效的理由的，专利复审委员会应该可以经过法定的程序（如听证程序）主动审查并宣告该项专利权全部或是部分无效。因此，应当适度减少对现行的依职权审查原则的限制，以发挥专利复审委员会的专业优势。

（1）依职权审查的几种情形。

由于无效宣告程序中需要判断专利是否符合授权条件，请求人和专利权人为了证明各自主张往往提交证据，无效宣告请求的审查涉及专利授权条件判断和证据认定等复杂的技术问题和法律问题，因此专利复审委员会作为审查机关，同时应该具有依职权审查的权利。即，一方面，具有审查认定证据和审查事实的职权，另一方面，在特殊情况下可以引入新的无效宣告理由、认定公知常识及行使释明权。

《专利法实施细则》第72条第2款规定，专利复审委员会作出无效决定之前，无效宣告请求人撤回其请求或者其无效宣告请求被视为撤回的，无效宣告请求审查程序终止。但是，专利复审委员会认为根据已进行的审查工作能够作出宣告专利权无效或者部分无效的决定的，不终止审查程序。2006版《审查指南》规定的依职权审查的3种情形如下：（1）请求人提出的无效宣告理由明显与其提交的证据不相对应的，专利复审委员会告知其有关法律规定的含义，并允许其变更为相对应的无效宣告理由；（2）专利权存在请求人未提及的缺陷而导致无法针对请求人提出的无效宣告理由进行审查的，专利复审委员会可以依职权针对专利权的上述缺陷引入相关无效宣告理由并进行审查；（3）专利复审委员会可以依职权认定技术手段是否为公知常识，并可以引入技术词典、技术手册、教科书等所属技术领域的公知常识性证据。《专利审查指南》第四部分第三章第4.1节中规定的依职权审查的情形，在原来的依职权审查的3种情形之外又增加了如下4种情形：（1）专利权存在请求人未提及的明显不属于专利保护客体的缺陷，专利复审委员会可以引入相关的无效宣告理由进行审查；（2）请求人请求宣告权利要求之间存在引用关系的某些权利要求无效，而未以同样的理由请求宣告其他权利要求无效，不引入该无效宣告理由将会得出不合理的审查结论的，专利复审委员会可以依职权引入该无效宣告理由对其他权利要求进行审查；（3）请求人以权利要求之间存在引用关系的某些权利要求存在缺陷为由请求宣告其无效，而未指出其他权利要求也存在相同性质的缺陷，专利复审委员会可以引入与该缺陷相对应的无效宣告理由对其他权利要求进行审查；（4）请求人以不符合《专利法》第33条或者《专利法实施细则》第43条第1款的规定为由请求宣告专利权无效，且对修改超出原申请文件记载范围的事实进行了具体分析和说明，但未提交原申请文件的，专利复审委员会可以引入该专利的原申请文件作为证据。由此可见，历次修订中，专利审查指南逐步加强了专利复审委员会在无效宣告程序中的行政职责，体现了专利复审委员会作为依法设立的行政机关，承担着在无效审查过程中执行专利法和相关国家政策、维护社会公平、保障公众利益的法定职责。

（2）行使依职权审查的条件和程度。

专利复审委员会依职权审查的权力使用的条件是由国家、社会以及在某些情况下他人的利益所决定的。一般情况下，专利复审委员会在无效案件中首要解决的是双方当事人之间的纠纷，整个程序的主要规则也是双方当事人负责举证，合议组负责裁判；但专利复审委员会作为行政机关，专利权作为一种涉及较多公众利益的私权，在已经发现被请求无效专利明显不符合专利法的其他相关规定并应当被无效的情况下却不闻不问，也是不合适的。在把握依职权审查的条件时，可以从以下3个方面考虑：（1）涉案专利是否直接涉及国家利益、社会利益或者其他公众利益，如果涉及，合议组可以主动对案件进行全面审查；（2）合议组在依据请求人所提无效理由、事实及证据进行审查的过程中，确信涉案专利同时不符合专利法的其他规定，并导致相关权利要求无效时，那么在不过多增加行政机关负担的情况下，可以引入新的无效理由、事实及证据，当然在程序上还必须同时满足听证等原则；（3）案件本身已有的事实和证据还不足以表明引入的无效理由成立，但合议组已经掌握的其他证据或事实能够表明该无效理由成立时，合议组可以依职权引入该事实或证据。此外，合议组确信某一事实但没有证据，可以依职权对案件进行审查引入该事实，并要求双方当事人陈述意见，在双方意见不一致时，应当要求主张该事实的一方承担举证责任，当然合议组也可以自己去举证。例如，合议组确信某一技术特征为公知技术但缺少证据支持，此时可以引入该事实，如果双方对此没有异议，则认定该事实成立，如果双方对此意见不一，则可以要求主张该事实的一方承担举证责任。

依职权审查是对请求原则的限制和补充，是当其他机制存在不足且不能很好地解决问题时的一种补充行为，在其他情况下不加区别地对案件进行全面审查或过多地进行调查并不是一种有益的做法。

（3）依职权审查中应注意的举证责任和听证原则。

依职权审查只是表明合议组有权对案件的事实进行调查，并不表示合议组对自己所主张的事实不用举证，对所引入的事实和证据不需听证。实际上一旦合议组决定对某一事实进行调查，其就必须像当事人一样对所主张的事实承担举证责任。此外由于处于裁判地位，合议组还要在程序上使这些证据和事实满足听证原则。

《专利审查指南》在第四部分第一章第5.5节听证原则中指出：在作出审查决定之前，应当给予审查决定对其不利的当事人针对审查决定所采用的理由、证据和认定的事实陈述意见的机会，即审查决定对其不利的当事人在通知书、转送文件或者口头审理过程中已经被告知过审查决定所采用的理由、证据和认定的事实。由此可以看出，对于举证责任，按照谁主张谁举证的原则，无效案件中当事人对所主张的事实负有举证责任。对于听证原则，即在决定之前审查决定中所采用的证据、认定的事实以及理由应告知过对其不利的一方当事人。因此，虽然合议组对证据和事实的认定是不需听证的，但是无论是依职权审查所获取的证据，还是当事人提交的证据，它们的法律地位都是一样的，都要经过质证才能使用；无论是合议组所主张的事实，还是当事人所主张的事实，合议组都必须以证据所能证明的事实为依据进行裁判。

3 案例辐射

专利无效宣告程序是对专利权有效性争议的救济程序，它要求对专利权的有效性作出一个裁判。由于专利权的技术性和专业性，专利无效案件事实真相的查明需要具有相应的专业技术背景，因此我国专利法规定，设立由有经验的技术专家和法律专家组成的专利复审委员会承担专利无效审理的任务。专利复审委员会作为具有专业化水平的行政机关，根据当事人提交的证据，有能力确定专利权相对于现有证据不具备创造性时，当然不能仅仅因为请求人提出的无效请求理由不适宜而让这样的专利继续有效。无效宣告程序也是应当事人的请求而启动的，但是无论是从现行无效宣告程序是"撤销程序"和"无效宣告程序"的融合体的特点来看，还是从我国目前的无效宣告请求的当事人水平来看，无效宣告程序中专利复审委员会的依职权审查的职能都应该强化，例如在某些特定的情形下，专利复审委员会既可以依职权启动无效宣告程序，也可以委托其他机构启动无效宣告程序，以有效地保护社会公共利益，维护公众对于"中国专利"品牌的信赖，从而维护社会公平和公众的合法权益，同时也可以避免循环诉讼，徒增诉讼成本和行政成本。

（撰稿人：王晓东　宋　泳　审核人：何　炜）

第四节　用药特征对制药用途专利的限定作用

一、引言

物质的制药用途是一类非常重要的发明创造，我国专利制度允许以瑞士型权利要求的制药用途专利的撰写方式。《专利审查指南》[1]规定，物质的医药用途发明以例如"在制药中的应用""在制备治疗某病的药物中的应用""化合物 X 作为制备治疗 Y 病药物的应用"等等属于制药方法类型的用途权利要求申请专利，不属于《专利法》第 25 条第 1 款第（3）规定的情形。

同时，《专利审查指南》[2]明确规定了对于涉及化学产品的医药用途发明，新颖性审查时的审查标准：

（1）新用途与原已知用途是否实质上不同。仅仅表述形式不同而实质上属于相同用途的发明不具备新颖性。

（2）新用途是否被原已知用途的作用机理、药理作用所直接揭示。与原作用机理或者药理作用直接等同的用途不具有新颖性。

（3）新用途是否属于原已知用途的上位概念。已知下位用途可以破坏上位用途的新颖性。

（4）给药对象、给药方式、途径、用量及时间间隔等与使用有关的特征是否对制药过程具有限定作用。仅仅体现在用药过程中的区别特征不能使该用途具有新颖性。

通过《专利审查指南》的上述规定尤其是标准（4）可以看出，瑞士型权利要求在我国专利审查中被视为制药方法。其中的用药特征对于制药方法的限定作用如何判断和认定，成为理论和实务中非常值得研究的课题。

专利复审委员会第 9508 号无效宣告审查决定对于用药特征限定的制药用途专利进行了充分的论述，代表了目前专利复审委员会就该问题所持的立场。

---

[1] 参见《专利审查指南》第二部分第十章第 4.5.2 节。
[2] 参见《专利审查指南》第二部分第十章第 5.4 节。

二、典型案例

1 案情简介

1.1 案例索引与当事人

申请号：94194471.9

无效宣告请求人：河南天方药业股份有限公司

专利权人：默克公司

1.2 案件背景和相关事实

该案涉及 2002 年 12 月 25 日公告授予的、名称为"用 5-α 还原酶抑制剂治疗雄激素引起的脱发的方法"的第 94194471.9 号发明专利。该专利授权公告的权利要求 1 如下：

"1. 17β-(N-叔丁基氨基甲酰基)-4-氮杂-5α-雄甾-1-烯-3-酮在制备适于口服给药用以治疗人的雄激素引起的脱发的药剂中的应用，其中所述的药剂包含剂量为约 0.05 至 3.0mg 的 17β-(N-叔丁基氨基甲酰基)-4-氮杂-5α-雄甾-1-烯-3-酮。"

无效宣告请求人认为，该专利相对于现有技术不具备新颖性、创造性。其引用的现有技术主要包括附件 3 至附件 5，其中附件 3 为 EP0285382A2（公开日为 1988 年 10 月 5 日），它公开了一种化合物在制备治疗疾病的药物中的用途，其中所使用的原料化合物为非那甾胺，所制备药物的适应症为雄激素引起的脱发。其中所述的非那甾胺，又称非那雄胺，即本专利所称的 17β-(N-叔丁基氨基甲酰基)-4-氮杂-5α-雄甾-1-烯-3-酮。

附件 4 EP0285383A2（公开日为 1988 年 10 月 5 日）也公开了非那甾胺治疗雄激素引起的脱发的应用。附件 5 为《药理学》（第三版，竺心影主编，第 32~34 页）公开了确定剂量的方法。

本专利权利要求 1 与附件 3 相比，可以看出如下区别：（1）本专利限定该药物的使用剂量为约 0.05mg~3.0mg；（2）本专利限定了给药方式为口服给药，而附件 3 未限定给药方式。

专利权人提交了反证 2，Keith D. Kaufman 向美国专利商标局所作的两份证言及其演示。

2 案件审理

2.1 案件争议焦点

双方争议的焦点在于，上述区别特征（1）是否对权利要求具备限定作用。

2.2 当事人诉辩

无效宣告请求人认为，附件3（参见第2页第5~7行，第6页第3~5行，第11页权利要求5和6）和附件4公开了目标化合物在治疗雄激素引起的脱发，特别是治疗男性秃头中的应用。因此，该目标化合物及其治疗雄激素引起的脱发是已经公知的，本专利的发明点仅在于不同剂量的选择，提供了一种低剂量的应用方法。

根据附件5《药理学》第2.4.2节可知，要想确定药物的用量，只需根据教科书的教导找出引起药理效应的最小剂量以及出现中毒的最大剂量即可，将附件3与附件5公开的常识相结合，得到该权利要求的技术方案是显而易见的，并且没有预料不到的技术效果，因此，不具备创造性。

专利权人认为，附件3的第6页第12~13行公开了5mg~2000mg或优选5mg~200mg的非那甾胺是合适的作为活性组分的日剂量，但没有公开低剂量的非那甾胺（0.05mg~3mg，特别是1mg）可用于治疗雄激素脱发。在本专利优先权日之时，已知非那甾胺在头皮组织中的有效性比在前列腺组织中低100倍，剂量为每日5mg的非那甾胺在治疗良性前列腺增生方面比1mg的非那甾胺更有效。因此，为了理想地治疗包括男性秃头在内的雄激素脱发，本领域的普通技术人员会预期，应当使用5mg或更高的剂量（参见反证2）。因此，1mg剂量的非那甾胺在治疗男性秃头方面显示出与5mg剂量相同的效果，这点是预料不到的（参见反证2）。

2.3 审理结果摘引

2.3.1 专利复审委员会的观点

第9508号无效宣告审查决定认为，上述的区别特征（1）为本专利的药物能以约0.05mg~3mg的剂量使用，其含义为在单位时间即一天之内，给患者服用0.05mg~3mg的有效成分。为满足上述服用剂量，患者可以多次服用较低含量的药物，也可以较少次地服用较高含量的药物，这是一般的生活常识，并且，只需简单地推理即可以明确本专利的说明书中其实也持这种观点，如说明书第6页第2段记载，"对于口服给药，例如，可以提供含有0.01、0.05、0.1、0.2、1.0、2.0和3.0mg的活性成分的刻痕或未刻痕的片剂形式的组合物作为对被治疗患者的症状的剂量调节"，从中可以看出，例如为了达到权利要求1所述的剂量的最小值0.05mg，活性成分含量为0.01mg的片剂组合物需要服用5次，而活性成分含量0.05mg的片剂组合物只需要服用1次即可，所以，剂量与活性成分含量并无必然联系，另外，更为显然的是，药物的服用剂量更不会对制药的原料、制造方法以及适应症等产生限定性的影响，所以，该特征对权利要求1不具备限定作用，在新颖性、创造性的评价中视为不存在。

2.3.2 北京市第一中级人民法院的观点

北京市第一中级人民法院在判决❶中指出，给药剂量是治病过程中活性成分的使用量，也就是对药物的使用方法，而剂量与制得的药物产品中的活性成分的含量没有直接关系。剂量是医生针对个体病人，选择服用特定药物的药物剂量，从而符合特定病人的需要。因此，给药剂量的限定不能在制药过程中完全体现，而是涵盖了医生的治疗行为，而制药用途权利要求的保护范围不包括医生的治疗行为，否则会限制医生在诊断和治疗过程中选择各种方法和条件的自由，会损害公共利益。因此，北京市第一中级人民法院认为，给药剂量不能使权利要求具有新颖性。最终，北京市第一中级人民法院认定该专利不具有创造性，判决维持专利复审委员会的决定。

专利权人不服一审判决，上诉至北京市高级人民法院。

2.3.3 北京市高级人民法院的观点

北京市高级人民法院在判决❷中认定，医药用途发明本质上是药物的使用方法发明，如何使用药物的技术特征，即使用剂型和剂量等所谓的"给药特征"，应当属于化合物的使用方法的技术特征而纳入其权利要求之中。实践中还有在使用剂型和剂量等所谓"给药特征"方面进行改进以获得意想不到的技术效果的需要。此外，药品的制备并非活性成分或原料药的制备，应当包括药品出厂包装前的所有工序，当然也包括所谓使用剂型和剂量等"给药特

---

❶ 参见北京市第一中级人民法院（2007）一中行初字第854号行政判决书。
❷ 参见北京市高级人民法院（2008）高行终字第378号行政判决书。

征"。本专利即属于对剂量所做的改进而申请的医药用途发明专利。当专利权人在所使用的剂型和剂量等方面做出改进的情况下，不考虑这些所谓的"给药特征"是不利于医药工业的发展及人民群众的健康需要的，也不符合专利法的宗旨。所以，专利复审委员会的上述观点也是难以令人信服的。

原审法院认为，制药用途权利要求的保护范围并不包括医生以何种剂量给予患者该药物对其进行治疗的行为，否则会限制医生在诊断和治疗过程中选择各种方法和条件的自由，从而损害公众利益，也有违我国专利法的立法宗旨。本院认为这种担心是不必要的。第一，医生的治疗行为并非以经营为目的，其行为不会构成侵犯专利权；第二，医药用途发明权利要求通常包括药品物质特征、药品制备特征及疾病适应症特征，而医生的治疗行为仅仅涉及如何使用药物的技术特征，不涉及药品的制备特征，不会构成侵犯专利权。因此，将剂型、给药剂量等技术特征纳入医药用途发明权利要求不会限制医生治疗行为自由的。

三、分析与思考

1 比较法研究

1.1 美国

美国允许授予医疗方法专利权，但是又在其专利法中规定了豁免条款，即《美国专利法》第287条（c）项[1]，该条款部分限定了医疗方法专利，规定在有医疗侵权之风险时，必须考察该行为客体与行为是否落入免责范围之中，其在一定程度上类似于强制授权。

1.2 欧洲专利局（EPO）

EPO对于制药用途的专利性经历了一个历史变迁的过程。1984年12月，为了有效保护第二药物用途，针对EP78101367做出了具有里程碑意义的G5/83号决定，采纳了瑞士型权利要求。但是，对于瑞士型权利要求逐渐演化出一些新的变型，如增加给药剂量、给药方案（时间和频次）、给药对象、给药途径或方式、应用部位等特征，很长时间内EPO对其能否被授权存在着争议。在G5/83号决定之后很长的一段时间内，EPO的一般观点认为，权利要求中

---

[1] 参见 United States Code Title 35 – Patents, Rev. 6, Sept. 2007。

的给药剂量等特征不能作为授权的依据，因为这些特征的贡献仅仅在于治疗方法，属于欧洲专利条约第 53 条（c）款中规定的不予授权的客体。直到 Genentech 案（T1020/03），EPO 的立场转向将瑞士型权利要求中的给药剂量和给药方式特征作为评价新颖性和创造性的基础。

2007 年 12 月 13 日，欧洲专利条约 2000 生效，其 Art. 54（5）规定，如果某种药品在治疗中的特定用途不属于现有技术，那么这种新的医药用途可以具有专利性。这一规定对瑞士型权利要求产生了重要的影响。

2010 年 2 月 19 日，EPO 扩大上诉委员会根据已经实施的欧洲专利条约 2000，作出了第 G02/08 号决定。根据这一决定，对欧洲专利条约 2000 的相关条款进行了新的解释，并彻底否定了瑞士型权利要求。该决定指出，根据欧洲专利条约 2000 与目的相关的产品权利要求可以撰写成以下形式："用于治疗疾病 Y 的化合物 X。"

至此，瑞士型权利要求在 EPO 走向终结。

1.3 英国

英国通过判例 Wyeth v. Shering 案接受了瑞士型权利要求[1]。在这一案件中，法官为了与 EPO 的实践相一致，对瑞士型权利要求给予授权。但是，按照英国法的传统观点，仅仅在权利要求中说明某已知物质"用于（for）"或"适合于（suitable for）"某种新的用途，是不能为权利要求带来新颖性的，因此，法官在此明确保留了瑞士型权利要求在被控侵权时的可实施性。

在 Bristol–Myers Squibb v. Baker Norton 案[2]中，英国高等法院裁定，瑞士型权利要求仅适用于新的适应症，而不适用于针对相同适应症的不同的给药方案，也就是否认了剂量特征作为评价新颖性和创造性的特征。这一案例被后来的很多判决所引用，产生了很大影响。

在 2008 年的 Actavis v. Merck 案[3]中，英国确认剂量可以作为评价瑞士型权利要求的新颖性和创造性和特征。在该案中，Merck 公司拥有的治疗雄激素源性脱发的药品保法止（Propecia）的有效成分为非那雄胺，用量为每天 0.05mg～1mg。Merck 公司则早在 15 年前就销售了治疗良性前列腺增生的产品

---

[1] [1985] RPC 545.
[2] [1999] RPC 253 at [44].
[3] [2008] EWCA Civ 444.

保列治（Proscar），药品的有效成分也是非那雄胺，用量为每天 5mg。英国法院认为，尽管存在在先 BMS 案的裁决，英国法院还是应当遵循 EPO 的判例实践，即瑞士型权利要求的新颖性取决于不同给药方案或用药方法的新治疗方案，即承认剂量作为评价新颖性和创造性的特征。

1.4 日本

在日本，治疗方法权利要求不能授予专利权。但是，第二药用权利要求可以以如下方式撰写❶：

（1）用于治疗疾病 X 的药物组合物，包含化合物 Y。

（2）包含化合物 Y 的抗疾病 X 的制剂。

（3）化合物 X 在制备用于治疗 Y 病的药物中的应用。（瑞士型权利要求）

可见，日本允许瑞士型权利要求。但实际上，在日本，瑞士型权利要求并不必要，因为其他形式的权利要求比如组合物权利要求足以涵盖第二药用发明，而组合物权利要求可提供较瑞士型权利要求更为宽广的保护，无需使用瑞士型权利要求即可要求保护涉及新的给药方案的发明。日本专利审查指南中给出了如下的例子：

一种口服免疫增强剂，其特征在于被制备成，单位制剂中含有 550mg ~ 650mg 的化合物 Z 或其药学上可接受的盐。

一种抗癌药，其中化合物 A 通过静脉或皮下途径给药，且化合物 B 通过口服给药，各自剂量为 10 ~ 50mg/kg 以及 1 ~ 30mg/kg，每天给药或每周给药三次。

日本专利审查指南还规定：

当药物权利要求涉及治疗方式比如给药间隔、给药剂量等，且该权利要求与现有技术的区别就在于治疗方式比如给药间隔、给药剂量等，如下（a）或（b）所述，在基于具有具体性质的一种化合物或一组化合物的应用于特定疾病的药用被公认在要求保护的发明和引用的已知发明之间有差异时，要求保护的医药发明可以具有新颖性。

（a）当能清楚地知道，试图用治疗方式限定的请求保护的医药发明对例如具有特定基因的患者有效时，并且明确的是对于本领域技术人员来说，由于

---

❶ 参见 JPO Examination Guideline.

请求保护的医药发明的目标患者群体与在引用的发明中没有具体限定的目标患者群体不同，所以可能明确地区分两者的目标患者群体，这在下文通过事实具体说明。

（b）在试图通过这种药物治疗的方式限定的请求保护的医药发明中，正如在当发现对于治疗的特定适合部分与所引用的发明不同的情况下，当对于本领域技术人员来说，有可能明确地区分请求保护的医药发明的治疗领域和所引用的发明的治疗领域。

应当指出，在试图通过这种药物治疗的方式限定的请求保护的医药发明中，当通过将这种药物治疗的方式反映为剂型，使对于本领域技术人员可能在两者之间作出足够清楚的区分时，请求保护的医药发明可以具有新颖性。

当请求保护的医药发明可以被本领域技术人员从所引用的发明准确地区分时，并且当从给药间隔、给定剂量等角度出发的产品被限定为"用于治疗……的试剂盒"等时，请求保护的发明可以具有新颖性。

1.5 新西兰

2005年11月新西兰知识产权局发布了"瑞士型权利要求审查指南"，认可瑞士型权利要求的新颖性、创造性取决于新方法、给药时间或频次、给药剂量。

2 历史研究

瑞士型权利要求最早是为了对第二药用的发明进行有效保护而提出的。

根据专利的一般原理，已知化合物是不具备新颖性的，但是对于已知化合物的药物用途进行保护也是一种现实的需要，针对首次药用的问题，《欧洲专利条约》第54条（5）确定了一个特殊的评价新颖性的标准，规定了作为"已知化合物不具有新颖性"的例外，认可首次药用的已知化合物和组合物的新颖性。也就是说，对于一种已知的非医药用途的化合物而言，在首次发现其一种医药用途时，欧洲专利局可对该化合物再次授权，其权利要求的形式通常为：用于X病的Y化合物。

然而，医学研究不会在发现药品的某一种用途之后就停止，有可能在现有的基础上发现第二种甚至更多的医药用途。最典型的例子就是阿司匹林。阿司匹林最初仅仅用于解热镇痛，如治疗头疼，但经过研究发现还可以用来治疗心血管疾病。事实上，医药领域中，对这种第二医药用途的研究的投入是巨大的，并且，其医学意义往往并不亚于其已经发现的最初的医药用途。然而，对于第二医药用途，欧洲专利条约并没有提供相应的保护，也就是说，根据欧洲专利条约，对于第二医药用途的药品，其产品不具有新颖性，而对于医药用途本身，又由于《欧洲专利条约》第52条（4）而不能获得专利。

为了解决第二医药用途的专利保护问题，以便对制药企业提供更有力的保护，最初在瑞士出现了以上述变通的格式撰写的权利要求，由于该类型的权利要求最早只在瑞士被接受，故被称为瑞士型权利要求。从形式上看，瑞士型权利要求要求保护的主题是制药用途。

EPO通过G5/83号决定认可了这一做法，在G5/83号决定中，扩大上诉委员会首先明确指出，对于一般的"用途权利要求"，即，使用"某种物质或组合物用于治疗人体或动物"明显与EPC第52条（4）相冲突，并且根据第52条（1）不具有工业实用性。医药用于治疗某一特定疾病的用途不具有工业实用性，因此不能被授予专利权；但是以化合物或组合物制备药物组合物的用途具有工业实用性，可依法被授予专利权。

我国专利制度较多地借鉴了欧洲专利制度，自1993年我国开始授予医药用途专利权开始，1993年版《审查指南》❶中关于医药用途的权利要求撰写形式的要求与EPO的规定完全相同，即撰写为：化合物X作为制备治疗Y病药的应用。该规定延续至今。并且我国并未区分一次药用和二次药用，一律使用瑞士型权利要求的写法。

在此后的几十年中，除了上述基本模式外，瑞士型权利要求逐渐演化出一些新的变型，体现在权利要求中增加了一些其他技术特征，如给药剂量、给药方案（时间和频次）、给药对象、给药途径或方式、应用部位等。

这些演化后的瑞士型权利要求能否被授权的问题，很长时间内在EPO存在着争议。在G5/83号决定之后很长的一段时间内，EPO的一般观点认为，权利要求中的给药剂量等特征不能作为授权的依据，因为这些特征的贡献仅仅在于治疗方法，属于《欧洲专利条约》第53条（c）中规定的不予授权的客体，例如T317/95和T56/97号决定中，都体现了这种观点。

我国审查指南也对此进行了规定，认为给药对象、给药方式、途径、用量及时间间隔等与使用有关的特征是否对制药过程具有限定作用，应当进行分

---

❶ 参见1993版《审查指南》第二部分第十章第3.4.2节。

析，仅仅体现在用药过程中的区别特征不能使该用途具有新颖性。应当说，我国与这一时期 EPO 观点是相同的。

但随着 Genentech 案（T1020/03）判决的公布，EPO 的观点发生了转变。在该案中，上诉委员会深入讨论了权利要求中给药剂量、给药方式的问题，进一步拓宽了瑞士型权利要求的适用范围。此后，EPO 的态度明显地更倾向于将瑞士型权利要求中的给药剂量和给药方式特征作为评价新颖性和创造性的基础。

在 Genenthech 案中，Genentech 就一种类胰岛素生长因子（Insulin – like Growth Factor – 1，IGF – 1）申请了专利。专利的权利要求是按照瑞士型权利要求的格式撰写的，要求保护 IGF – 1 的新医药用途，其中，权利要求包括在规定的时间服用 IGF – 1，然后停止给药，IGF – 1 以一种不连续的循环的方式给药。Genethech 的申请最初在申请阶段被驳回，审查员认为，给药方式是可以由医务人员来确定的，并根据《欧洲专利条约》第 53 条（c）驳回了该申请。在上诉中，技术上诉委员会则作出了有利于申请人 Genentech 的决定。

自此，我国在这一问题上的立场与 EPO 有了明显差异。即我国依然认为剂量等用药特征对于制药方法不具备限定作用。

但是，针对瑞士型专利的各种争议依然并未平息。2010 年 2 月 19 日，EPO 扩大上诉委员会作出了 G02/08 号决定。该决定经过冗长、繁复的论述，最终宣布瑞士型权利要求丧失存在的必要性，至此，瑞士型专利在欧洲走向终结。

四、案例辐射

通过回顾历史和比较各国以及地区组织的相关规定可以发现，关于用药特征是否对制药用途专利具有限定作用，EPO 的态度经历了一个变化的过程，从不认可到认可，再到最终不再承认制药用途专利的存在价值，其基本的脉络是对于制药用途的保护力度越来越大，越来越清晰细致，这与欧洲医药行业的发展现状是相适应的，随着新药的开发难度加大，热度降低，原有药物的新用途研发方向越来越受到重视。

而针对该案，专利复审委员会、北京市第一中级人民法院和北京市高级人民法院的观点并不相同，其中专利复审委员会和北京市第一中级人民法院持审查指南的传统观点，将瑞士型权利要求视为一种制药方法，认为剂量等用药特征对于瑞士型权利要求没有限定作用。而北京市高级人民法院承认了剂量等特征对于瑞士型专利的限定作用，认为瑞士型权利要求本质上是药物的使用方法发明，其观点某种程度上讲"与国际接轨了"，但北京市高级人民法院并没有对此进行更为深入的论述。

上述判决作出之后，在社会上引起了强烈反响，许多专家学者对此进行了研究讨论。应当说，从学理上看，上述各种观点都具有一定的合理性。毋庸置疑，专利复审委员会和北京市第一中级人民法院的观点符合现有规定以及长期以来一贯的做法。北京市高级人民法院推翻了这一做法（虽然最终结论上支持了该专利应予无效的结论）。

北京市高级人民法院对于专利复审委员会无效宣告决定的审理属于对行政决定的司法审查，按照行政诉讼法的原则，其应当进行合法性审查，专利复审委员会依据专利法及其实施细则以及作为部门规章的专利审查指南作出符合上述规定的决定，并不违反相关法律。

特别是中国并非判例法国家，其判决并非法律渊源，不具有普遍约束力，在行政审批并未违法的情况下，直接引发了司法审判与行政审批在专利权有效性认定中的冲突，并且，其观点能否被审理侵权的法院所采纳亦不可预知。

欧洲药品专利政策的改革实际上是多项政策配套推进的系统工程，它既涉及强化药品知识产权的保护和激励创新，又涉及鼓励仿制药、维护公共健康等政策平衡。因此，在借鉴欧洲上述药品专利政策的改革经验时，要综合考虑我国医药产业的现实基础以及专利政策与产业政策配套等多方面的因素。

从专利申请角度看，EPO 在加强药品专利保护力度的同时，也大大提高了专利的门槛。通常情况下，制药公司只要完成了新药的单体筛选就开始申请专利，而直到递交上市申请时才会提供有关药品的有效性、安全性和质量可控性的数据。但在加强药品保护的同时，EPO 及其成员国在专利审批环节提高了对申请的初步有效性的数据公开充分的要求，不仅有利于促进申请人更谨慎地提交药品专利申请，也有利于遏制药品专利的过度保护，维护公共健康。尽管我国国家知识产权局已经对相关问题进行了规范，但仍仅限于专利审批环节，而并未延伸至专利权侵权等司法环节，因此，如果我国采取认可用剂量等用药特征的立场，应当全方位协调各个相关方面的规范，而不可"单兵突击"。

从专利侵权角度看，EPO 各成员国专利法是将相关行为置于/视为不侵权的例外的制度制约下作出的。而我国现行的《专利法》第 69 条仍未将上述情形纳入到/视为不侵权的例外的范围内,因此,对于医疗相关行为特征限定的制药用途权利要求的可专利性,应采取审慎的态度。

无论是以用途限定产品或制药用途的形式出现,如果它不仅仅限于新的适应症,还将适用于相同适应症的不同疗法或给药方案的话,则可能对我国的医疗及公共健康体系带来巨大的冲击。因为新的适应症的探索可能更大程度上需要工业界的参与,而新的给药方案或治疗方法的探索则更多属于医生或药剂师的自由权利。

当然,承认剂量等给药方案对瑞士型专利的限定作用,能减轻仿制药企业相对于原研药企业的劣势,因为仿制药企业开发新的治疗方法的能力与原创药企业的差距不像开发新的适应症的差距那样巨大。从这个角度来看,对于原研药企业稀少、仿制药企业众多的中国制药行业来讲,倒是有利的。

综上所述,在瑞士型权利要求存在的必要性问题上,应当立足中国实际,全面深入地研究中国制药行业的现状,研究各种立场对于我国制药企业创新的保护、对于公众健康等各方面的影响,应当全面考察 EPO 出台相关决定的背景以及我国相关法律环境后,再审慎的"移植"。通过对此问题进行深入研究后再最终确定我国的立场。

(撰稿人:李彦涛 审核人:李亚林)

第五节　药品标准类证据的公开性认定

一、引言

近来，关于药品标准类证据公开性认定的争议颇多，尤其是一些证据形式貌似差别不大的案件，关于公开性的认定结果却大相径庭。甚至有些涉及药品标准类证据公开性认定的案件最终诉至最高人民法院。因此，有必要对这一问题进行梳理和研究。这不但有助于审查员进一步厘清审查思路、统一审查标准，同时也方便当事人及其代理人在专利诉讼以及专利无效宣告程序中更好地维护自身利益。下面，笔者将结合几个案例介绍专利复审委员会关于此类案件审理的一些做法和经验。

二、典型案例

【案例1】

1. 案情简介

1.1　案例索引与当事人

申请号：03117384.5

复审请求人：贵州汉方制药有限公司

1.2　案件背景和相关事实

涉案专利权利要求1要求保护一种清热泻火、安神通便的药物。对比文件1为《国家药品监督管理局国家中成药标准汇编》（封面上标注"二〇〇二年"字样），其中公开了一种清火养元胶囊，组分和用量与涉案专利权利要求1相同。国家知识产权局实质审查部门据此以本申请不符合《专利法》第22条第2款的规定为由作出了驳回决定。

2 案件审理

2.1　案件争议焦点

本案的争议焦点在于对比文件1的公开性以及公开时间的认定，即《国家药品监督管理局国家中成药标准汇编》是否属于公开出版物，以及该文献封面上标注的 2002 年是否可以认定为其公开时间。

2.2　当事人诉辩

复审请求人在本案的实质审查程序中认为对比文件 1 记载的仅仅是一些试行标准并且没有印刷日期，因此，对比文件 1 不属于本申请的申请日之前公开的出版物。在提出复审请求时其进一步认为，《国家药品监督管理局国家中成药标准汇编》记载的是有关药品的试行标准，按照我国行政管理部门的习惯做法，这样的印刷品通常是不对外公布的，具有临时性和内部资料的性质，实践中，申请人也是在本申请的申请日之后才获得该药品标准的，审查员仅凭推断就确定其公开日是轻率的。

2.3　审理结果摘引

专利复审委员会在第 7612 号复审决定中认为，对比文件 1《国家药品监督管理局国家中成药标准汇编》在封面上注明"国家药品监督管理局编"和"二〇〇二年"，虽然没有注明出版单位和具体印刷时间，从外表看不能判断其是否公开，但对比文件 1 是由我国负责国家药品监督管理的行政部门编纂发行的药品标准，其目的是便于广大公众的了解和监督，这种药品标准的汇编本是任何人没有约束都可获得的，处于公众可获知的状态，从对比文件 1 第 2 页的公章"国家知识产权局专利局专利文献部藏"也可以进一步佐证对比文件 1 是公开发放并可在图书馆中供公众查阅的，因此对比文件 1 属于公开出版物。

对比文件 1 的封面上注明了"二〇〇二年"，其中前言的作出时间是"2002 年 11 月 20 日"，前言中说明"从 2001 年初开始……此项工作已经全面完成"，"本标准汇编由于涉及品种数量大，整理时间仓促，如有错漏之处，望及时函告修正"，根据这些信息，可以认定该药品标准到 2002 年 11 月 20 日已经汇编完成。虽然该标准未说明准确的印刷日（即公开日），但是，按照《专利审查指南》第二部分第三章第 2.1.3.1 节的规定，可以推定其印刷日为 2002 年 12 月 31 日，这种推定与对比文件 1 前言所显示的事实相吻合。

【案例 2】

1　案情简介

1.1　案例索引与当事人

专利号：01131203.3

无效请求人：孙哲峰

专利权人：石家庄以岭药业股份有限公司

1.2 案件背景和相关事实

涉案专利权利要求1要求保护一种治疗冠心病心绞痛的药物组合物。无效宣告请求人认为本专利不符合《专利法》第22条第2款、第3款关于新颖性和创造性的规定，并且提交了如下证据1：卫生部第（98）卫药标字z-037号国家标准（新药试行标准转正式标准）颁布件，其中载明了药品名称为通心络胶囊，研究和生产单位是石家庄以岭药业股份有限公司，实施日期是1998年7月5日，主送单位是河北省卫生厅，抄送单位是卫生部药典委员会、卫生部药品审办公室、中国药品生物制品检定所、河北省药品检验所、申报单位。

就证据1的公开性问题，双方当事人进一步提交了多份证据，其中关键证据包括请求人提交的：证据6 《中华人民共和国药品管理法》（1984年版）节选；证据7 《中华人民共和国药品管理法》（2000年修订）及其释义；证据11 卫药政发（1992）第351号《关于新药质量标准转正工作有关事宜的通知》；证据12 卫药发（1992）第70号《关于药品质量标准发送事宜的通知》。专利权人提交的反证20 卫药政发（93）第137号卫生部文件《关于中药新药质量标准发布事由》。

2 案件审理

2.1 案件争议焦点

本案的争议焦点在于证据1的公开性以及公开时间的认定，即证据1在本专利申请日之前是否为公众所知。

2.2 当事人诉辩

无效请求人认为，通心络胶囊（即证据1中的新药品种）质量标准是卫生部正式颁布的国家标准，根据相关法律法规的规定，证据1应该属于公开的文件。专利权人认为，证据1属于不对外公开的文件，也没有证据证明证据1在本专利申请日之前已经为公众所知，其不能作为评价本专利新颖性和创造性的对比文件。

2.3 审理结果摘引

专利复审委员会在第7275号无效宣告请求审查决定中认为，证据1本身不能证明其具有公开性，并且请求人提交的所有证据均不能证明记载了涉案专利权利要求1技术方案的证据1在专利申请日之前就已经为公众所知，因此证据1不能作为评价涉案专利新颖性、创造性的现有技术使用。

2.4 法院观点

北京市第一中级人民法院（2005）一中行初字第1009号行政判决书维持了专利复审委员会的上述决定。该判决书认为，虽然药品标准属于国家强制性标准，应当公开，但公开的内容视具体情况而定。反证15属于公开发行为公众所知的通心络胶囊的质量标准，不含有"处方"和"制法"。证据1是卫生部关于通心络胶囊药品标准的颁布件，其主送单位和抄送单位是特定的，作为载有"处方"和"制法"的颁布件附件的质量标准，其公开的范围也是特定的，不能视为向社会公众公开。北京市高级人民法院（2006）高行终字第262号行政判决书维持了一审判决。

3 案件启示

上述典型案例中都是以药品标准作为对比文件，并且争议的焦点也都集中在文件的公开性和公开时间上，但这两个案例的审查结论却是不同的。案例1中的药品标准被认定为公开出版物，并且根据封面上印制的"二〇〇二年"以及证据中其他相关信息推定其公开日为2002年12月31日；而案例2中的药品标准则没有被认定为公开出版物，在否定了请求人提交的证明其公开性的其他佐证之后，合议组认为该药品标准并没有在专利申请日之前为公众所知。究其原因可以发现，案例1和案例2中药品标准的证据形式是不同的，案例1中的对比文件1为《国家药品监督管理局国家中成药标准汇编》，是经过国家药品监督管理局整理汇编成册的药品标准；而案例2中的证据1为卫生部第（98）卫药标字z-037号国家标准（新药试行标准转正式标准）颁布件，是单独存在的一份药品标准文件。在公开性方面，合议组认可了汇编成册药品标准的公开性，而对孤立存在的标准颁布件，在没有其他证据证明其公开性的情况下，合议组不认为其能够在申请日之前为公众所知。由此可见，对药品标准类证据公开性的认定，重点在于考察药品标准的形式，在结合文件中与公开、发布相关的其他信息的基础上，综合判断得出结论。

三、分析与思考

专利审查实践中，任何类型证据的公开性认定都应当以专利法及其实施细则以及审查指南的相关规定为基础，药品标准类证据也不例外。根据《专利法》第22条的规定，不属于现有技术是发明或者实用新型具备新颖性的必要条件；专利法中所谓的现有技术是指申请日以前在国内外为公众所知的技术。《专利审查指南》第二部分第三章第2.1节还进一步规定，现有技术应当在申请日以前处于能够为公众获得的状态。这实际上是认定构成现有技术最为实质性的条件。我们还应当明确，"能够为公众获得的状态"强调的是公众想要知道就能知道的状态，而不是公众实际已经获得的状态。

我国医药卫生行政管理部门颁布的药品标准属于国家强制性标准，其形成过程包括申报、审批、颁布、汇编发行等一系列复杂的程序，这些程序中形成的技术资料、行政文件或汇编书籍是药品标准的不同形态。医药卫生行政管理机构及相应法律法规的历史变迁进一步导致药品标准的类型多样、格式不一，这些复杂情况是造成此类证据公开性认定存在争议的主要原因。❶

在我国，药品标准主要经历了四次重要的历史演变：第一次，1978年颁发的《药政管理条例》，首次将药品标准分为三类：《中国药典》、卫生部标准、地方标准。第二次，1985年实施的《药品管理法》，将药品标准分为两类：国家药品标准，省、自治区、直辖市药品标准。第三次，2002年实施的《药品管理法》，将药品标准归为一类，即国家药品标准（仅中药材保留地方标准）。第四次，2007年实施的《药品注册管理办法》，取消了药品试行标准。虽然一次次改革使得我国的药品标准趋于科学、统一，但是在专利审查程序中，之前所有不同类型的标准文件仍然可以作为证据提交，这增加了此类文件公开性认定的难度。

整理后可以发现，可能作为对比文件的药品标准类证据至少包括：《中国药典》、国务院卫生行政部门颁布的药品标准（简称部颁标准）、地方药品标准、药品企业标准和进口药品标准，其中部颁标准和地方药品标准还进一步包含试行标准和转正标准等。对于这些药品标准公开性的认定，专利复审委员会的基本审理思路是分门别类，根据标准的来源、文件性质、颁布范围、具体内容等多个方面进行综合判断。

---

❶ 李瑛琦，彭茂祥，冀小强. 从专利无效决定试析药品标准类证据的公开性[J]. 中国医药生物技术，2011，6（2）：148–150.

1 《中国药典》、部颁标准和地方标准

首先,对于《中国药典》、部颁标准和地方标准这类权威性较强的药品标准类型来说,是否汇编成册是认定其公开性时容易把握的一个标准。

情形一,汇编成册且有出版信息的药品标准。

汇编成册且有出版信息的药品标准通常都是通过正规渠道出版发行的公开出版物,公众可以通过各种渠道获得。例如《中国药典》,属于卫生部批准颁布的成册印刷发行的正规出版物,载有出版印刷时间,对其公开性以及公开时间的认定不存在争议。但这类有正规出版信息的药品标准汇编在整个药品标准中所占的比例并不大。

情形二,汇编成册但没有出版信息的药品标准

这类药品标准相对于情形一中的药品标准可谓数量众多,案例1中的证据就属于这种情况。这是因为很长一段时间里,我国的药品标准汇编工作都是由各级医药卫生管理部门进行,他们在汇编药品标准时并不完全遵照公开出版物的版权信息要求进行编写,在完成之后也不以正规出版物的形式出版发行,而多是依照惯例以其认为相对适当的形式下发至辖区内各级机构和单位,通常仅在封面或扉页上标注汇编机构和年代字样。

以部颁标准为例,目前出现的汇编本包括:《中药成方制剂第1~20册》(自1986年起对地方标准整顿汇编)、《藏药部颁标准》(1995)、《蒙药部颁标准》(1998)、《维药部颁标准》(1998)、《中成药地方标准上升为国家标准(1~14册)》(2001—2002)、《国家药品标准(新药转正标准)1~33册》《卫生部药品标准(生化药品第1册)》《卫生部药品标准(抗生素药品第1册)》《卫生部药品标准(二部第1~6册)》。上述部颁标准汇编本并非正规出版物,一般在封面或扉页上注明"×××编"或"××××年",并不标明出版单位和具体出版印刷时间。[1]

当事人不认可这类药品标准的常见理由诸如:(1)此类证据中没有标注出版者、印刷者、书号、出版时间等版权信息,形式上不属于公开出版物;(2)按照我国行政管理部门的习惯做法,此类药品标准印刷品通常不对外公布,具有临时性和内部资料的性质;(3)保存此类标准的单位通常仅限于药

---

[1] 李越,李人久,周英姿. 药品标准类证据公开性在专利诉讼和复审无效阶段中的影响[J]. 知识产权,2006(2):24-29.

监局、药检所等特定政府职能部门，普通公众并非可以随意获得相关药品标准。

对此，专利复审委员会认为：（1）专利法意义上的公开是指文献处于能够为公众获得的状态，由于专利法及其实施细则中未对出版物的出版者、印刷者、书号等做强制性规定，因此，是否载有标准的版权信息并不是此类文献公开的必要条件。专利法意义上"出版物"的范围应当大于《出版管理条例》所指的整个出版物的范围，仅以图书缺少出版者、书号等事项为由不足以否认药品标准汇编属于专利法意义上的出版物。（2）根据卫药政发（1992）第351号《关于新药质量标准转正工作有关事宜的通知》的规定，"新药正式颁布标准拟每三个月由药典委员会汇编一次，公开发行至全国各省、自治区、直辖市"。由此可知，药品标准汇编本并不是不对外公布。另外，汇编之后的药品标准一般不包括企业向医药卫生行政管理部门提交的申请文件，各级行政管理部门以及相关机构对这些汇编之后的药品标准没有保密义务，不属于专利法意义上的内部文件。（3）汇编成册的药品标准是将一定时间段内由医药卫生管理部门或地方政府相关行业行政主管部门制定、发布的技术标准进行归纳整理，用以规范全国或全地区药物的生产、销售、使用各环节以及作为仲裁的依据，具有规范性、强制性和权威性的特点。为保证在各环节中的效力和实施，其应当处于公开的状态，相关公众想要获得即能获得，并且相关单位和人员对于汇编标准一般也不承担保密义务。在实践中，药品标准汇编一般在汇编单位都有保存，汇编单位除了向辖区内各相关部门和单位下发以外，也会通过各种渠道向社会发售其汇编的药品标准书籍。例如，据国家药典委员会专业人士介绍，药典委员会对外出售和提供含有国家药品标准的汇编本，并且在药典委员会阅览室上架供公众查阅。这其中不但包括正式的部颁标准，而且含有试行标准的汇编本，也就是说，汇编成册的药品标准一般都处于能够为公众获得的状态。实践中也经常遇到通过书店、购物网站或其他途径，作为证据的各种药品标准汇编本（包括含有试行标准的汇编本）正在公开销售的情况。因此，包括试行标准在内的部颁药品标准汇编本均属于公开出版物。

在专利复审委员会作出的第15314号无效宣告请求审查决定中，还曾涉及《国家中成药标准汇编——中成药地方标准上升国家标准部分——外科妇科分册》这样的证据，一方当事人认为该汇编不是公开出版物，并且在行政诉讼程序中提交了国家食品药品监督管理局于2012年6月5日出具的《政府信息公开告知书》，载明：该《汇编》是我局为方便工作而制作的内部资料，未公开发行，所收载的内容为中成药国家药品（试行）标准颁布件。根据《中华人民共和国政府信息公开条例》的有关规定，公众可以通过依申请公开政府信息的方式获取《汇编》中依法可以公开的相关信息，对于其中可能涉及商业秘密的信息，如处方、制法等，我局将按规定办理。对此，最高人民法院认为，当事人提交的《政府信息公开告知书》，用以证明《汇编》未公开发行，处于不公开的状态，但告知书明确指出公众可以通过依申请公开政府信息的方式获取《汇编》中依法可以公开的相关信息，从而也证明《汇编》所载中成药标准处于公众想要获得即可获得的状态。❶

可见，汇编成册的部颁标准的公开性一般应当予以认可。

进一步地，由于这类汇编药品标准一般不标示出版或印刷日期，而多是仅给出年代字样，其公开日的认定也存在颇多争议。专利复审委员会一般是在综合考察汇编药品标准封面、扉页、前言等与公开、发布相关的信息以及其他佐证的情况下，根据《专利审查指南》第二部分第三章第2.1.2.1节的相关规定，将汇编药品标准中出现的最晚的年代或月份的最后一日作为推定的公开日。这种做法很好地解决了法律要求与现实情况之间的矛盾，相对来说比较客观、合理，也容易为当事人所接受。

情形三，未汇编成册的药品标准颁布件。

未汇编成册的药品标准颁布件实际上就是各级医药卫生行政管理部门单独下发的药品标准文件，既包括卫生部颁布的药品转正标准、试行标准，例如，案例2中的证据1就属于卫生部颁布的转正标准；也包括地方机构批准申报生产的批复件附件所附的内容。这类标准颁布件的公开性要视情况而定，通常不认为但凡是标准颁布件就具有为公众所知的天然属性，应当根据证据的具体形式以及相关佐证所能够证明的内容，综合判断该类药品标准证据在专利申请日以前是否处于"能够为公众获得的状态"，从而确定其公开性。

审查实践中常出现的类型包括：未汇编成册的转正标准、未汇编成册的试行标准、未汇编成册的修订标准、未汇编成册的其他药品标准（主要是批复类文件）等。此类未汇编成册的药品标准公开的途径仅可能是在医药卫生系统文件下发过程中公开，因此，药品标准颁布件的性质及其记载的主送单位和

---

❶ 参见最高人民法院（2012）知行字第55号行政裁定书。

抄送单位信息对于判断颁布件的公开性至关重要。

例如，前述案例 2 中的证据 1，卫生部第（98）卫药标字 z-037 号国家标准（新药试行标准转正式标准）颁布件，属于未汇编成册的部颁标准，虽然其记载了实施时间为 1998 年 7 月 5 日，但其主送单位是河北省卫生厅，抄送单位仅包括"卫生部药典委员会、卫生部药品审办公室、中国药品生物制品检定所、河北省药品检验所、申报单位"。可见，该颁布件的主送单位和抄送单位都是特定的，因此其公开的范围也是特定的，不能认为该颁布件对不特定的公众来说是可以任意获得的。

又如，在专利复审委员会第 5338 号无效宣告请求审查决定中涉及的证据 1，厦门市药品检验所出具的"福建省卫生厅关于山楂精降脂片暂行质量标准的批复"，闽卫药准字（83）013 号，从该证据的性质来看，批复一般是上级机关或单位针对申请或请示的具体对象作出的，其所涉及的范围是特定的、有限的，而且它的目的也不是规范全国、全地区或者全行业的药品质量。从这个意义上讲，此类未汇编的地方标准，尤其是各种批复通常不应认为具有天然的公开属性。进一步考察它的主送单位和抄送单位信息发现，在闽卫药准字（83）013 号文件附件二中标明"只送有关单位"，并且还有其他佐证证明该文件属于机密级管理文件，虽然相关医药行政管理部门可以通过内部公文系统获得该文件，但"只送有关单位"提示了该文件不对外公开的性质，此种情形显然不应当认可该药品标准颁布件的公开性。

相反，对于专利复审委员会第 8566 号无效宣告请求审查决定中所涉及的证据 1'，国家药品监督管理局关于"六味地黄胶囊"的国家标准（修订）颁布件 2002ZFB0227 号，其是对卫生部药品标准第 WS_3-B-1518-93 号进行修订后的药品标准颁布件，盖有国家药品监督管理局的印章。由于原来国家标准所针对的对象为全国所有生产、销售、使用和检验"六味地黄胶囊"的企事业单位和个人，因此，该修订标准的范围仍然是针对上述范围，以在全国范围内以及全行业内规范此品种药品的质量标准。可见，该药品标准不是针对个别群体发布的内部文件，颁布此标准的目的也是广而告之，希望全社会的力量都参与到药品质量的规范、监督中来，应当为广大社会公众所知。进一步从其主送和抄送信息考虑，除主送单位外，其抄送单位包括各省（自治区、直辖市）药品检验所、总后卫生部药品仪器检验所、四川华泰药业有限公司、贵州康纳圣方药业有限公司，以及相关生产单位。其"实施规定"一栏中明确注明，

"本标准自实施之日起执行,原标准同时废止。除四川华泰药业有限公司、贵州康纳圣方药业有限公司以外,其余生产企业在按修订标准执行时,前三批必须送省药品检验所检验,并报药典委员会备案"。可见,该修订标准所针对的对象包括所有相关生产单位,并且对相关单位执行此标准时的做法作出了要求,为此,该文件必然需要处于"能够为公众获得的状态",以便相关单位及时了解、遵照执行。由此可知,当颁布件的性质并不是针对具体单位或个人,并且其抄送范围也没有特别的限制时,可以认为此类颁布件属于公开文件。

综上所述,对未汇编成册的药品颁布件来说,其文件的性质以及颁布对象的范围是判断其公开性的重点考量因素,如果该文件发布的目的是规范全国、全地区或全行业的执行标准,并且发送对象也没有特别限制的,可以认为公众就是相关行业中的一员,该文件处于相关公众想要获得就能获得的状态,属于公开文件。否则,在没有其他证据能够佐证未汇编成册的药品颁布件为公众所知的情况下,不认可其公开性。对于认定为公开的药品颁布件来说,其公开时间可以根据文件的落款时间、发送日期等信息综合认定。

需要注意的是,在实际情况中,存在同一种药品卫生部门颁布的药品标准形式不同的情况。例如前述案例2中,与证据1对应的反证15,国家药品监督管理局《药品标准》新药转正标准第16-26册,国家药典委员会编,2001-2002,其是公开在后的汇编标准,其中记载的是"通心络胶囊"药品的简单处方,没有记载制备方法,而证据1记载了"通心络胶囊"的详细处方和具体制备方法。根据反证20,卫药政发(93)第137号卫生部文件《关于中药新药质量标准发布事由》可知,中药新药质量标准对"处方"和"制法"可采取部分公开的格式,也可包括全部内容的格式。因此,证据1所附质量标准与对公众公开的反证15所附质量标准在"处方"和"制法"部分记载方式的不同是完全符合有关规定的。这也说明,在我国的药品标准领域,对不同对象公开不同形式的药品标准是完全可能的,继而,不能拿一份公开的药品标准证明另一份品种相同但内容不同的药品标准的公开性。

2 药品企业标准

对于药品企业标准,其属于非强制性标准,一般仅需要向相关药品监管部门履行备案手续,并不需要对外公布,而相应的监管部门也没有对外披露的义务,因此,从形式上看,企业自己制定的药品标准通常不能直接认定其处于公开状态，即在没有其他证据证明其已经公开的情况下，应该认定其属于不公开的文件。

3 进口药品注册标准

进口药品注册标准，是一类特殊的标准，在我国，根据《国家食品药品监督管理局进口药品注册检验指导原则》（2004）的规定，进口药品的注册检验由中检所承担。中检所复核的药品标准作为药品注册批件的附件发布，主送单位为该进口药品注册申请单位，抄送单位为中检所、国家药典委员会和药品评审中心。汇编成册的进口药品标准即《进口药品复核标准汇编》XXXX年，编者为中国药品生物制品检定所，扉页印有"保密"字样，该汇编本由中检所保管不发送其他单位，因此，汇编成册的进口药品标准也不对外公开。对于未汇编成册的药品标准，一般由中检所发至各口岸药检所，属于保密文件，不对其他单位和个人公开。可见，进口药品标准一般不属于公开文件。

四、案例辐射

梳理药品标准公开性的认定思路可以发现，根据不同情况具体分析、区别对待仍是基本的处理方法。根据目前的审查标准，多从汇编标准中寻找对比文件，或者从标准本身记载的公开信息以及其他佐证中寻找药品公开的理由似乎更容易满足专利法及其实施细则对对比文件公开性的要求。

在这里，虽然我们讨论的是药物、化学专利领域中药品标准公开性的问题，但其他领域中的技术标准与此处的药品标准并没有本质上的差异，因此，本章节这些研究结果对于其他领域技术标准类证据的公开性认定也具有借鉴意义。

（撰稿人：王晓东　审核人：何　炜）